大阪大学
新世紀レクチャー

輸送現象論

大中逸雄　高城敏美
大川富雄　平田好則
岡本達幸　山内　勇

大阪大学出版会

まえがき

　本書は大学の学部学生を対象に，「輸送現象論」，「移動現象論」または「伝熱工学」の基本的事項を講義するための教科書として執筆したものである．その内容の多くが伝熱工学に関連したものであるが，流れや物質拡散の問題も含み，伝熱工学よりも範囲を拡張しているので「輸送現象論」としている．

　執筆者は大阪大学の機械工学，材料工学および生産工学を専攻する2年次学生に「輸送現象論」の講義を行ってきたが，そのための教科書として，「平易な内容の入門書であること，基本的事項は一通り含むこと，1学期間の講義内容に適すること」を目標とした．

　しかし，章によっては，入門的な内容からかなり専門的な内容までを含み，また，1学期間で講義する内容としては豊富すぎるきらいがあることを反省している．しかし，講義では入門的な内容に限定し，専門的な部分を大胆に省略することによって，入門的教科書としての役割を果たせると期待している．

　「輸送現象論」の理解は機械，材料，生産の分野に限らず，化学工学，電気，土木建築，環境，原子力等の関連問題の解決に不可欠であり，その分野を専攻する学生や技術者にも本書が利用されることを期待している．

　もとより，「輸送現象論」の分野は本書を超えた広がりがあり，さらに専門的な知識を必要とする場合は巻末の教科書・参考書などを参照いただきたい．

　本書を纏めるにあたり，お世話になった大阪大学出版会の岩谷美也子氏にお礼を申し上げる．

2003年1月　著者一同

目　次

第1章　序論　　1
  1.1　輸送現象論とは　　1
  1.2　熱および物質移動の基本形態　　2
    1.2.1　熱伝導と拡散　　2
    1.2.2　対流　　4
    1.2.3　熱放射　　7
    1.2.4　相変化　　8
    1.2.5　熱エネルギーおよび質量保存則　　9
  1.3　種々の輸送現象問題　　9
    1.3.1　身の回りにおける輸送現象問題　　9
    1.3.2　産業における移動現象　　13

第2章　熱伝導と熱伝導方程式　　20
  2.1　熱量保存則と熱流束　　20
  2.2　熱伝導　　22
  2.3　熱伝導方程式　　24
    2.3.1　熱伝導方程式の導出　　24
    2.3.2　熱伝導方程式の特性と簡単化　　27
  2.4　初期条件と境界条件　　29
    2.4.1　初期条件　　30
    2.4.2　境界条件　　30
  2.5　熱伝導方程式の無次元化と相似則　　33
  2.6　熱伝導率と熱伝導の微視的解釈　　34

第3章　定常および非定常熱伝導 ・・・・・・・・・・・・・・・・・・・・・・・・・・・ 42
3.1　定常熱伝導問題の解析解 ・・・・・・・・・・・・・・・・・・・・・・・・・・・ 42
3.1.1　無限平板の場合 ・・・・・・・・・・・・・・・・・・・・・・・・・・・ 42
3.1.2　無限円筒の場合 ・・・・・・・・・・・・・・・・・・・・・・・・・・・ 48
3.1.3　球殻の場合 ・・・・・・・・・・・・・・・・・・・・・・・・・・・・・・ 52
3.1.4　2次元の場合 ・・・・・・・・・・・・・・・・・・・・・・・・・・・・・ 55
3.1.5　フィンの熱伝導 ・・・・・・・・・・・・・・・・・・・・・・・・・・・ 60
3.2　非定常熱伝導 ・・・・・・・・・・・・・・・・・・・・・・・・・・・・・・・・・・・ 64
3.2.1　温度が一様な物体 ・・・・・・・・・・・・・・・・・・・・・・・・・ 64
3.2.2　半無限物体 ・・・・・・・・・・・・・・・・・・・・・・・・・・・・・・ 66
3.2.3　平行平板 ・・・・・・・・・・・・・・・・・・・・・・・・・・・・・・・・ 71
3.2.4　ハイスラー線図 ・・・・・・・・・・・・・・・・・・・・・・・・・・・ 75
3.2.5　3次元物体および円柱 ・・・・・・・・・・・・・・・・・・・・・・ 77
3.2.6　2つの物体の接触問題 ・・・・・・・・・・・・・・・・・・・・・・ 81
3.3　熱伝導問題の数値解析法 ・・・・・・・・・・・・・・・・・・・・・・・・・ 83
3.3.1　テーラー展開差分法 ・・・・・・・・・・・・・・・・・・・・・・・ 83
3.3.2　直接差分法による非定常熱伝導問題の数値解法 ・・・・・・ 92

第4章　対流伝熱の基礎 ・・・・・・・・・・・・・・・・・・・・・・・・・・・・・・・・ 100
4.1　対流伝熱の基礎方程式 ・・・・・・・・・・・・・・・・・・・・・・・・・・ 100
4.1.1　質量保存式 ・・・・・・・・・・・・・・・・・・・・・・・・・・・・・・ 101
4.1.2　運動量保存式 ・・・・・・・・・・・・・・・・・・・・・・・・・・・・ 102
4.1.3　エネルギー保存式 ・・・・・・・・・・・・・・・・・・・・・・・・・ 105
4.1.4　境界条件と解の形 ・・・・・・・・・・・・・・・・・・・・・・・・・ 108
4.2　基礎式の無次元化と相似則 ・・・・・・・・・・・・・・・・・・・・・・・ 110
4.3　境界層近似 ・・・・・・・・・・・・・・・・・・・・・・・・・・・・・・・・・・・ 113
4.4　乱流における伝熱 ・・・・・・・・・・・・・・・・・・・・・・・・・・・・・・ 117
4.5　運動量と熱の移動の相似性 ・・・・・・・・・・・・・・・・・・・・・・・ 120
4.6　熱伝達率の測定 ・・・・・・・・・・・・・・・・・・・・・・・・・・・・・・・・ 121

第5章　強制対流伝熱 126
5.1　平板に沿う層流熱伝達 126
　5.1.1　速度分布と摩擦係数 127
　5.1.2　温度分布と熱伝達率 130
5.2　平板に沿う乱流熱伝達 132
5.3　円管内層流熱伝達 134
5.4　円管内乱流熱伝達 138
5.5　各種流路内熱伝達 140
　5.5.1　層流熱伝達 140
　5.5.2　乱流熱伝達 141
5.6　管外面における熱伝達 141
　5.6.1　単一円管外面 141
　5.6.2　管群 144
5.7　球における熱伝達 144

第6章　自然対流熱伝達 147
6.1　鉛直平板に沿う自然対流熱伝達 148
　6.1.1　支配方程式と無次元パラメーター 148
　6.1.2　自然対流層流熱伝達 151
　6.1.3　自然対流乱流熱伝達 155
6.2　自然対流熱伝達の各種相関式 156
　6.2.1　水平平板 156
　6.2.2　円柱 158

第7章　相変化を伴う熱伝達（沸騰と凝縮） 160
7.1　沸騰熱伝達 160
　7.1.1　プール沸騰 160
　7.1.2　管内強制対流沸騰 170
　7.1.3　相変化を利用した冷却 176

 7.2　凝縮熱伝達 ･･･ 177
  7.2.1　膜状凝縮の理論解析 ･････････････････････････････ 178
  7.2.2　膜状凝縮の実験相関式 ･････････････････････････････ 182
  7.2.3　滴状凝縮 ･････････････････････････････････････ 183
  7.2.4　非凝縮性ガスの影響 ･･･････････････････････････････ 183

第8章　放射伝熱 ･･ 186
 8.1　熱放射 ･･ 186
  8.1.1　熱放射の強さ ･･･････････････････････････････････ 188
  8.1.2　黒体放射 ･････････････････････････････････････ 191
  8.1.3　実在物体表面の熱放射 ･･････････････････････････ 193
  8.1.4　放射エネルギーの吸収, 反射, 透過 ････････････････ 195
  8.1.5　キルヒホッフの法則 ･････････････････････････････ 197
  8.1.6　灰色面近似 ･･･････････････････････････････････ 200
 8.2　固体面間の放射伝熱 ･･････････････････････････････････ 201
  8.2.1　黒体面間の放射伝熱と形態係数 ････････････････････ 201
  8.2.2　形態係数の計算例 ･･････････････････････････････ 204
  8.2.3　灰色面系の放射伝熱と射度 ･･･････････････････････ 209
 8.3　気体の熱放射 ･･ 211
  8.3.1　気体の熱放射の特徴 ････････････････････････････ 211
  8.3.2　ビアの法則 ･･･････････････････････････････････ 213
  8.3.3　赤外活性気体分子のエネルギー射出量 ･･････････････ 215
  8.3.4　等温気体塊の放射率 ････････････････････････････ 216
 8.4　熱放射・吸収の波長特性の重要性 ･･････････････････････ 222

第9章　熱交換器 ･･ 226
 9.1　隔壁式熱交換器の分類 ････････････････････････････････ 227
  9.1.1　構成要素による分類 ････････････････････････････ 227
  9.1.2　流れ方向による分類 ････････････････････････････ 229

 9.2　熱交換性能の計算方法 ………………………………… 230
  9.2.1　熱通過率 ………………………………………… 230
  9.2.2　並流式熱交換器 ………………………………… 231
  9.2.3　向流式熱交換器 ………………………………… 233
  9.2.4　直交流式熱交換器 ……………………………… 235
  9.2.5　温度効率とNTU(number of heat transfer unit) ……… 237

第10章　物質移動 ………………………………………………… 240
 10.1　物質移動に関する諸量の定義 ………………………… 240
 10.2　フィックの拡散の法則 ………………………………… 242
 10.3　簡単な2成分系拡散問題 ……………………………… 244
 10.4　成分の保存式 …………………………………………… 246
 10.5　運動量，熱および物質の同時移動 …………………… 250
 10.6　拡散に関する補足 ……………………………………… 251

付　録 ……………………………………………………………… 257

索　引 ……………………………………………………………… 269

第 1 章 序論

1.1 輸送現象論とは

輸送現象論（移動現象論ともいう）は，物質，エネルギー，運動量，電荷などの輸送あるいは移動に関する知識を体系化した学問である．1.3節で述べるように，我々は多くの輸送現象に取り囲まれているし，人体自体が輸送現象の塊とも言える．したがって，

- 人体の温度はいかにして一定に保たれているのか
- 室温を快適な温度に保つにはどうしたらよいか
- 電子機器を小型化する上でネックとなる放熱はどうしたらよいか
- 日常生活や産業活動で省エネルギーを実現するにはどうしたらよいか
- 地球温暖化を防ぐにはどうしたらよいか

など，身の回りの問題から地球的規模の問題にいたる極めて多くの問題を理解し，解決するためには，輸送現象論の理解と応用が不可欠である．ただし，本書では，輸送現象の全てを取り扱うのではなく，その内で特に機械，生産，材料，化学工学，電気，土木建築系の学生や技術者に必要な熱エネルギーおよび物質の輸送現象に関する基礎的事項について述べている．より詳しく学びたい読者には参考文献[1-4]などを読むことを薦める．なお，物質間における熱エネルギーの移動[**熱移動**(heat transfer)]

を工学的に体系化した学問を**伝熱工学**と呼んでいる.

移動現象論や伝熱工学では,温度差で移動する熱エネルギーや濃度差で移動する物質,速度勾配で移動する運動量などを主に取り扱う.すなわち,温度差,濃度差,速度勾配などが駆動力となっている現象を取り扱う.これらの移動の理由や駆動力の物理的意味についてより深く理解するには,分子運動論[5]や不可逆過程の熱力学[6,7]などを学ぶ必要がある.

輸送現象における輸送量(移動量)は,単位面積,単位時間当たりの量で表現することが多い.これを**流束**(flux)といい,熱移動では**熱流束**(heat flux)で,単位はW/m^2である.物質の場合には**物質流束**(mass flux)で,単位は$kg/s \cdot m^2$である.なお,「輸送」と「移動」は同義語として使われる.

1.2 熱および物質移動の基本形態

熱伝導,対流,放射が熱移動の基本形態であり,物質移動に関しては拡散と対流が基本形態となる.

1.2.1 熱伝導と拡散

原子や分子の運動による熱移動(金属の場合には自由電子の移動による熱移動も重要)および物質移動をそれぞれ,**熱伝導**(thermal conduction),**物質拡散**(mass diffusion)という.ただし,物質移動では,原子や分子がマクロに移動するのに対して,熱伝導では,原子,分子はある位置を中心として振動するだけである.

熱伝導と拡散には相似性があり,流束はそれぞれ温度勾配($\partial T/\partial n$),濃度勾配($\partial C/\partial n$,厳密には化学ポテンシャル勾配)に比例する.

$$q = -\lambda \frac{\partial T}{\partial n} \tag{1.1}$$

$$j = -D\frac{\partial C}{\partial n} \tag{1.2}$$

式(1.1), (1.2)をそれぞれ, **フーリエの法則** (Fourier's law), **フィックの法則** (Fick's Law) という. 負号は温度や濃度が増大する方向とは逆の方向に移動が生じることを示している. また, 式(1.1)の比例係数 λ を**熱伝導率** (thermal conductivity) [W/m·K] といい, 物質によって決まる物性値である. 熱伝導は, 導電体である金属では主に自由電子, 非導電体であるセラミックスでは原子や格子, 高分子では分子の運動が熱エネルギーを輸送することによって生じる. 図1.1および付表 A-1～A-4に種々の物質や材料の熱伝導率を示すが, 金属の熱伝導率が大きく, 気体の熱伝導率が小さい. なお, 他の物質の物性値については文献[8]等を参照されたい.

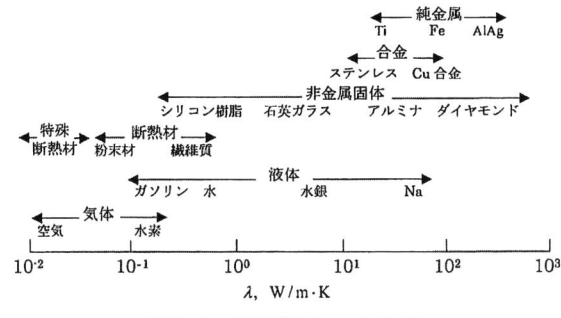

図1.1 熱伝導率の大きさ

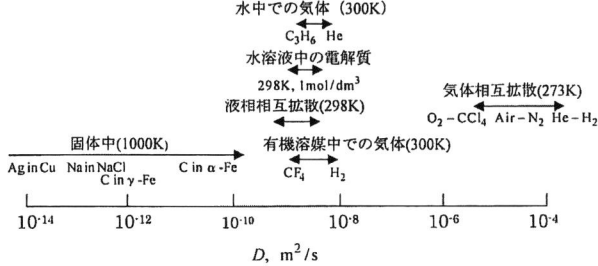

図1.2 拡散係数の大きさ

式(1.2)の比例係数は**物質拡散係数**（mass diffusivity あるいは mass diffusion coefficient）と呼ばれ，単位は m²/s である．物質拡散係数は一般に固体，液体，気体の順に大きくなる．また，侵入型固溶体，置換型固溶体など物質の構造で異なり，置換型固溶体や化合物では小さい．また，高温ほど大きくなる．

式(1.1)や(1.2)を使用すると固体内での熱移動や拡散を計算することができる．たとえば，断面積 S で，長さ（あるいは厚さ）l の棒（あるいは板）の両端の温度差が ΔT の場合，棒（あるいは板）の中を流れる熱エネルギーの流束は場所によらず，

$$q = \lambda \frac{\Delta T}{l} \tag{1.3}$$

で計算できる．

1.2.2 対流

液体や気体が流動すると，流動により熱や物質が移動する．これを**対流**（convection）という．対流には温度差や濃度差により自然に流れが生じる**自然対流**（natural convection）と，ポンプなどで強制的に流動させる**強制対流**（forced convection）がある．

温度 T の流体が流速 u で流れる場合の熱流束は

$$q = \rho c_p u T \tag{1.4}$$

である．ここで，ρ は流体の**密度**（density）[kg/m³]，c_p は**比熱**（specific heat）[J/kg·K] である．

同様に濃度 C の流体移動により

$$j = \rho u C \tag{1.5}$$

の物質が流体と共に移動する．

このような対流による移動では流速分布すなわち流れ場の情報が必要

である．たとえば，図1.3のように，平板に平行な流れがある場合の平板から流体への熱移動を考えてみる．平板内および平板と流体の界面では流動はないので熱伝導のみで熱が移動する（粘性流体で，壁面ですべりがない場合）．しかし，平板から少しでも離れた流体中では，流れによって熱が運ばれる．このような場合に生じる温度分布は，温度場と流れ場に関する連立方程式（熱エネルギー保存則，運動量保存則，質量保存則）を解くことにより求められ（第4章参照），流れがない場合とある場合で異なる．

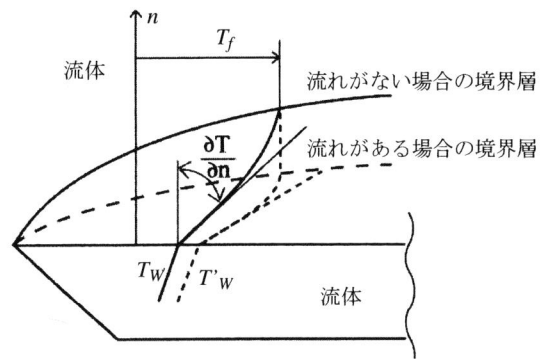

図1.3 平板近傍での流れによる温度分布の変化

したがって，壁面から流体への熱流束も流れの有無によって変化する．その熱流束は壁面近傍の，温度分布 $T(y)$ から

$$q_w = -\lambda_f \left.\frac{\partial T}{\partial y}\right|_{y=0} \tag{1.6}$$

で求められる．ここで，λ_f は流体の熱伝導率である．すなわち，式(1.1)は常に成立するが，流れによって温度分布が変化するため，熱流束が変化する．

しかし，流れ場を温度場と連成して解析するのは容易ではない．特に乱流場の解析は難しい．また，流れの内部の詳細な温度分布より，固体

内部の温度変化や流体全体の温度変化などの方が重要な場合が多い．この場合，固体と流体間の熱流束 q_w を求める必要がある（固体と流体間の熱移動を**対流熱伝達**という）．そこで，次式で定義する**熱伝達率** h (heat transfer coefficient) [W/m^2·K] を導入すると対流伝熱の取り扱いが非常に容易になる．

$$h = \frac{-\lambda_f \left.\frac{\partial T^{fluid}}{\partial y}\right|_{y=0}}{T_w - T_f} = \frac{-\lambda_w \left.\frac{\partial T^{solid}}{\partial y}\right|_{y=0}}{T_w - T_f} = \frac{q_w}{T_w - T_f} \tag{1.7}$$

ここで，下添え字 w は固体表面（壁面）であり，y の方向は壁面での法線方向である．また，λ_w は固体の熱伝導率，T_f は流体の平均温度（バルク温度），T_w は固体表面温度である．したがって，熱伝達流束は

$$q_w = h(T_w - T_f) \tag{1.8}$$

で求められる．

熱伝達率は，実験や理論，あるいは実験と理論的解析の組み合わせで求める（第4, 5, 6章参照）．熱伝達率を求める計算式は，後の章で説明するが，通常，無次元数であるヌッセルト数，レイノルズ数，プラントル数などの関数として整理されている（文献[9]など参照）．

図1.4は典型的な熱伝達率の値を示したもので，一般に流体の熱伝導率が大きいほど，流速が大きい（壁面近傍での流速が大きい，正確にはレ

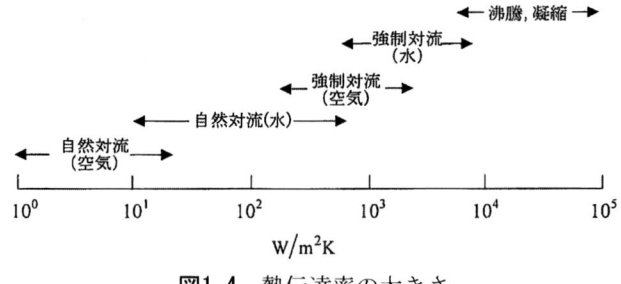

図1.4　熱伝達率の大きさ

イノルズ数が大きい) ほど大きな値となる．

物質移動の場合も式(1.7)と同様に，物質伝達率が定義される．

1．2．3　熱放射

熱エネルギーは電磁波としても移動する．これを**熱放射**（thermal radiation）という．特に真空中では，熱放射でしか移動しない．振動数 ν あるいは波長 λ の電磁波は

$$e = h\nu = \frac{hc}{\lambda} \tag{1.9}$$

のエネルギーを持っている．

ここで，h はプランク定数[6.624×10^{-34} J・s]，c は光速である．なお，ここでの λ，h は前述の熱伝導率，熱伝達率とは異なるので注意されたい．一方，絶対温度 T の物質からは種々の波長の電磁波が射出され，波長 λ の電磁波エネルギーは，プランクの式で求められる（第8章参照）．なお，**黒体**（black body）とは，全ての電磁波を反射せず吸収する物質である．

通常の熱移動現象では，波長0.1～100μm程度の紫外線から遠赤外線の電磁波が対象となり，波長依存性はあまり考慮しないでも良い場合が多い．したがって，プランクの式を全波長にわたって積分した，次の**ステファン・ボルツマンの式**（Stefan-Boltzmann equation）がよく使用される．

$$E_b = \sigma T^4 \tag{1.10}$$

ここで，σ はステファン・ボルツマン定数である．

$$\sigma = 5.67 \times 10^{-8} \ [\text{W/m}^2 \cdot \text{K}^4]$$

実際の物質表面は，黒体ではなく，電磁波を一部反射，吸収する．また，反射，吸収の程度は波長や入射角度で異なる．しかしこれらを考慮した解析は非常に複雑になり，また，必ずしも考慮しなくても良い場合

が多い．そこで，反射，吸収には波長や入射角度に依存性がないと仮定する．このような仮定が成立する物質あるいは表面を**灰色体**（gray body）あるいは**灰色面**（gray surface）という．この灰色体から射出される**全射出能**（total emissive power，熱放射の場合，熱流束を熱放射能という）は，黒体のε倍となる：

$$E = \varepsilon E_b = \varepsilon \sigma T^4 \tag{1.11}$$

このεは**放射率**（emissivity）と呼ばれ，物質の構造だけでなく表面状態（粗さや金属の場合には酸化の程度など）で変化する．また温度でも変化する．

熱放射の場合，その移動速度は非常に速い（光速）ため，周囲の物質への入射と反射も考慮しなければならないことが多い．たとえば，図1.5の場合，面1（太陽）から射出され面2に到達したエネルギーの一部は再び面1にはね返ってくる．このような熱放射移動を考慮するには，ある面から射出される全放射エネルギーの内である面に到達するエネルギーの割合である**形態係数**（view factor, angle factor）を考慮する必要がある（第8章参照）．

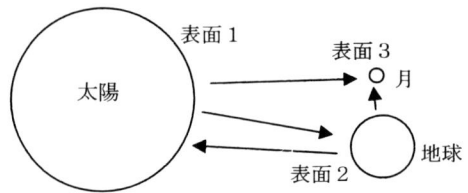

図1.5　多体間放射伝熱

1．2．4　相変化

輸送現象の基本形態は，上記の伝導，拡散，対流，放射であるが，水の沸騰のように相変化が関与する場合が少なくない．**相変化**（phase change）とは，固相から液相，液相から気相あるいはこの逆など，物質の構造が変化することであり，エンタルピー変化を伴う．この相変化に

伴うエンタルピー変化を**潜熱**（latent heat）[kJ/kg] という．相変化を伴う伝熱問題ではこの潜熱を考慮する必要がある．付表A-2, A-3には相変化における潜熱も一部の物質に対して示されているが，液相から気相に相変化する際の潜熱は非常に大きい．また，同じ固相であっても原子配列変化による相変化が生じ，潜熱を発生あるいは吸収する．これは熱処理などで重要である．なお，加熱等により液相中に蒸気が気泡となって生じる現象を**沸騰**（boiling）という．

1．2．5　熱エネルギーおよび質量保存則

上記の基本的知識と物性値（比熱，熱伝導率，密度，潜熱など）や熱伝達率のデータと熱エネルギーおよび質量保存則を理解すれば，物質の温度や濃度の時間変化や分布を求めることができる．

たとえば，一面を断熱された厚さL，面積S，温度Tの板を温度T_aの水中に浸漬した場合の板の温度変化は，次の熱エネルギー保存則から求められる（ただし，板中の温度分布は無視する）．

$$\rho c_p LS \frac{dT}{dt} = -hS(T - T_a) \tag{1.12}$$

すなわち，この場合の冷却速度が，温度差，熱伝達率に比例し，密度，比熱，厚さに反比例することが分かる．

1．3　種々の輸送現象問題

1．3．1　身の回りにおける輸送現象問題
（1）動物における伝熱問題

人間は，恒温動物である．体温が1℃上がっただけで，熱が出たと大騒ぎし，42.3℃以上になると大変なことになる（たんぱく質が不可逆変化する）．なお，この場合の「熱が出た」は，前述の「熱」ではなく「温度が上がった」という意味である．人間だけでなく，ほとんどの動物は

脳の温度が約43 ℃を越すと致命的損傷を受ける．したがって，恒温動物は体温を一定にするため，前述のような輸送現象を大いに利用している[10-12]．

たとえば，人体では，体の表面から30 mm程度内部（中核部という）から表面にかけて温度勾配がついており，表面の温度が一番低くなっている．そして，表面から外部に熱伝導，対流，放射，蒸発で熱を逃がす．興味深いのは，運動などで体温（中核部の温度）が上がると，表面近くの血流が大幅に増え，表面温度を上げて周囲との温度差を大きくして放熱量を増やすことである．すなわち，対流により熱移動量を増やしている．また，汗を出して蒸発により放熱する．液相の蒸発潜熱は非常に大きいので，汗による温度制御が最も効率がよい．これは相変化を伴う伝熱問題である．

また，寒い朝，金属を触れると冷たく感じ，木材の場合にはあまり冷たく感じない．これらは，非定常熱伝導で説明できる．

ところで，鶴は図1.6に示すように体を丸くして一本足で眠るが，これはなぜであろうか．また，鶴やペンギンの足は氷の上でもなぜ凍らないのであろうか．これらも伝熱の問題である．鶴は，まず，体から外気への放熱を減らすため，表面積が減るように体を丸くする（体積当たりの表面積は球が一番小さい）．また，羽根は空気を多く含み熱伝導率が低いため羽根の中に頭を入れれば暖かい．一本足で立つのは，冷たい地面との接触面積を減らすためである．興味深いのは，足の付け根に「奇網」と呼ばれる組織があることである．図1.7にモデル的に示すように，奇網では動脈と静脈が複雑に絡み合っており，暖かい動脈血の熱を冷えた静脈血に主に熱伝導で移動させている（このような高温から低温あるいは低温から高温の流体に熱を意図的に移す装置を**熱交換器**[heat exchanger, 9章参照]という）．すなわち，足先には低温の血流が流れるため，放熱は少なく，凍るほどの低温にもならない．また，体内にはあまり冷えていない血液が戻ることになる．このような奇網はマグロや鯨にも発達しており，冷たい海水中でも体温を保つ重要な仕組みとなっている．さら

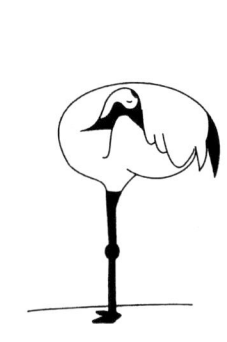 

図1.6　一本足で眠る鶴　　図1.7　奇網のモデル図

に，血液中の血漿は血管を透過し，拡散を利用して全ての細胞に必要な物質を供給している．

(2) 生活における輸送現象

　家の中を見回すと，調理器具，ガス湯沸し，風呂，エアコンなどがある．料理では，物質移動や熱移動が味に大きく関係している．たとえば，塩・胡椒が肉やジャガイモの中心付近まで到達するには拡散に要する時間が必要であるから，その時間待たなければ内部まで味付けすることはできない．また，加熱により温度や水分量が変化し，化学変化も起こり味が変化する．すなわち，料理は熱伝導，対流，放射，相変化が全て関与した問題である．もっとも，これらを理解することと，料理の名人になるのは別問題であるが，単にこれらを経験のみで体得するよりは早く料理方法を会得できるはずである．

　風呂のお湯は上部は熱いのに，底の方は冷たいことが多い．これは対流の問題であり，攪拌することでより早く風呂を沸かすことができる．エアコンでの冷房では床面の温度が低く，天井近くで温度が高くなりやすい．頭寒足熱が快適なのに，逆になっている（図1.8）．

第1章　序論

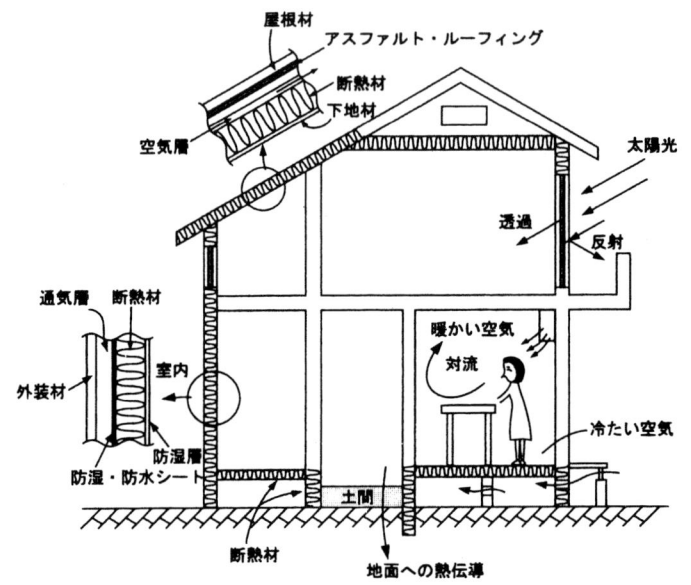

図1.8　住宅における熱移動問題

　また，地球温暖化が大きな問題になっており，特に二酸化炭素の排出量を抑える努力が求められている．住宅では，冷暖房に使用するエネルギーも減らさねばならない．このためには，住宅の断熱が重要である．断熱には熱伝導率の小さいグラスファイバーなどを使用する．日本の建築基準法は，地域によって異なるが，東京や大阪では，熱損失係数 $2.7\,\mathrm{W/m^2K}$ 以下が省エネ基準となっている．損失係数（熱伝達率と同じ次元）は，建物の断熱性能を示すもので，住宅の床面積 $1\,\mathrm{m^2}$ 当たり，室内外温度差 1K 当たりの熱損失である．

　なお，ガス湯沸や風呂，エアコンなどの設計には，輸送現象を十分理解し，利用しなければ，使用エネルギーが少なく，二酸化炭素排出量の少ない機器は開発できない．

(3) 地域，地球環境

　人口が密集した大都市の温度が高くなるヒートアイランド問題や地球

の気象変化はほとんど全ての輸送現象が関与した極めて複雑な問題である．ただ，太陽と地球というマクロな熱移動の場合には熱放射問題となる．太陽からの熱放射がなくなれば地球は死に絶えるしかない．

1.3.2 産業における移動現象
(1) 電子機器

近年におけるコンピュータの進歩は著しいが，約30年ほど前には，米国製品が世界を席巻していた．しかし，1974年日本で世界最高演算速度のコンピュータが開発され，その後の日本製品の大躍進のきっかけとなった．このコンピュータは集積回路（LSI）を使用したものだが，LSIの過度な昇温を抑えるための放熱が技術開発の大きなポイントの一つであった．図1.9にその構造[13]を示す．

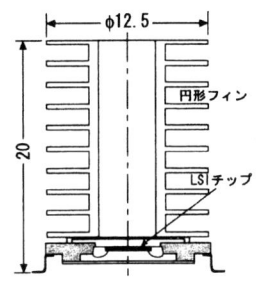

図1.9　米国製品に打ち勝つ重要技術となった集積回路のヒートシンク

現在でも高速化と小型化が急速に進んでいるが，その大きな問題の一つがマイクロプロセッサからの発熱をいかに逃がすかである．これは，小型化すると配線の断面積も小さくなり，ジュール熱発生はあまり下がらず，単位体積当たりの発熱量は大きくなるからである．すなわち，最近のノートパソコンは10W程度の発熱量となっており，10年前に比較すると発熱密度は約10倍になっている．このため，プロセッサからの発熱を小型ファンによる空気の送風（対流伝熱）で逃がしている．図1.10はその基本モジュールを示したもので，図1.9の場合より多くのフィンを取

り付けた部分をプロセッサに取り付け放熱する．このフィンの部分を「ヒートシンク」と呼んでいる．すなわち，発熱源からフィンまでは熱伝導で熱が移動し，フィンから対流で空気に移動する．これらの設計が重要な課題となっている．なお，小型化がさらに進むと内部での対流が生じにくくなり熱伝導支配の熱移動となるため，放熱はさらに困難になる．

図1.10　最近のパソコンの冷却基本モジュール

　また，筐体表面では自然対流と放射で放熱されるが，内部の熱を熱伝導だけで移動させるだけでは不十分な場合（表面温度が上がらない場合）にはヒートパイプ（heat pipe）を使用することもある．ヒートパイプは図1.11に示すように，パイプ内面に1mm以下の溝加工を施すか，100～150メッシュの繊維状あるいは多孔質物質（これらをウイック（wick）という）をつめ，適量の液体を封入したものである．液体は高温部で蒸発し，主に蒸発潜熱分だけ熱を周囲から奪い，低温部に移動し，低温部で液相に変化し（これを**凝縮**という），凝縮熱（蒸発潜熱と同じ）を放出する．

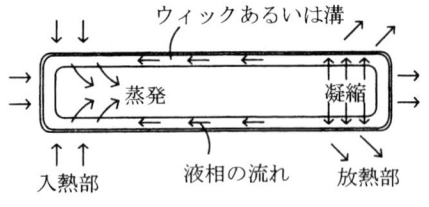

図1.11　ヒートパイプの原理図

この凝縮熱は周囲の低温部に熱伝導や対流で移動する．この凝縮で生じた液相は毛細管現象で，溝あるいはウイックを通って高温部に移動する．このような，主に，相変化と対流により熱を移動させるヒートパイプにより，同一断面積，同一温度差で数倍から数十倍以上の熱を移動させることができる．

(2) 輸送機械

　自動車のエンジンでは，燃料を燃焼しそのエネルギーでピストンを動かす．燃焼で得られた熱エネルギーの30％程度しか仕事には変換されないため，残りの熱エネルギーを効率良く外部に逃がさないとエンジン本体（シリンダブロック，シリンダヘッドなど）や付属部品の温度が上がり耐久性を劣化させる．このため，シリンダは水冷され，冷却水に熱伝導，対流で移動した熱はラジエータにより大気中に発散される（図1.12）．

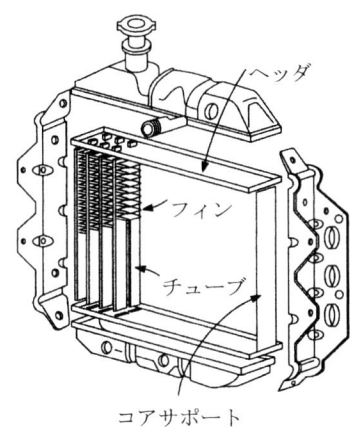

図1.12　自動車のラジエータ（フィンにより表面積を大きくしたパイプの内部を加熱された水が流れ，対流で外部に放熱する装置）

(3) エネルギー機械

　図1.13は発電用ガスタービンの一例であり，熱効率はより高温の燃焼

第1章　序論

ガスを利用するほど高くなる．このため第一段のタービン翼がより高温に耐えるよう，Ni 基の超合金が使用される．さらにタービン翼の内部に冷却のためガスを流して冷却する（図1.14）．これは対流伝熱の問題であり，地球温暖化や省エネルギーのため，極めて重要な技術となっている．また，燃焼器も高温となるため冷却する必要がある．この他，原子炉，燃料電池，太陽電池などでも伝熱問題とは切り離せない．

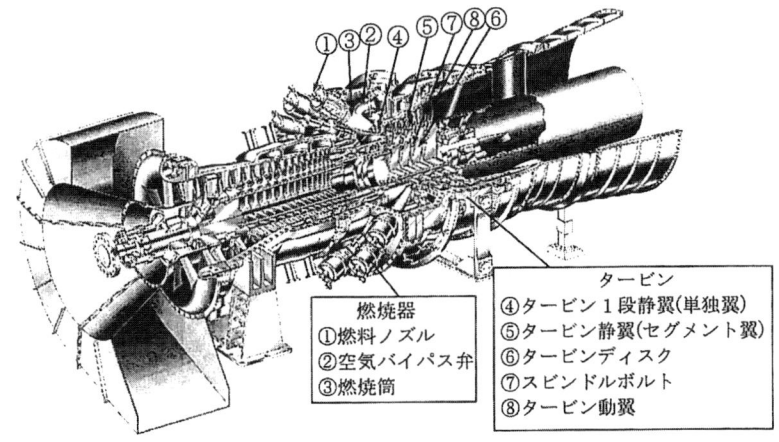

図1.13　発電用ガスタービン（三菱重工業㈱提供）

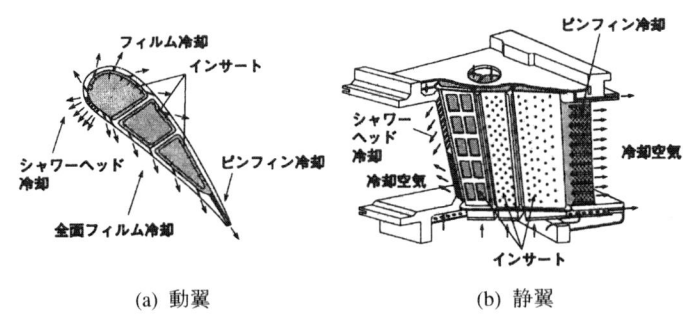

(a) 動翼　　　　(b) 静翼

図1.14　タービン翼の冷却機構

(4) 産業機器

工作機械では，熱変形により加工精度が変化する．したがって，精密な加工を要求される場合には，恒温室に工作機械を設置して加工するだけでなく，被加工材と工具の接触部で発生した熱をなるべく工作機械に伝えないように，液体冷却やガス冷却し，また断熱するなどの工夫がなされている．この他，高速化に伴うボールねじ，スピンドルにおける摩擦による発熱など多くの発熱源が機械によっては存在するので，その熱を上手く逃がす工夫が必要となる．

(5) 宇宙機器

高真空中を移動している宇宙船の外部には対流伝熱は存在せず太陽からの熱放射を受け，また熱放射で熱を放出する．このため，太陽に面する部分は温度が上がり，太陽に面していない部分の温度はかなり低くなる．このため，放射熱の吸収が少なくなるよう工夫されている．また内部の熱が外部に出過ぎないように断熱がなされている．さらに，地球に帰還する際には，大気との摩擦熱で機体が高温になるため，機体外面には高温に耐えるセラミックスが張り付けてある．これは熱伝導問題である．

この他，ロケットや航空機でも種々の伝熱問題が重要になっている．たとえば，H-IIロケット5号機が打ち上げに失敗したが，この理由として燃焼室近くの冷却配管周りのロー付け部が破損して燃焼ガスが外に噴出したためと言われており，これも熱移動が関係した問題である．また，精密な航空写真をとるカメラや赤外線温度計などでは温度変化に敏感な半導体を使用使用するため，精密な温度制御が不可欠である．このためにも熱移動に関する知識が必要である．

(6) 材料生産

金属材料や半導体材料の製造，加工には溶解，鋳造，結晶成長，溶接，はんだ付け，スパッタリングなどが必要で，必ず熱移動と物質移動を伴う．すなわち，輸送現象を制御しなければ良い製品をより少ないエネルギーで製造することはできない．

(7) 環境問題

地球温暖化を防ぐには二酸化炭素ガスの排出を減らす必要があり，より使用エネルギーを減らさねばならない．このためには，熱エネルギーをより有効に利用することが不可欠であり，移動現象の理解と応用が求められている．

【演習問題】

[1] 3つの熱移動の具体例を挙げて説明せよ．

[2] 式(1.4), (1.5)が成立することを説明せよ．

[3] 人は体表面および呼吸道から1時間当たり約30 gの水分を蒸発していると言われている．体表面温度を36 ℃，体表面積を$5 m^2$，外気を20 ℃，外気と体表面の熱伝達率を$5 W/m^2 \cdot K$とした場合，人体からの総放熱量に占める汗による放熱量の割合を求めよ．また，衣服を着ることで，表面温度を25 ℃とした場合にはどうなるか．

[4] 洗濯物を風呂場に干すとなかなか乾燥しにくいのはなぜか．

[5] フィンの数を多くしたら伝熱面積が増えるのでなるべく多くしたいが，実際には限界がある．どんな理由が考えられるか．

参考文献

[1] R.B.Bird, W.E.Steward and E.N.Lightfoot, "Transport Phenomena", Wiley International Edition., 2nd ed. (2001).

[2] 甲藤好郎, 「伝熱概論」, 養賢堂 (1983).

[3] J.P. Holman, "Heat Transfer", 7th ed., McGraw-Hill (1990). 平田賢監訳, 「伝熱工学」, ブレイン図書出版株式会社.

[4] Richard Ghez, "Diffusion Phenomena, Cases and Studies", Plenum Pub Corp. (2001).

[5] J.O.Hirschfelder, C.F.Curtis and R.B.Bird, "Molecular Theory of Gases and Liquids", New York. Wiley. (1954).

[6] D.V.Ragone 著, 寺尾光身監訳, 「材料の物理化学 I,II」, 丸善株式会社 (1996).

[7] K.S.Førland,T.Førland and S.K.Ratkje 著, 伊藤靖彦監訳, 「わかりやすい非平衡熱力学」, オーム社 (1992).

[8] 日本熱物性学会編, 「熱物性ハンドブック」, ㈱養賢堂 (1990).

[9] 日本機械学会編, 「伝熱工学資料」, 日本機械学会 (1986).

[10] 山田幸生, 棚沢一郎, 谷下一夫, 横山真太郎, 「からだと熱と流れの科学」, オーム社 (1998).

[11] ぐるーぷ・ぱあめ編, 「ツルはなぜ一本足で眠るのか」, 草思社 (1989).

[12] R.N.ハーディ著, 佐々木隆訳, 「温度と動物」, 朝倉書店 (1989).

[13] 山本治彦, 宇田川義明, 「電子技術」, 25 (1983) 9,42

第2章　熱伝導と熱伝導方程式

2.1　熱量保存則と熱流束

　輸送現象を議論するときは，物質中の質量，運動量および熱量（エネルギー）保存則とそれらの輸送（移動）法則が基礎になる．物体中の温度分布やその時間的変化を定量的に解析・予測するために重要な法則は**熱量保存則**（conservation law of heat）である．それを数式で記述するときに**熱流束**（heat flux）が必要になる．熱流束は物体中の熱移動や，物体表面と外界との熱の授受などを表現する物理量である．それは図2.1に示すように単位面積を単位時間当りに通過する熱量であり，単位として[J/m²s] または [W/m²] が用いられる．

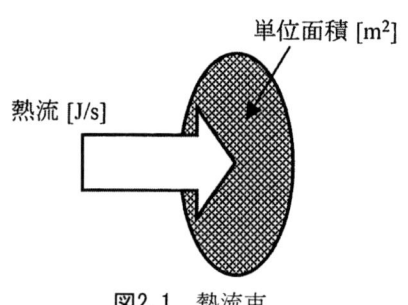

図2.1　熱流束

2.1 熱量保存則と熱流束

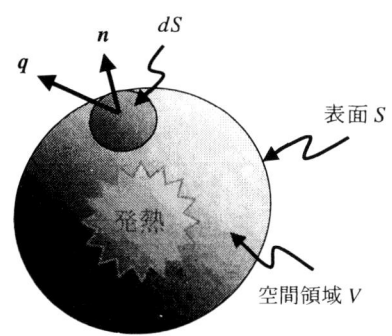

図2.2　熱量保存則

いま，図2.2に示すような表面 S で囲まれた空間領域（体積）V の物体を考えて熱量保存式を導いてみよう．表面 S を通って流入する熱量が，流出量よりも大きいとき，物体の保有している熱量は増加し，温度が上昇する．また，物体内部で発熱（電気的な抵抗発熱や化学反応熱，核反応など）がある場合も増加する方向に作用する．

ここで，表面 S における任意の点での熱流束ベクトルを $\boldsymbol{q}$ [W/m^2]，表面 S に垂直な外向きの単位法線ベクトルを $\boldsymbol{n}$ とするとき，表面の微小面積 dS を通って，単位時間当りに流入あるいは流出する熱量 dQ [W] は，

$$dQ = \boldsymbol{q} \cdot \boldsymbol{n}\, dS$$

となる．dQ の符号が正の場合，熱の流れの方向は法線ベクトルと同じとなり，物体から熱が流出することを意味する．一方，dQ が負の場合，熱が流入することを表す．したがって，物体の表面全体を通っての熱の流入と流出の合計は $\iint_S -dQ$ [W] となる．また，物体内部で単位体積当り w [W/m^3] の発熱があるとき，物体の微小体積 dV [m^3] では，単位時間当り wdV [J/s≡W] の熱量が増加することになる．したがって，物体内部の全領域での発熱量は，$\iiint_V wdV$ [W] となる．

一方，物体が単位体積当り保有する熱量を H [J/m^3] とおくと，物体全

第2章 熱伝導と熱伝導方程式

体の熱量は $\iiint_V H dV$ [J] となる．したがって，上述したように物体表面からの熱の流入・流出や発熱があると，物体の保有熱量の時間的な増減 [J/s≡W] は $\frac{\partial}{\partial t}\left(\iiint_V H dV\right)$ となり，次の熱量保存式が成り立つ．

$$\iint_S -\boldsymbol{q}\cdot\boldsymbol{n}\,dS + \iiint_V w\,dV = \iiint_V \frac{\partial H}{\partial t}dV \tag{2.1}$$

式(2.1)の左辺第1項にガウスの定理を適用すると，次のような微分形式で表現できる．

$$-\nabla\cdot\boldsymbol{q} + w = \frac{\partial H}{\partial t} \tag{2.2}$$

ここで，∇：ナブラ演算子（$\nabla = \frac{\partial}{\partial x}\boldsymbol{i} + \frac{\partial}{\partial y}\boldsymbol{j} + \frac{\partial}{\partial z}\boldsymbol{k}$）である．

この熱量保存式から温度を求める方程式とするためには熱流束を温度の関数で表す輸送法則が必要となる．

2．2 熱伝導

　固体中や流れのない流体中において，温度分布が存在するとき，すなわち，物質中の温度が場所によって異なっている場合，熱は温度の高いところから低いところに向かって移動する．この現象を熱伝導と呼ぶ．ここでは，図2.3に示すような厚さ L [m] の大きな金属板の表面から裏面に向かう熱伝導現象を考えてみよう．

　いま，金属板の左側の表面を座標軸の原点とし，右側に向かって，x軸の正の方向をとる．金属板は，はじめ（$t<0$）一様な温度 T_0 [K] となっている．この板の左側の表面全体を時刻 $t=0$ の瞬間に温度 $T_1(>T_0)$ に加熱，保持するとき，その後の金属板内部の温度分布を考える．熱は時間とともに x 方向に移動し，板内部の温度が徐々に上昇する．そして，十分に時間が経過すると，板内部の温度は時間によらず一定になる定常状

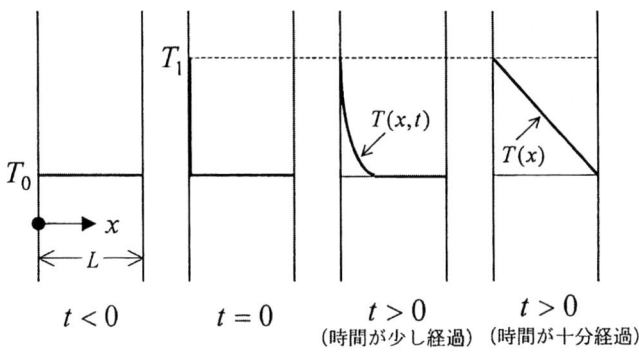

図2.3 温度分布の時間的変化

態に達し,板厚方向に直線状の温度分布となる.このとき,板の左側から右側に向かって,一定の熱量が流れ,温度分布が維持される.板表面の面積を S [m^2],単位時間当りに移動する熱量(熱流と呼ぶ)を Q [J/s] とするとき,左側と右側の表面の温度差 $\Delta T(=T_1-T_0)$ [K],板厚 L [m] との間には,次式が成り立つ.

$$\frac{Q}{S} = \lambda \frac{\Delta T}{L} \tag{2.3}$$

すなわち,単位時間当りに単位面積を移動する熱量(熱流束)は,板厚当りの温度差に比例する.この比例定数 λ [J/msK = W/mK] を**熱伝導率**(thermal conductivity)と呼ぶ.熱伝導率は物質により異なり,温度にも依存して変化する.なお,式(2.3)は固体だけでなく,流体(液体,気体)に対しても成り立つ.

さて,板厚 L を十分小さくしていくと,式(2.3)を微分形式で表現できる.

$$q_x = -\lambda \frac{dT}{dx} \tag{2.4}$$

ここで,q_x:x の正の方向に流れる熱流束 [J/m^{2}s = W/m^2] である.式(2.4)は熱伝導の**フーリエの法則**(Fourier's law of heat conduction)と呼ばれる.

すなわち，物質中に温度分布があるとき，熱は高温部から低温部へと伝わり，その熱流束は温度勾配に比例する．図2.3は1方向の熱の流れを対象として示したが，一般には，熱の流れは3次元の方向に移動するベクトルであり，x, y, z のそれぞれの方向に対する熱流束は次式で表される．

$$q_x = -\lambda \frac{\partial T}{\partial x}, \quad q_y = -\lambda \frac{\partial T}{\partial y}, \quad q_z = -\lambda \frac{\partial T}{\partial z}$$

これをベクトル表記すると，次式のようになる．

$$\boldsymbol{q} = -\lambda \nabla T \tag{2.5}$$

ここで，$\boldsymbol{q}$：熱流束ベクトル（$\boldsymbol{q} = q_x \boldsymbol{i} + q_y \boldsymbol{j} + q_z \boldsymbol{k}$）である．

2.3 熱伝導方程式

2.3.1 熱伝導方程式の導出

熱移動がすべて熱伝導による場合を考えると，熱量保存式(2.2)における熱流束 $\boldsymbol{q}$ [W/m^2] は，熱伝導によって与えられ，式(2.5)で表せる．一方，物質の単位体積当りの保有熱量 H [J/m^3] は，温度 T [K] と密度 ρ [kg/m^3]，比熱 c [J/kgK] から，一義的に決まるので式(2.2)は次のようになる．

$$-\nabla \cdot (-\lambda \nabla T) + w = \frac{\partial (\rho c T)}{\partial t} \tag{2.6}$$

式(2.6)は温度を従属変数とするベクトル表記による**熱伝導方程式**である．

熱伝導方程式の導出には，式(2.2)および式(2.6)を導いたベクトル演算を用いる方法以外に，微小検査体積での熱量保存に基づき導く方法があり，それを次に述べる．

2.3 熱伝導方程式

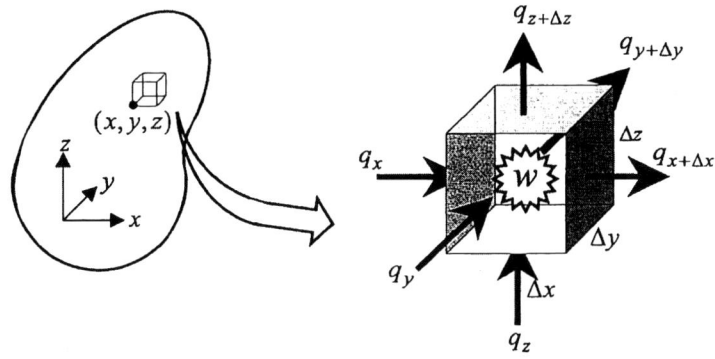

図2.4 検査体積と熱伝導

座標系として (x, y, z) の直角座標系（デカルト座標系）を採用し，図2.4に示すように物体内の点 (x, y, z) において微小な直方体（検査体積と呼ぶ） $\Delta x \Delta y \Delta z$ をとる．検査体積への熱伝導による熱の出入りおよび検査体積内での発熱によって，検査体積内の温度が微小時間 Δt の間に微小量 ΔT だけ変化すると考えると，検査体積内の熱量の保存から次式を得る．

$$\rho c \Delta x \Delta y \Delta z \frac{\Delta T}{\Delta t} = (q_x - q_{x+\Delta x})\Delta y \Delta z + (q_y - q_{y+\Delta y})\Delta z \Delta x \\ + (q_z - q_{z+\Delta z})\Delta x \Delta y + w \Delta x \Delta y \Delta z \tag{2.7}$$

式(2.7)の左辺は検査体積が保有する熱量の時間変化を表し，右辺の第1項，第2項，第3項はそれぞれ x 軸，y 軸，z 軸に垂直な面を通して検査体積に流入・流出する熱量を，第4項は物体内部で発生する熱量を表す．

さて，物体内に温度分布があると，各位置の温度勾配に応じて熱伝導が生じる．式(2.7)の右辺第1項は，フーリエの法則を適用すると，次式となる．

$$q_x - q_{x+\Delta x} = -\left(\lambda \frac{\partial T}{\partial x}\right)_x + \left(\lambda \frac{\partial T}{\partial x}\right)_{x+\Delta x}$$

上式右辺の第2項は点 (x, y, z) 近傍におけるテイラー展開から，

第2章 熱伝導と熱伝導方程式

$$\left(\lambda \frac{\partial T}{\partial x}\right)_{x+\Delta x} = \left(\lambda \frac{\partial T}{\partial x}\right)_x + \frac{\partial}{\partial x}\left(\lambda \frac{\partial T}{\partial x}\right)_x \Delta x + O(\Delta x^2)$$

ここで $O(\Delta x^2)$ は Δx の2次以上の高次の微小項で，Δx を十分小さくとった極限では無視できるので，次式が成り立つ．

$$q_x - q_{x+\Delta x} = \frac{\partial}{\partial x}\left(\lambda \frac{\partial T}{\partial x}\right)_x \Delta x \tag{2.8a}$$

同様にして，式(2.7)の右辺第2項，第3項は次式となる．

$$q_y - q_{y+\Delta y} = \frac{\partial}{\partial y}\left(\lambda \frac{\partial T}{\partial y}\right)_y \Delta y \tag{2.8b}$$

$$q_z - q_{z+\Delta z} = \frac{\partial}{\partial z}\left(\lambda \frac{\partial T}{\partial z}\right)_z \Delta z \tag{2.8c}$$

式(2.8a)～式(2.8c)を式(2.7)に代入し，$\Delta t \to 0$ の極限を考えると，次の熱伝導方程式が得られる．

$$\rho c \frac{\partial T}{\partial t} = \frac{\partial}{\partial x}\left(\lambda \frac{\partial T}{\partial x}\right) + \frac{\partial}{\partial y}\left(\lambda \frac{\partial T}{\partial y}\right) + \frac{\partial}{\partial z}\left(\lambda \frac{\partial T}{\partial z}\right) + w \tag{2.9}$$

式(2.9)を解くことによって物体内の温度分布とその時間変化を求めることができる．温度が求まると，フーリエの法則から熱流束を計算することができる．なお，式(2.9)を図2.5に示す円柱座標系 (r, θ, z) および球座標系 (r, θ, ϕ) で書きかえると，それぞれ次となる．

$$\rho c \frac{\partial T}{\partial t} = \frac{1}{r}\frac{\partial}{\partial r}\left(\lambda r \frac{\partial T}{\partial r}\right) + \frac{1}{r^2}\frac{\partial}{\partial \theta}\left(\lambda \frac{\partial T}{\partial \theta}\right) + \frac{\partial}{\partial z}\left(\lambda \frac{\partial T}{\partial z}\right) + w \tag{2.10}$$

$$\rho c \frac{\partial T}{\partial t} = \frac{1}{r^2}\frac{\partial}{\partial r}\left(\lambda r^2 \frac{\partial T}{\partial r}\right) + \frac{1}{r^2 \sin^2 \phi}\frac{\partial}{\partial \theta}\left(\lambda \frac{\partial T}{\partial \theta}\right) + \frac{1}{r^2 \sin \phi}\frac{\partial}{\partial \phi}\left(\lambda \sin \phi \frac{\partial T}{\partial \phi}\right) + w \tag{2.11}$$

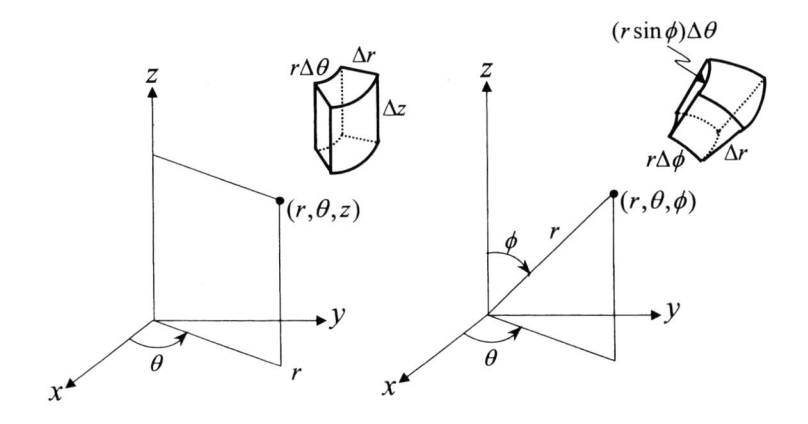

図2.5 円柱座標系と球座標系

2.3.2 熱伝導方程式の特性と簡単化

熱伝導方程式を解く目的として，物体内の温度分布やその時間変化，物体を加熱するのに必要な熱量，冷却効率のよい物体の形状などを求めることなどが挙げられる．しかし，物体を構成する物質や形状，大きさ，物体表面とそれに接する周囲流体との熱のやりとりによって，熱伝導の問題が異なることになる．すなわち，熱伝導方程式(2.9)は物体内の温度を従属変数とし，時間に対して1階，空間座標に対して2階の偏微分方程式であるが，対象や条件によって数学的な取り扱いが異なってくる．

熱伝導方程式(2.9)には，物性値である密度 ρ，比熱 c，熱伝導率 λ を含む．非等方性物質の場合，方向により熱伝導率が異なるが，本書ではとくに断らない限り等方性物質を扱う．不均質な物質の場合は熱伝導率その他の物性値は場所により異なり，熱伝導方程式が非線形あるいは線形変係数の偏微分方程式となり，解析的に解くことが難しく，数値解析をする必要がある．物性値（ρ, c, λ）が一定の定物性問題の熱伝導方程式(2.6)，(2.9)は，それぞれ放物型の偏微分方程式として，次のように記述することができる．

$$\frac{\partial T}{\partial t} = \alpha \nabla^2 T + \frac{w}{\rho c} \tag{2.12}$$

$$\frac{\partial T}{\partial t} = \alpha \left(\frac{\partial^2 T}{\partial x^2} + \frac{\partial^2 T}{\partial y^2} + \frac{\partial^2 T}{\partial z^2} \right) + \frac{w}{\rho c} \tag{2.13}$$

ここで，$\alpha \left(= \dfrac{\lambda}{\rho c} \right)$[m^2/s]は，**温度伝導率（熱拡散率）**と呼ばれ，温度伝播の良し悪し，もしくは，物体内での熱の拡がりやすさを表す．また，∇^2はラプラシアン演算子であり，直角座標系では，

$$\nabla^2 = \frac{\partial^2}{\partial x^2} + \frac{\partial^2}{\partial y^2} + \frac{\partial^2}{\partial z^2}$$

である．式(2.12)と式(2.13)は同一のものである．本書では以降，特に断らない限り定物性問題を扱い，熱伝導方程式といえば式(2.13)を指すことにする．

さらに，問題によっては式(2.13)の項を減らして簡単化することができる．

(1) 定常問題の熱伝導方程式

一般に物理量が時間的に変化しない状態を定常状態と呼ぶが，熱伝導問題において温度が時間的に変化しない場合を**定常熱伝導問題**と呼ぶ．定常問題では，熱伝導方程式は式(2.13)で$\partial T/\partial t = 0$とおけるので，次の形となる．

$$\frac{\partial^2 T}{\partial x^2} + \frac{\partial^2 T}{\partial y^2} + \frac{\partial^2 T}{\partial z^2} + \frac{w}{\lambda} = 0 \tag{2.14}$$

式(2.14)は楕円型の偏微分方程式でポアソン方程式という．内部発熱がない場合は，$w=0$であるから次のラプラス方程式となる．

$$\frac{\partial^2 T}{\partial x^2} + \frac{\partial^2 T}{\partial y^2} + \frac{\partial^2 T}{\partial z^2} = 0 \tag{2.15}$$

これらは温度が時間と共に変化する**非定常熱伝導問題**に比べると，時間微分の項がなく，解析も容易となる．

(2) 非定常1次元問題の熱伝導方程式

温度分布が1つの空間座標で表される場合を1次元問題という．式(2.13)で空間座標を減らすことができ，解析も容易となる．このとき，熱の流れが1つの座標方向となる．たとえば，長い鉄棒の一端が加熱され，他端が冷却されているような場合，熱は鉄棒の長さ方向（1方向）に移動することになる．ここで，物体の形状として，板，円柱・円筒，球・球殻を考える．板の表面全体と裏面全体がそれぞれ温度 T_S, T_B ($T_S > T_B$) に保持されている場合，熱は表面から裏面に向かって板厚方向に移動することになる．これを無限平板の問題と呼ぶ．次に，円柱あるいは円筒については，中心軸から半径方向にのみ温度分布をもつような場合は温度分布が軸対称となるので，熱は半径方向にのみ移動する．この場合，円柱（円筒）内の半径 r における円周方向や長さ方向の温度は一定である．これを無限円柱（無限円筒）の問題と呼ぶ．球あるいは球殻では，温度分布が点対称となる場合に空間座標は1個となり，熱は半径方向にのみ移動する．こうした空間的に1次元である問題の熱伝導方程式は，式(2.9)～(2.11)から一般に次のように簡単化できる．

$$\frac{\partial T}{\partial t} = \alpha \frac{1}{r^\sigma} \frac{\partial}{\partial r}\left(r^\sigma \frac{\partial T}{\partial r}\right) + \frac{w}{\rho c} \tag{2.16}$$

ここに $\sigma = 0$ は無限平板，$\sigma = 1$ は無限円柱と無限円筒，$\sigma = 2$ は球と球殻の場合に対応する．r は温度が変化する方向の座標である．

2.4 初期条件と境界条件

すでに述べてきたように熱伝導方程式は時間に対して1階，空間座標に対して2階の偏微分方程式である．したがって，これを解くには温度の時間条件が1個，空間条件が2個必要になる．時間に関しては多くの場合，$t = 0$ における条件で**初期条件**（initial condition）として与えられる．一方，空間条件は**境界条件**（boundary condition）として物体表面等にお

いて温度や熱流束などの条件を規定する．

２．４．１　初期条件

初期条件は，$t=0$ における物体内の温度分布を指し，次の形で与えられる．

$$T_{t=0} = f(x, y, z) \tag{2.17}$$

２．４．２　境界条件

境界条件は物体表面での温度や外界との熱の流入・流出を規定するもので，以下のように分類される．

(1) 温度が規定された境界条件

物体表面の温度が規定される場合を指す．物体が流体と接触していて，物体表面と流体との間の熱伝達が十分に速い場合，物体表面温度 T_S は流体主流温度と等しいとおける．

$$T_S = T_\infty \tag{2.18}$$

(2) 熱流束が規定された境界条件

図 2.6(a)に示すように，物体表面から外界に向かって一定の熱流束

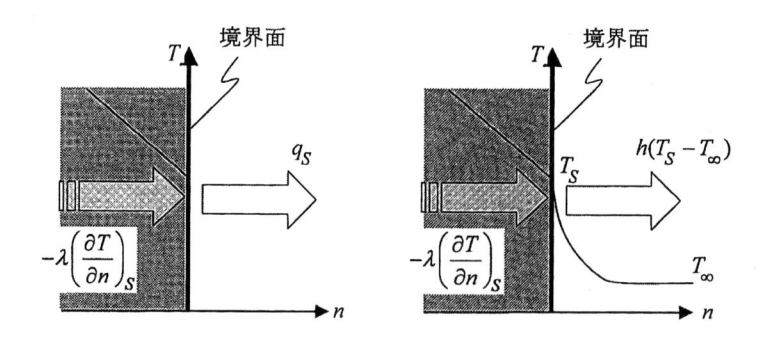

(a)熱流束が規定された境界条件　(b)熱伝達が規定された境界条件

図2.6　境界条件

q_s [W/m^2] をもって熱が流出する場合，あるいは，物体表面から熱が流入する場合，次式によって物体表面の境界条件を与えることができる．熱流束が与えられると，物体表面での法線方向の温度勾配が与えられたことと同じである．

$$-\lambda \left(\frac{\partial T}{\partial n}\right)_s = q_s \tag{2.19}$$

ただし，n は物体表面の外向き法線座標，q_s が法線方向に向かう場合（外界へ流出）その符号は正，その逆方向（物体表面に流入）の場合，負となる．具体的には，レーザーなどの放射光を物体に照射するときや表面に発熱体を貼って加熱する場合には，q_s の符号は負である．一方，物体表面が高温のときには，外界に向かって熱放射が起こり，その熱流束に等しくなるような熱伝導が生じるため，内部から表面へと熱が移動し，物体は冷却される．

特に，$q_s = 0$ の場合が**断熱条件**（熱絶縁条件とも呼ばれる）であり，次式で表せる．

$$\left(\frac{\partial T}{\partial n}\right)_s = 0 \tag{2.20}$$

温度分布が対称である場合，その面の熱流束はゼロであり，式(2.20)の境界条件が適用できる．

(3) 熱伝達が規定された境界条件

図2.6(b)のように物体が周囲流体と接している場合に物体表面と周囲流体との間で生じる熱伝達が境界条件となる．境界面から周囲流体への熱流束はニュートンの冷却則にしたがい，壁面温度 T_s と周囲流体の主流の温度 T_∞ の差に熱伝達率 h を乗じることによって求められるので，次式が境界条件となる．

$$-\lambda \left(\frac{\partial T}{\partial n}\right)_s = h(T_s - T_\infty) \tag{2.21}$$

なお，物体表面で，周囲流体や外界との間で，熱伝達と放射による熱のやりとりが同時に行われるような場合はそれらを合計した熱流束を式(2.21)の右辺に用いる．

(4) 接触面の温度と熱流束条件

図2.7(a)は2つの物体A，Bが完全に接触している場合を示している．このとき，接触面に発熱がなければ，接触面の温度と熱流束の値は等しくなる．つまり，境界条件は次のように書ける．

$$T_A|_b = T_B|_b \quad , \quad \lambda_A \left(\frac{\partial T_A}{\partial n}\right)_b = \lambda_B \left(\frac{\partial T_B}{\partial n}\right)_b \tag{2.22}$$

しかし，実際の固体表面には凹凸があり，図 2.7(b)に示すように固体面同士はミクロには部分的にしか接触していない．このため接触部には**接触熱抵抗**があって，接触面に温度差 ΔT が生じる．接触熱抵抗は面同士の密着度によって変化する．したがって，面の粗さや面を推しつける力に強く依存し，それを厳密に規定することは難しい．

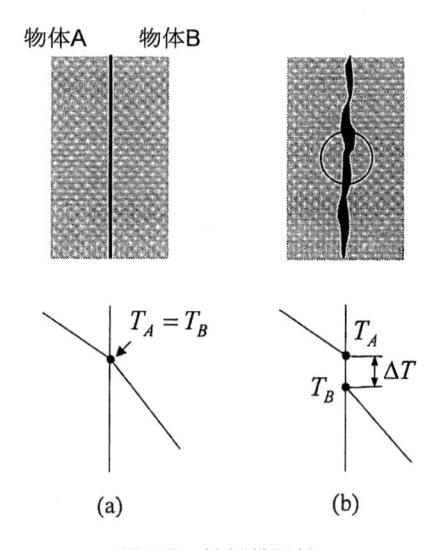

図2.7 接触熱抵抗

2.5 熱伝導方程式の無次元化と相似則

物体内の温度分布や冷却速度など求めようとする場合，熱伝導方程式(2.13)を用いて解を得ることができるが，材質や形状，熱伝導の状態，境界条件など個々の問題に応じて，そのつど方程式を解く必要がある．物体の大きさが違っていても形状が相似のものの解を得る場合において，方程式を無次元化して表現しておくと，相似則が使えて適用性が高くなる．

まず，温度を初期条件や境界条件に現れる代表的な温度 T_0 と T_∞ の差を用いて，無次元化および正規化した温度を θ とすると，

$$\theta = \frac{T - T_\infty}{T_0 - T_\infty}$$

また，座標を物体の代表寸法を L で除し，無次元の形で表すと，

$$X = \frac{x}{L}, \quad Y = \frac{y}{L}, \quad Z = \frac{z}{L}$$

これらを式(2.13)へ代入すると，次のように書くことができる．

$$\frac{\partial \theta}{\partial Fo} = \frac{\partial^2 \theta}{\partial X^2} + \frac{\partial^2 \theta}{\partial Y^2} + \frac{\partial^2 \theta}{\partial Z^2} + W \tag{2.23}$$

ただし，$Fo = \dfrac{\alpha t}{L^2}, \quad W = \dfrac{wL^2}{\lambda(T_0 - T_\infty)}$

ここで，Fo は時間の無次元数で**フーリエ数**（Fourier number）と呼ばれる．

一方，境界条件の式(2.21)は次のように無次元化できる．

$$-\left(\frac{\partial \theta}{\partial N}\right)_s = Bi\,\theta_s \tag{2.24}$$

ただし，$Bi = \dfrac{hL}{\lambda}, \quad N = \dfrac{n}{L}$

第2章　熱伝導と熱伝導方程式

Bi は物体内の熱伝導に対する物体表面の熱伝達の相対的な大きさを表す無次元数であり，**ビオ数**（Biot number）と呼ばれる．

上記のように熱伝導方程式と境界条件を無次元化して表現することで，無次元温度 θ は次のような関数としておくことができる．

$$\theta = \theta(Fo, X, Y, Z, W, Bi) \tag{2.25}$$

これから，物体の大きさや物性を変えた場合の，温度についての相似性が明らかになり，また，温度分布に影響する統一的な因子が明らかになる．例えば，1次元問題で，内部発熱がなく，さらに，境界条件として熱伝達がなく表面温度が規定されているときは次式のような簡単な関係となる．

$$\theta = \theta(Fo, X)$$

2.6 熱伝導率と熱伝導の微視的解釈

式(2.4)で表現されるフーリエの法則に基づいて，種々の物質の熱伝導率を実験的に測定することができる．図1.1に固体(金属，非金属)，液体，気体について，その大きさを比較している．いくつかの物質については付録にその値を示している．定性的には固体の熱伝導率がもっとも高く，その次に液体，そして気体の順に低くなる．固体のなかでも純金属の熱伝導率が高く，なかでも電気伝導率の高い銀が420[W/mK] と最も大きい値を示している．また，一般に合金の熱伝導率は純金属よりも低い．非金属材料の熱伝導率は物質により広い範囲にわたるが，ダイヤモンドなどを除いて，一般には金属よりも低い値を示す．液体の熱伝導率はナトリウムや水銀などの液体金属が高く，水の場合0.60[W/mK] 程度で，固体金属の1/100〜1/1000の値を示す．気体の場合，空気で0.03[W/mK] 程度と水の場合のさらに1/10以下となるが，定性的には分子量の小さい気体ほど熱伝導率が高くなる．これら熱伝導率については，物性論的な立場から理論値が求められているが，気体については後述する気体分子運動論

から求めた理論値が測定値とよく一致する．固体や液体については，一般的には未だ解明されていない問題や考え方が残っており，理論と実験との対応は十分ではない．

さて，熱伝導の現象は巨視的にはフーリエの法則で記述できる．すなわち，温度勾配に比例する熱量が移動する現象とみることができる．しかし，この熱（エネルギー）の輸送過程は本質的には分子・原子の運動にもとづくものである．温度という概念は，熱力学的には物質の状態を表す一つの量として用いられるが，分子運動論的には，多数の分子・原子の集団の運動に関連づけて用いられる．すなわち，温度が高いということは分子・原子の運動エネルギーが大きいということになる．図2.8は物質を構成する原子・分子が原子間力あるいは分子間力の影響をうけないで空間を飛び回っている気体の場合と，振動運動を行う固体の場合のエネルギーの伝達過程を模式的に示している．いま，高い温度（運動エネルギー）をもつ分子・原子集団と低い温度（運動エネルギー）をもつ分子・原子集団が接する場合を考えよう．

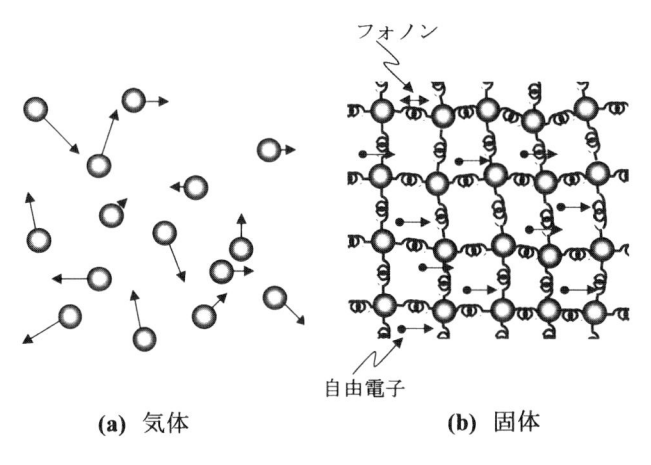

(a) 気体　　　**(b) 固体**

図2.8　物質中の原子・分子の運動

物質状態が気体の場合，分子・原子はさまざまな速度でランダムに運動しており，互いに衝突をしながら，運動エネルギーの交換を行っている．

第2章　熱伝導と熱伝導方程式

この運動エネルギーには一般に並進,回転,振動のエネルギーがあるが,単原子分子の場合に並進運動のみとなるので,いわゆる,剛体球同士の衝突と同様な並進運動エネルギーの伝達が行われる.したがって,衝突を通して,高い温度の分子・原子は運動エネルギーを失い,低い温度の分子・原子は運動エネルギーを得て温度が上昇する.すなわち,高い温度の分子・原子から低い温度の分子・原子に熱（エネルギー）が伝わったことになる.これを定量的に考えてみよう.

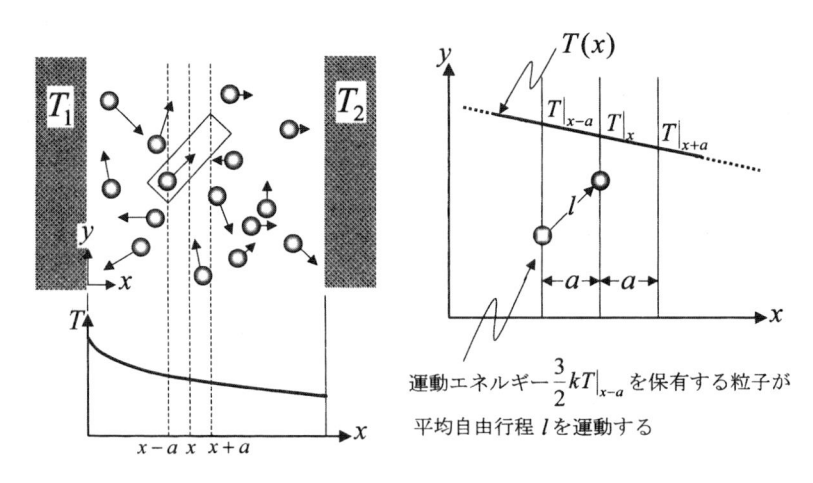

図2.9　気体の熱伝導モデル

図2.9に示すように,二つの固体壁にはさまれた空間に気体が存在し,気体中に温度分布 $T(x)$ があるとする.いま,気体分子の質量を m [kg],速度を v [m/s] とするとき,分子の運動エネルギーの平均値は,ボルツマン定数を k [J/K] とおくと,

$$\overline{\frac{1}{2}mv^2} = \frac{3}{2}kT$$

気体分子は衝突によってエネルギーを交換するが,分子の平均自由行程（分子が衝突しないで空間を移動する距離の平均値）l [m] の x 方向成分を a [m] とするとき,互いに $2a$ [m] 離れた2個の気体分子は $x = x$ 面で衝

2.6 熱伝導率と熱伝導の微視的解釈

突することになる．このとき，厚さ $2a$ [m] の層を通して移動する x 方向のエネルギー流束 q_x [W/m^2] は，衝突面の単位面積を単位時間に通過する分子の数 Z [molecules/m^{2}s] とそれぞれの位置での分子の運動エネルギーから，

$$q_x = Z \overline{\frac{1}{2}mv^2}\bigg|_{x-a} - Z \overline{\frac{1}{2}mv^2}\bigg|_{x+a}$$
$$= \frac{3}{2}kZ\{T(x-a) - T(x+a)\}$$
$$= \frac{3}{2}kZ\left(-2a\frac{\partial T}{\partial x}\right)$$

ここで，$a = \frac{2}{3}l$ であるから，単位体積当りの分子数を n [molecules/m^3]，分子の平均速度を v [m/s] とおくと，$z = nv/4$ より，

$$q_x = -\frac{1}{2}nkvl\frac{\partial T}{\partial x}$$

これがフーリエの法則における熱流束に等しいはずであるから，

$$\lambda\frac{\partial T}{\partial x} = \frac{1}{2}nkvl\frac{\partial T}{\partial x}$$

ところで，理想気体（単原子分子）の場合，

$$\rho = \frac{pM}{RT}, \quad c = \frac{3}{2}\frac{R}{M}$$

である．ただし，ρ は気体密度 [kg/m^3]，c は比熱（定積比熱）[J/kgK]，p は圧力 [Pa]，R はガス定数 [J/molK] である．また，分子の質量 m [kg] は次式で表される．

$$m = \frac{M}{N} \quad (M：分子量，N：アボガドロ数)$$

したがって，熱伝導率は次のように表すことができる．

$$\lambda = \frac{1}{2}nkvl = \frac{1}{3}\rho cvl \tag{2.26}$$

また，温度伝導率は次式のようになる．

$$\alpha = \frac{\lambda}{\rho c} = \frac{1}{3}vl \tag{2.27}$$

気体分子運動論から分子の平均速度と平均自由行程は次のように表される．

$$v = \sqrt{\frac{8kT}{\pi m}}, \quad l = \frac{1}{\sqrt{2}\pi d^2 n}$$

ただし，d は分子直径 [m] である．これらから，式(2.26)および式(2.27)はそれぞれ次のように表すことができる．

$$\lambda = \frac{1}{d^2}\sqrt{\frac{k^3 NT}{\pi^3 M}} \tag{2.28}$$

$$\alpha = \frac{2}{3d^2}\sqrt{\frac{k^3 NT}{\pi^3 M}}\frac{T}{p} \tag{2.29}$$

これらの式から，気体の熱伝導率は絶対温度の 0.5 乗に比例し，圧力には依存しないこと，分子量や大きさが小さい分子ほど大きくなることが予測できる．これらの傾向は実際の特性をかなり良く表している．ただし，温度の依存性は実際には 0.5 乗よりも大きい依存性がある．温度伝導率の分子量および温度への依存性も熱伝導率と似ているが，圧力への依存性があって圧力が高くなるほど小さくなる．

一方，固体の場合には原子間力が働いており，これらはあたかも原子同士をつないでいるバネのような役割を果たしている．固体中の原子はそれぞれ格子位置において振動している．この格子振動エネルギーはフォノンとも呼ばれる．温度が高くなると振動が激しくなる．したがって，固体中に温度差が生じると，温度の高い部分から低い部分に向かって振動エネルギーが次々と伝達する形で，運動エネルギーが物質内を移動す

る.

　金属の場合には自由電子が存在しており，格子振動に加えて，自由電子によっても熱が伝えられる．自由電子は金属内部では気体のように振舞い（自由電子ガスとも呼ばれる），温度が高いほど自由電子の運動エネルギーは大きくなる．自由電子は電子同士や格子間原子と衝突，散乱しながら，運動エネルギーを伝達するが，格子振動に比べるとはるかに高速で熱エネルギーを輸送する．したがって，自由電子の数やその挙動がエネルギー輸送を支配することになり，金属の種類によって構成原子や構造などが異なるため，熱伝導率も変化することになる．金属の電子論によると，低温の熱伝導率は次のように表される．

$$\lambda = \frac{1}{aT^2 + b/T} \tag{2.30}$$

ただし，a と b は物質定数であり，a は格子振動による散乱，b は物質内の欠陥の数に依存する．純金属では，低温および高温における熱伝導の温度変化はそれぞれ

$$\lambda \sim T, \ \lambda \sim T^{-2}$$

となり，不純物を多く含む場合は

$$\lambda \sim T$$

とされる．

　言うまでもなく，金属内の自由電子は熱エネルギーを伝えると同時に電気を伝える媒体でもある．自由電子は電界のもとでは電荷を運ぶとともに，温度勾配のもとでは熱量を運ぶ．したがって，金属の電気伝導率と熱伝導率は互いに密接に結びついており，次のような相関関係があることが知られている．

$$\frac{\lambda}{\sigma T} = \frac{\pi^2}{3}\left(\frac{k}{e}\right)^2 = 2.45 \times 10^{-8} \quad \left[\frac{V^2}{K^2}\right] \tag{2.31}$$

ここで，σ は電気伝導率 [S/m]，k はボルツマン定数 [J/K]，e は電気素

量[C]である．式(2.31)から電気伝導率の高い金属は熱伝導率も高いことが分かる．この式は**ウィーデマン-フランツ-ローレンツの式**（Wiedemann-Franz-Lorenz equation）と呼ばれており，多くの金属はこの関係をほぼ満たす．

なお，非金属材料では，自由電子による熱輸送がないため，すでに述べたように熱伝導率は金属に比べると一般にかなり小さく，結晶体と非晶体では特性が異なる．

【演習問題】

〔1〕地表にふりそそぐ太陽からの熱放射エネルギーは，太陽定数と呼ばれ，その値は $1.36 \times 10^3 [\mathrm{W/m^2}]$ である．いま，これを直径 50[mm] の凸レンズで集光したとき，焦点位置で直径 1[mm] の輝度の高いスポットになった．焦点位置における熱流束を求めよ．

〔2〕直方体（$a[\mathrm{m}] \times b[\mathrm{m}] \times c[\mathrm{m}]$）の物体を $P[\mathrm{W}]$ の熱源で加熱するとき，物体温度の時間変化と最終到達温度を求めよ．ただし，物体内では熱は瞬時に伝わるものとし，加熱は面ＡＢＣＤから行う．このとき，放射損失はなく，他の5面から周囲へ逃げる熱流束 $[\mathrm{J/m^2 s}]$ はニュートン則に従うものとする．なお，物体表面と大気との熱伝達率をを $h [\mathrm{J/m^2 sK}]$，物体の密度を $\rho [\mathrm{kg/m^3}]$，比熱を $c [\mathrm{J/kgK}]$ とし，物体の初期温度は雰囲気の温度 $T_0 [\mathrm{K}]$ に等しいとする．

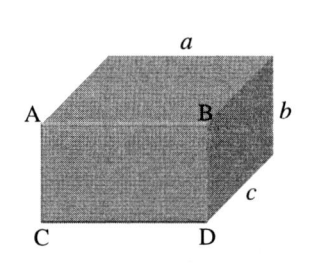

〔3〕ガラス窓（1[m]×2[m]）のついた部屋がある．室内外の温度がそれぞれ25[℃]，10[℃] に保たれているとき，1時間当りに戸外へ逃げる熱量[J/hr]を求めよ．なお，ガラス以外は熱を伝えないものとし，ガラスと大気との間の熱伝達率は十分大きいものとする．

ガラスの熱伝導率：0.75 [J/msK]，ガラスの厚さ：2 [mm]

〔4〕板厚 $h [\mathrm{m}]$ の大きな金属板があり，表面から加熱する場合を考える．

ただし，板内部の発熱はなく，金属の物性値（比熱：c [J/kgK]，密度：ρ [kg/m^3]，熱伝導率：λ [W/mK]）は一定とする．この板の裏面を断熱して$\left(\partial T/\partial x\big|_{x=h}=0\right)$，表面（$x=0$）から$q$ [W/m^2]の熱を連続的に投与して加熱する．時間が十分経過すると，板の各点の温度上昇速度は$q/c\rho h$ [K/s]となる．このとき，板の表面と裏面の温度差ΔT [K]が$\Delta T = qh/2\lambda$となることを示せ．なお，板表面からの熱伝達や放射による熱損失はないものとする．（ヒント：熱伝導方程式$\dfrac{\partial T}{\partial t}=\dfrac{\lambda}{\rho c}\dfrac{\partial^2 T}{\partial x^2}$の左辺は，物体内の温度の時間変化を表す．）

参考文献

[1] R.B.Bird, W.E.Stewart, E.N.Lightfoot, "Transport Phenomena", 2nd ed., John Wiley & Sons. Inc. (2001).
[2] H.S.Carslaw, J.C.Jaeger, "Conduction of Heat in Solids", 2nd ed., Oxford Science Publications (1959).
[3] 甲藤好郎，「伝熱概論」，養賢堂 (1980).
[4] 庄司正弘，「伝熱工学」，東京大学出版会 (1995).
[5] C.Kittel, H.Kroemer, "Thermal Physics" 2nd ed., W.H.Freeman and Company (1980).
[6] G.M.Barrow（藤代訳），「物理化学(上)(下)」，東京化学同人 (1970).
[7] 小竹 進，「分子熱流体」，丸善 (1992).

第3章　定常および非定常熱伝導

　コンピュータに使われるマイクロプロセッサなどは電流が流れジュール熱が発生する．このため，長時間の使用でマイクロプロセッサの温度が上昇し暴走することがある．通常は温度上昇を一定温度以下に抑えるために，図1.10に示すような冷却ファンやフィンなどが使われている．これらの使用により，マイクロプロセッサの温度は電源投入後，時間とともに過度的に上昇しながら次第にある一定値に近づき，最終的に温度が時間と共に変化しない**定常状態**（steady state）になる．したがって，定常状態になったときの温度を予測し，その温度がある限界値を超えないようにフィンやファンの設計をすることが重要となる．このように，工学における熱伝導の問題では物体内の温度分布や温度変化を推定することが多い．この章では温度が時間と共に変化しない場合の**定常熱伝導**（steady state heat conduction）と時間の経過と共に変化する**非定常熱伝導**（non-steady state heat conduction）について，基本的な考え方とその解法について述べる．

3.1　定常熱伝導問題の解析解

3.1.1　無限平板の場合

　図3.1(a)に示すように板の厚さ δ に比べて面積が大きい板で，面1の表面温度が T_1，面2の表面温度が T_2 であるとき，熱は厚さ方向（x 方向）の

3.1 定常熱伝導問題の解析解

みに一次元的に流れると考えてよい．このような平板は近似的に無限平板として扱える．このときの板の厚さ方向の温度分布と板を通過する熱流束 $q\,[\mathrm{W/m^2}]$ を求めてみよう．

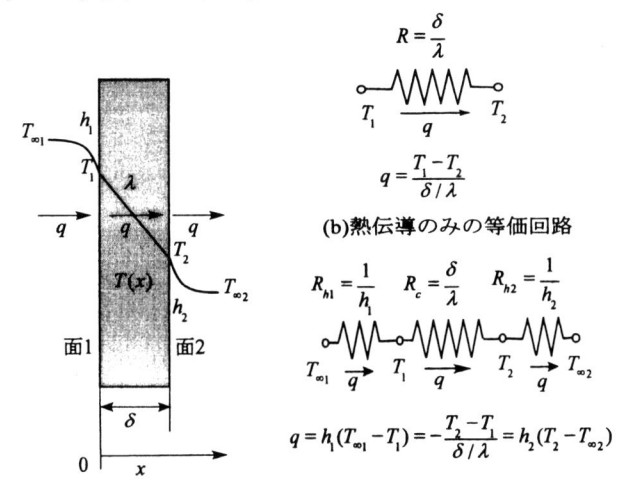

(a) 定常温度分布と熱流束

(b) 熱伝導のみの等価回路

$$R = \frac{\delta}{\lambda}$$

$$q = \frac{T_1 - T_2}{\delta/\lambda}$$

(c) 熱伝達境界条件を含めた等価回路

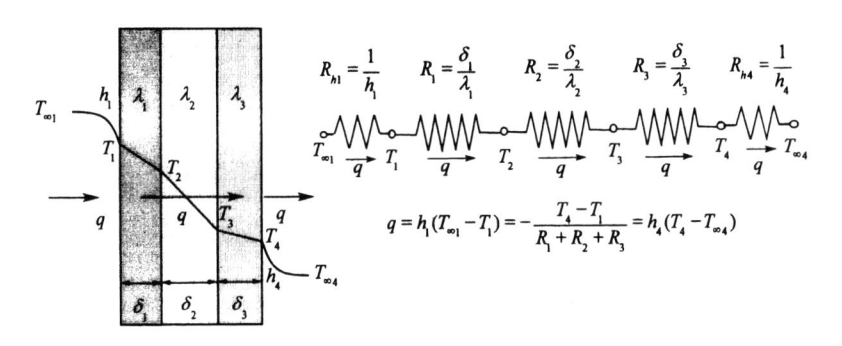

$$R_{h1} = \frac{1}{h_1} \quad R_c = \frac{\delta}{\lambda} \quad R_{h2} = \frac{1}{h_2}$$

$$q = h_1(T_{\infty 1} - T_1) = -\frac{T_2 - T_1}{\delta/\lambda} = h_2(T_2 - T_{\infty 2})$$

(d) 平行多層板の場合

(e) (d)の等価回路

$$R_{h1} = \frac{1}{h_1} \quad R_1 = \frac{\delta_1}{\lambda_1} \quad R_2 = \frac{\delta_2}{\lambda_2} \quad R_3 = \frac{\delta_3}{\lambda_3} \quad R_{h4} = \frac{1}{h_4}$$

$$q = h_1(T_{\infty 1} - T_1) = -\frac{T_4 - T_1}{R_1 + R_2 + R_3} = h_4(T_4 - T_{\infty 4})$$

図3.1 無限平行平板における定常熱伝導と等価回路

(a) 内部発熱がない場合

熱伝導率 λ が一定である一次元定常熱伝導方程式は式(2.15)から，

第3章　定常および非定常熱伝導

$$\lambda \frac{d^2 T}{dx^2} = 0 \tag{3.1}$$

と表され，位置 x だけの2階の常微分方程式になる．

式(3.1)を次の境界条件のもとで解く．

$$\begin{aligned} x = 0 \text{ で } T &= T_1 \\ x = \delta \text{ で } T &= T_2 \end{aligned} \tag{3.2}$$

式(3.1)を積分して，

$$T(x) = Ax + B \tag{3.3}$$

積分定数 A, B を式(3.2)の境界条件を使って求めると

$$T(x) = \frac{T_2 - T_1}{\delta} x + T_1 \tag{3.4}$$

となる．この式は無限平板における物体内の温度が，定常状態では直線分布になることを示している．

定常熱伝導における物体内の熱流束 q [W/m^2] はフーリエの熱伝導の法則から，

$$q = -\lambda \frac{dT}{dx} \tag{3.5a}$$

したがって，式(3.4)を x で微分して，

$$q = \lambda \frac{T_1 - T_2}{\delta} \tag{3.5b}$$

このように，位置 x に関係なく熱流束は一定であることがわかる．

式(3.5b)は次のように書くこともできる．

$$q = \frac{T_1 - T_2}{(\delta/\lambda)} = \frac{\text{温度差（ポテンシャル差）}}{\text{熱抵抗}} \tag{3.5c}$$

となり，式(3.5c)の関係は電気回路でのオームの法則と類似した関係であることがわかる．すなわち，電流は熱流束に，電位差は温度差に，電気抵抗は**熱抵抗**（thermal resistance）に対応する．熱伝導のみの伝熱問題では等価回路として図3.1(b)に示す電気回路を考えると理解し易い．

また，このような無限平板の表面が流体と接している場合には，2.4.2節(3)で述べたように，熱伝達が規定された境界条件が与えられる．この場合には，流体1から流体2へ伝わる熱の熱流束は，両流体の温度差と経路上の熱抵抗がわかれば，式(3.5c)で求めることができる．図3.1(a)のように物体の面1側と面2側の流体の温度が$T_{\infty 1}$と$T_{\infty 2}$であり，それぞれの熱伝達率がh_1とh_2である場合について，流体間の熱抵抗を求めてみよう．流体1～流体2間の熱流束qは，流体と物体間の熱伝達と物体内の熱伝導によって次式のように表される．

$$\begin{aligned} q &= h_1(T_{\infty 1} - T_1) \\ q &= -(\lambda/\delta)(T_2 - T_1) \\ q &= h_2(T_2 - T_{\infty 2}) \end{aligned} \tag{3.6a}$$

式(3.6a)から，

$$q = \frac{T_{\infty 1} - T_{\infty 2}}{1/h_1 + \delta/\lambda + 1/h_2} \tag{3.6b}$$

式(3.5c)と同様に考えることによって，この場合の熱抵抗は

$$R = 1/h_1 + \delta/\lambda + 1/h_2 = R_{h_1} + R_c + R_{h_2} \tag{3.6c}$$

となる．すなわち，熱流束が一定な回路を3つ直列につないだ回路と考えることができ，熱抵抗は前述の熱伝導による熱抵抗R_cに，熱伝達による両端面の熱抵抗R_{h_1}とR_{h_2}を加えたものになる．

いま，式(3.6b)を $q = K(T_{\infty 1} - T_{\infty 2})$ とおいたときのKを **熱通過率** （coefficient of over all heat transfer）[W/m^{2}K] と呼び，この値は第9章の熱交換器の性能を計算するときに重要になる．式(3.6b)と上の定義から，熱通過率は熱抵抗の逆数であり，次式で表される．

$$K = \frac{1}{R} = \frac{1}{1/h_1 + \delta/\lambda + 1/h_2} \tag{3.6d}$$

さらに図3.1(d)に示すような複数の材料から出来ている平行多層板における伝熱も，等価回路を考えることによって熱流を容易に求めることができる．この例では，熱伝導による3つの異なる熱抵抗に加えて，両端面に熱伝達による2つの熱抵抗を持つ平板が直列につながっていると考えることができるので，このときの等価回路は図3.1(e)に示すようになる．全熱抵抗は電気抵抗の直列の場合と同じく，それぞれの和で表されるので，熱流束qは両端面の温度差を全熱抵抗で割ることで与えられる．すなわち，

$$q = \frac{T_{\infty 1} - T_{\infty 4}}{1/h_1 + \delta_1/\lambda_1 + \delta_2/\lambda_2 + \delta_3/\lambda_3 + 1/h_2} \tag{3.7}$$

となる．分母の全熱抵抗 $1/h_1 + \delta_1/\lambda_1 + \delta_2/\lambda_2 + \delta_3/\lambda_3 + 1/h_2$ の内，熱伝導率に依存する3項のうちいずれかが他の2つよりも極端に大きければその平板の熱抵抗が熱流の大きさを律速する．たとえば，家屋の壁などでは断熱効果が小さくても強度や外観などに優れている材料を1あるいは3の材料として使い，強度が低くても断熱効果の高い（熱抵抗の大きいすなわち熱伝導率の小さい）材料を2として使用することがおこなわれている．省エネルギーを実現するために，異なった材料を複合化させることによって断熱効果と他の要求を両立させる手法は，前述の家の壁や冷蔵庫など多くのところで使われている．

(b) 内部発熱がある場合

物体内に単位時間，単位体積あたり w [W/m^3] の発熱がある場合の定常

3.1 定常熱伝導問題の解析解

熱伝導方程式は，物性値が一定である場合の式(3.1)に発熱項を加えることによって

$$\lambda \frac{d^2 T}{dx^2} + w = 0 \tag{3.8}$$

と表すことができる．これは式(2.14)で x 方向のみの熱流を考えた式と同じになる．式(3.8)を積分して，

$$T = -\frac{w}{2\lambda} x^2 + Ax + B \tag{3.9}$$

式(3.9)の積分定数 A, B を式(3.2)の境界条件を使って求めると，

$$T = -\frac{w}{2\lambda} x^2 + \left(\frac{T_2 - T_1}{\delta} + \frac{w\delta}{2\lambda}\right) x + T_1 \tag{3.10}$$

となる．このように物体内に内部発熱がある場合には温度分布は上に凸の2次曲線で表される．

この場合の熱流束 q は式(3.5a)および式(3.10)から

$$q = wx - \left(\lambda \frac{T_2 - T_1}{\delta} + \frac{w\delta}{2}\right) \tag{3.11}$$

となり，熱流束は物体内で x の増加と共に直線的に変化することを示している．

内部発熱のある場合について，具体的に次のような例で考えてみる．厚さ0.1[m]の無限平板とみなせる金属板があり，この平板に電流を流してジュール加熱し，両面を適当な条件で冷却したところ，定常状態になったとする．その時の両面の温度はそれぞれ473[K]および273[K]で，ジュール熱による発熱量は物体内で一様で単位体積，単位時間当たり，2×10^6[W/m^3]であった．金属板の熱伝導率を10[J/msK]としたとき，物体内の温度 T と熱流束 q を位置 x の関数として表し，図示してみよう．

第3章　定常および非定常熱伝導

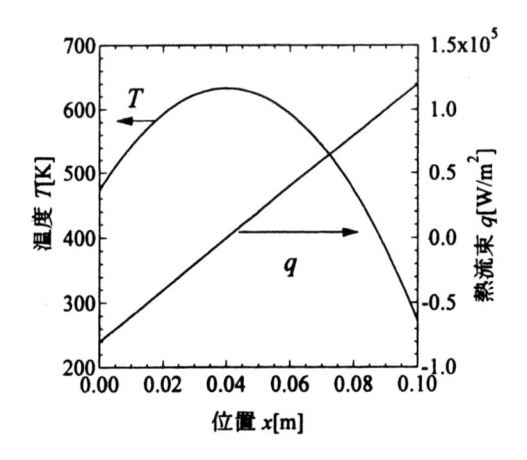

図3.2　内部発熱がある場合の温度と熱流束の分布の例
（無限平行平板）

$T_1 = 473[\mathrm{K}]$, $T_2 = 273[\mathrm{K}]$, $\delta = 0.1[\mathrm{m}]$, $\lambda = 10[\mathrm{J/msK}]$, $w = 2\times10^6[\mathrm{W/m^3}]$
を式(3.10), (3.11)に代入して,

$$T = -10^5 x^2 + 8\times10^3 x + 473, \qquad q = 2\times10^6 x - 8\times10^4$$

が得られる．これらの結果を図示すると，図3.2のようになる．一様な発熱がある場合の温度分布は$x=0.04[\mathrm{m}]$のところで最大633[K]になる．また，熱流束はこの位置でゼロとなり，熱流束の正負が入れ替わり，向きが逆方向になることがわかる．

3.1.2 無限円筒の場合

図3.3(a)に示すような断面形状を有し，無限に長い円筒の場合を考える．
(a) 内部発熱がない場合
基礎式は式(2.10)であり，θ方向とz方向の分布を無視し，さらに物体内部での発熱に関わる項を省略することによって，

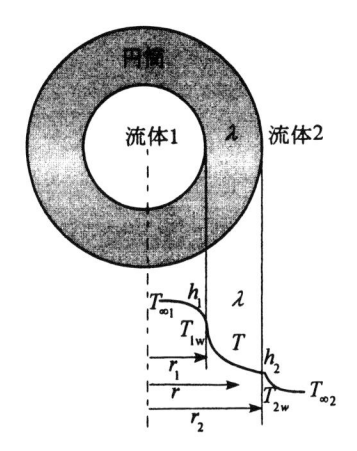

(a) 無限円筒における定常温度分布

(b) 等価回路

図3.3 無限円筒の場合の定常熱伝導とその等価回路

$$\frac{\partial T}{\partial t} = \frac{1}{\rho c_p}\left(\frac{\partial}{\partial r}\left(\lambda \frac{\partial T}{\partial r}\right) + \frac{\lambda}{r}\left(\frac{\partial T}{\partial r}\right)\right) \tag{3.12a}$$

無限平板の時と同様に熱伝導率が一定であるとの仮定をおき,さらに定常であるとすると次式のようになる.

$$\frac{d^2 T}{dr^2} + \frac{1}{r}\frac{dT}{dr} = 0 \tag{3.12b}$$

まず,簡単化のために,円筒の内面および外面で表面温度が規定される場合を考えると,境界条件は次のようになる.

$r = r_1$ で $T = T_{1w}$
$r = r_2$ で $T = T_{2w}$ 　　　(3.13)

式(3.12b)は次のように書くことも出来る．

$$\frac{d}{dr}(r\frac{dT}{dr}) = 0 \tag{3.12c}$$

式(3.12c)を積分し

$$\frac{dT}{dr} = \frac{A}{r} \tag{3.14}$$

もう1回積分して，

$$T = A\ln r + B \tag{3.15}$$

積分定数 A, B を式(3.13)の境界条件を使って求めると

$$T = \frac{(T_{1w} - T_{2w})}{\ln(r_1/r_2)}\ln r - \frac{T_{1w}\ln r_2 - T_{2w}\ln r_1}{\ln(r_1/r_2)} = \frac{T_{1w}\ln r/r_2 - T_{2w}\ln r/r_1}{\ln(r_1/r_2)} \tag{3.16}$$

となる．この式は無限円筒における定常状態では物体内の温度が半径 r の対数関数で表されることを示している．

物体内の熱流束 q は式(3.5a)によって式(3.16)から，

$$q = \lambda \frac{(T_{2w} - T_{1w})}{\ln(r_1/r_2)}\left(\frac{1}{r}\right) \tag{3.17}$$

となる．

　これから，熱流束 q は $1/r$ の関数であることがわかる．すなわち，r の小さい中心付近では熱流束は大きく外側に向かうにつれて減少してゆく．熱流束はこのように半径に依存して変化するが，半径 r の位置での円筒の単位長さ当たりの伝熱面積での熱流 Q を考えると，$Q = 2\pi rq$ であるか

ら，

$$Q = 2\pi\lambda \frac{(T_{2w} - T_{1w})}{\ln(r_1/r_2)} = \frac{2\pi(T_{2w} - T_{1w})}{\ln(r_1/r_2)/\lambda} \tag{3.18}$$

で表される．これから，Q は半径にかかわらず一定であることがわかる．

次に，図3.3(a)に示すように円筒内面側と外面側の流体の主流温度をそれぞれ $T_{\infty 1}$ および $T_{\infty 2}$ である場合について考える．3.1.1節で述べた熱通過率の考えはこのような円筒に対しても適用できる．円筒単位長さ当たりで考えて，内面側の流体と内面との熱伝達による熱流を Q_{1w}，円筒内の熱伝導による熱流を Q_{12}，外面側の流体と外面との熱伝達による熱流を Q_{2w} とすると，それらは次のように表現できる．

$$Q_{1w} = 2\pi r_1 h_1 (T_{\infty 1} - T_{1w}) \quad Q_{12} = \frac{2\pi(T_{1w} - T_{2w})}{\ln(r_2/r_1)/\lambda}$$
$$Q_{2w} = 2\pi r_2 h_2 (T_{2w} - T_{\infty 2}) \tag{3.19}$$

定常熱流条件であるから式(3.19)の左辺の値はすべて等しく，それをQとする．すなわち，

$$Q = Q_{1w} = Q_{12} = Q_{2w} \tag{3.20}$$

いま，式(3.5c)の形の $Q = (T_{\infty 1} - T_{\infty 2})/R$ で熱抵抗Rを定義すれば，式(3.19)，(3.20)から $R = 1/(2\pi)\{1/(r_1 h_1) + (1/\lambda)\ln(r_2/r_1) + 1/(r_2 h_2)\}$ となる．その等価回路は図3.3(b)のように表される．

また，$Q = K_{r_2}(2\pi r_2)(T_{\infty 1} - T_{\infty 2})$ で熱通過率を定義すれば，

$$K_{r_2} = \frac{1}{2\pi r_2}\frac{1}{R} = \frac{1}{r_2} \cdot \frac{1}{\dfrac{1}{r_1 h_1} + \dfrac{1}{\lambda}\ln\dfrac{r_2}{r_1} + \dfrac{1}{r_2 h_2}} \tag{3.21}$$

となる．この場合，熱通過率を定義するときの面積の選び方によって熱通過率の値が異なってくる．

第3章　定常および非定常熱伝導

(b) 内部発熱がある場合

円筒肉厚部分内部で単位時間，単位体積あたり $w[\mathrm{W/m^3}]$ の発熱がある場合の定常熱伝導方程式は式(2.10)を簡単化することによって

$$\frac{d^2T}{dr^2} + \frac{1}{r}\frac{dT}{dr} + \frac{w}{\lambda} = 0 \tag{3.22a}$$

となる．式(3.22a)は

$$\frac{d}{dr}\left(r\frac{dT}{dr}\right) = -\frac{rw}{\lambda} \tag{3.22b}$$

と書くことができるので，式(3.22b)を2回積分して，

$$T = -\frac{w}{4\lambda}r^2 + A\ln r + B \tag{3.23}$$

式(3.23)の A, B を式(3.13)の境界条件を使って求めると，

$$\begin{aligned} T = &-\frac{w}{4\lambda}r^2 + \frac{1}{\ln r_1/r_2}\left\{T_{1w} - T_{2w} + \frac{w}{4\lambda}(r_1^2 - r_2^2)\right\}\ln r \\ &+ \frac{1}{\ln r_1/r_2}\left\{-T_{1w}\ln r_2 + T_{2w}\ln r_1 + \frac{w}{4\lambda}(r_2^2\ln r_1 - r_1^2\ln r_2)\right\} \end{aligned} \tag{3.24}$$

となる．

この場合の熱流束 $q[\mathrm{W/m^2}]$ は式(3.5a)，式(3.24)から次式を得る．

$$q = \frac{w}{2}r + \frac{\lambda}{\ln r_1/r_2}\left\{(T_{2w} - T_{1w}) + \frac{w}{4}(r_2^2 - r_1^2)\right\}\left(\frac{1}{r}\right) \tag{3.25}$$

3.1.3 球殻の場合

図3.4に示すような球殻の場合で，熱伝導率が一定で定常状態を考える．

(a) 内部発熱がない場合

この場合の基礎式は式(2.11)であり，θ と ϕ 方向の分布を無視し，λ が

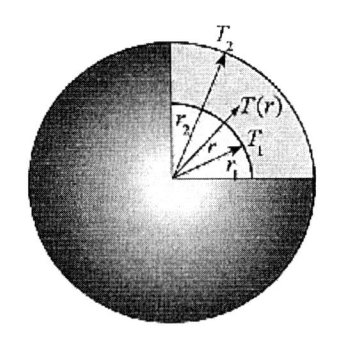

図3.4 球殻における定常熱伝導

一定であることを考慮することによって，

$$\lambda \frac{d^2T}{dr^2} + \frac{2}{r}\left(\lambda \frac{dT}{dr}\right) = 0 \tag{3.26a}$$

が導かれる．境界条件は

$$\begin{aligned} r &= r_1 \quad \text{で} \quad T = T_1 \\ r &= r_2 \quad \text{で} \quad T = T_2 \end{aligned} \tag{3.27}$$

式(3.26a)は次のように書くことが出来る．

$$\frac{d^2(rT)}{dr^2} = 0 \tag{3.26b}$$

式(3.26b)を積分すると，

$$T = A + \frac{B}{r} \tag{3.28}$$

式(3.28)に式(3.27)の境界条件を適用して，整理すると，

$$T = \frac{r_2 T_2 - r_1 T_1}{r_2 - r_1} + \left\{\frac{r_1 r_2 (T_1 - T_2)}{r_2 - r_1}\right\} \frac{1}{r} \tag{3.29}$$

となり，球殻の場合，定常温度分布は$1/r$に比例した関数で与えられる．

熱流束 $q[\text{W/m}^2]$ は平行平板や円筒の場合と同じく，

$$q = -\lambda \frac{\partial T}{\partial r} = \left\{\frac{r_1 r_2 (T_1 - T_2)}{r_2 - r_1}\right\}\left(\frac{\lambda}{r^2}\right) \tag{3.30}$$

となる．これから，半径 r の位置における球の全表面を通過する熱流 Q [W]は $Q = 4\pi r^2 q$ で表されるので，式(3.30)から，円筒の場合と同じく，半径にかかわらず一定となる．

(b) 内部発熱がある場合

一様な内部発熱 $w[\text{W/m}^3]$ がある場合，基礎式は式(3.26a)に発熱項を加えて，次のように表される．

$$\frac{d^2(rT)}{dr^2} + \frac{w}{\lambda}r = 0 \tag{3.31}$$

式(3.31)を積分すると，

$$T = -\frac{w}{6\lambda}r^2 + A + \frac{B}{r} \tag{3.32}$$

式(3.27)の境界条件を入れて整理すると，

$$T = -\frac{w}{6\lambda}r^2 + \frac{1}{r_2 - r_1}\left\{r_2 T_2 - r_1 T_1 + \frac{w}{6\lambda}(r_2^3 - r_1^3)\right\}$$
$$- \frac{r_1 r_2}{r(r_2 - r_1)}\left\{T_2 - T_1 + \frac{w}{6\lambda}(r_2^2 - r_1^2)\right\} \tag{3.33}$$

熱流束 $q[\text{W/m}^2]$ は式(3.33)を微分して，

$$q = \frac{w}{3}r - \frac{\lambda r_1 r_2}{r^2(r_2 - r_1)}\left\{T_2 - T_1 + \frac{w}{6\lambda}(r_2^2 - r_1^2)\right\} \tag{3.34}$$

となる．

3.1.4　2次元の場合

円筒あるいは球殻で半径方向のみの熱伝導を考える場合には，3.1.2節および3.1.3節で述べたように1次元の熱伝導問題として取り扱うことができた．一方，図3.5に示すように長さが十分に長い角柱の場合には，長さ方向への熱移動が無視でき，2次元の熱伝導問題と考えることができる．簡単のために3辺の温度が一定のT_1に保たれ，他の1辺が関数$f(x)$で与えられる場合について考えてみる．

物性値が一定の場合の2次元定常熱伝導方程式は式(2.15)から，

$$\frac{\partial^2 T}{\partial x^2} + \frac{\partial^2 T}{\partial y^2} = 0 \tag{3.35}$$

境界条件は

$$\begin{aligned} x = 0 \text{ で } T = T_1 &, \quad x = a \text{ で } T = T_1 \\ y = 0 \text{ で } T = T_1 &, \quad y = b \text{ で } T = f(x) \end{aligned} \tag{3.36}$$

式(3.35)の積分は位置に関する変数がxとyの2つである偏微分方程式である．ここでは式(3.35)を解くために変数分離法を使うことにする．変数分離法では解Tがxのみの関数$X(x)$とyのみの関数$Y(y)$の積として表わされるとする．すなわち

$$T = X(x)Y(y) \tag{3.37}$$

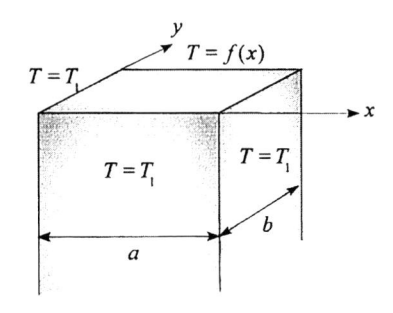

図3.5　無限角柱（2次元平板）における定常熱伝導

式(3.37)を式(3.34)に代入して整理すると，

$$\frac{1}{Y(y)}\frac{d^2Y(y)}{dy^2} = -\frac{1}{X(x)}\frac{d^2X(x)}{dx^2} \tag{3.38}$$

式(3.38)の両辺が x と y の値に関係なく常に等しくなるためには，両辺は x や y を含むものではなく定数でなければならない．その定数を β^2 とおくと，式(3.38)の両辺から，X, Y に関して次のような2つの常微分方程式が得られる．

$$\frac{d^2X(x)}{dx^2} + \beta^2 X(x) = 0 \tag{3.39}$$

$$\frac{d^2Y(y)}{dy^2} - \beta^2 Y(y) = 0 \tag{3.40}$$

式(3.39)の解は

$$X = A\sin\beta x + B\cos\beta x \tag{3.41}$$

式(3.40)の解は

$$Y = Ce^{\beta y} + De^{-\beta y} \tag{3.42}$$

したがって，式(3.37)から

$$T = \{A\sin\beta x + B\cos\beta x\}\{Ce^{\beta y} + De^{-\beta y}\} \tag{3.43}$$

となる．ここで，計算を簡単にするために，

$$\theta = T - T_1 \tag{3.44}$$

として，式(3.36)の境界条件を θ を使って表すと

$$\begin{array}{ll} x=0 \text{で} \theta=0, & x=a \text{で} \theta=0 \\ y=0 \text{で} \theta=0, & y=b \text{で} \theta=f(x)-T_1 \end{array} \tag{3.45}$$

となる．式(3.43)は θ に関しても T と同様な次の表現ができる．（ただし，A, B, C, D の値は異なる）

$$\theta = \{A\sin\beta x + B\cos\beta x\}\{Ce^{\beta y} + De^{-\beta y}\} \tag{3.46}$$

式(3.46)に式(3.45)の境界条件を用いて，

$$0 = B(Ce^{\beta y} + De^{-\beta y}) \tag{3.47a}$$

$$0 = (A\sin\beta a + B\cos\beta a)(Ce^{\beta y} + De^{-\beta y}) \tag{3.47b}$$

$$0 = (A\sin\beta x + B\cos\beta x)(C + D) \tag{3.47c}$$

$$\theta = f(x) - T_1 = (A\sin\beta x + B\cos\beta x)(Ce^{\beta b} + De^{-\beta b}) \tag{3.47d}$$

したがって，式(3.47a)～(3.47c)から，

$$C = -D \tag{3.48a}$$

$$B = 0 \tag{3.48b}$$

$$\sin\beta a = 0 \tag{3.48c}$$

式(3.48c)の関係式を満足させる β の値は無限の個数ある．それを次のように表す．

$$\beta_n = n\pi/a \quad (n = 1, 2, 3...) \tag{3.49}$$

この β_n を固有値という．β が式(3.49)の β_n のとき，境界条件式(3.47a～c)が満足される．

式(3.48a,b)および式(3.49)を式(3.46)に代入すると，

$$\theta_n = C_n \sin\beta_n x (e^{\beta_n y} - e^{-\beta_n y}), \quad (n = 1, 2, 3...) \tag{3.50}$$

第3章 定常および非定常熱伝導

また，$\Sigma \theta_n$ も解になるので，

$$\theta = T - T_1 = \Sigma \theta_n = \sum_{n=1}^{\infty} C_n \sin \beta_n x (e^{\beta_n y} - e^{-\beta_n y})$$

$$= \sum_{n=1}^{\infty} C_n \sin \frac{n\pi x}{a} \sinh \frac{n\pi y}{a} \tag{3.51}$$

式(3.47d)の境界条件を適用すると，

$$f(x) - T_1 = \sum_{n=1}^{\infty} C_n \sin \frac{n\pi x}{a} \sinh \frac{n\pi b}{a} \tag{3.52}$$

式(3.52)の両辺に $\sin(m\pi x/a)$ を乗じて，x の区間[0,a]で積分すると，

$$\int_0^a \{f(x) - T_1\} \left(\sin \frac{m\pi x}{a} \right) dx = \sinh \frac{n\pi b}{a} C_n \int_0^a \sin \frac{n\pi x}{a} \sin \frac{m\pi x}{a} dx \tag{3.53a}$$

式(3.53a)の右辺は $n \neq m$ のとき0となり，$n = m$ のとき0でない．そこで，$n = m$ の場合だけを考えて，式(3.53a)の右辺を積分すると，

$$\int_0^a \{f(x) - T_1\} \left(\sin \frac{n\pi x}{a} \right) dx = \sinh \frac{n\pi b}{a} C_n \int_0^a \sin^2 \frac{n\pi x}{a} dx \tag{3.53b}$$

$$\int_0^a \sin^2 \frac{n\pi x}{a} dx = \frac{1}{2} \left[x - \frac{a \sin \frac{2n\pi x}{a}}{2n\pi} \right]_0^a = \frac{a}{2} \tag{3.54}$$

式(3.53b)と式(3.54)から，

$$C_n = \frac{\frac{2}{a} \int_0^a \{f(x) - T_1\} \sin \frac{n\pi x}{a} dx}{\sinh \frac{n\pi b}{a}} \tag{3.55}$$

式(3.51)に式(3.55)の結果を代入して整理すると，

$$T = \frac{2}{a}\sum_{n=1}^{\infty}\frac{\sin\dfrac{n\pi x}{a}\sinh\dfrac{n\pi y}{a}}{\sinh\dfrac{n\pi b}{a}}\int_0^a \{f(x)-T_1\}\sin\frac{n\pi x}{a}dx + T_1 \qquad (3.56)$$

式(3.56)で上端の温度 $f(x)$ が一定値 T_2 である場合には，式(3.56)は簡単になって，

$$\frac{T-T_1}{T_2-T_1} = \frac{2}{\pi}\sum_{n=1}^{\infty}\frac{(-1)^{n+1}+1}{n}\sin\frac{n\pi x}{a}\frac{\sinh(n\pi y/a)}{\sinh(n\pi b/a)} \qquad (3.57)$$

となる．

上記の問題を具体的に考えてみよう．図3.5において $a=5$ [cm]，$b=7$ [cm]であり，$T_1=273$ [K]，$T_2=573$ [K]であるとき，定常温度場を求めて図示することにする．

式(3.57)に上の条件を入れると，温度は

$$T = 300\left\{\frac{2}{\pi}\sum_{n=1}^{\infty}\frac{(-1)^{n+1}+1}{n}\sin\frac{n\pi x}{5}\frac{\sinh(n\pi y/5)}{\sinh(n\pi 7/5)}\right\} + 273$$

となる．この計算結果から x と y（いずれも cm 単位）の値によって温度を求めることは可能であるが，等高線を描くのは容易ではない．しかし，パーソナルコンピュータで稼動する数式処理ソフトウエアを使えば上の式の計算を行って等高線を描くことができる．そのようなソフトウエアを使って得られた結果を図3.6に示す．図では10K毎の等温線を示している．この結果，273Kに保たれた辺と573Kに保たれた辺とが交差している上部隅角部で等高線の間隔が密に詰まっていることがわかる．すなわち，これらの隅角部の温度勾配が大きく，熱流が大きいことを意味している．また，熱流は等温線に垂直な方向であるから，これらの隅角部では熱流は2次元的になり，x 方向中央部では1次元的とみなせることがわかる．

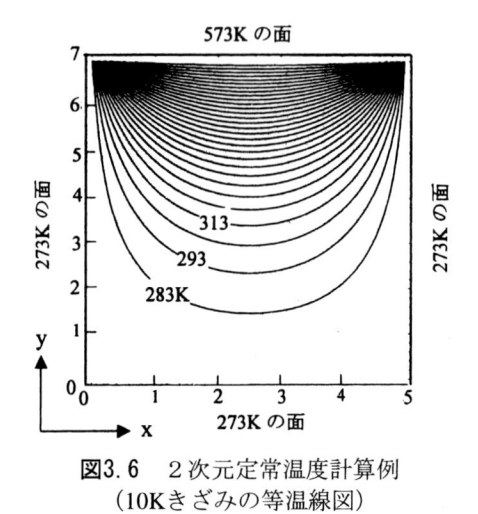

図3.6 ２次元定常温度計算例
（10Kきざみの等温線図）

3.1.5 フィンの熱伝導

　マイクロプロセッサなど発熱体の温度を一定温度以下に保持するためには冷却方法が問題になる．通常，冷却は１章で述べたようにファンなどによる対流熱伝達によって周囲に放熱される．冷却効果を上げるためにはファンによる熱伝達率の向上のほかに放熱面積を増やすことがひとつの方法となる．伝熱面積を増やす目的でつけられるのが図1.10にも示したようなフィンであり，自動車のラジエーターやエアコンや冷蔵庫などにも広く使われている．

　そこで，フィンをつけることによって放熱量がどの程度増加するか見積もることにする．フィンの伝熱を計算するためのモデルを図3.7に示す．この図の場合では，熱伝導がx方向だけに生じる１次元問題と考えることができる．フィンが温度T_∞の流体中に置かれており，フィンの根元の温度をT_0とする．フィンの根本から任意の距離xだけ離れた位置に，dxの幅を持つ検査体積での熱の出入りを考える．

　位置xで検査体積左面に熱伝導で流入してくる熱流Q_xはSをフィンの断面積とすると，

3.1 定常熱伝導問題の解析解

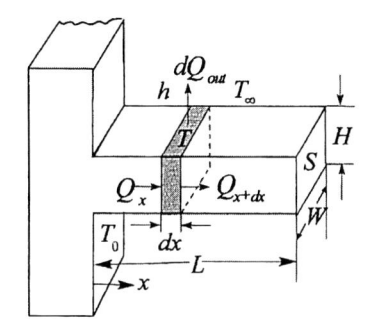

図3.7 長方形型等厚フィンにおける熱移動

$$Q_x = -S\left(\lambda \frac{dT}{dx}\right)_x \tag{3.58}$$

位置 $x+dx$ で検査体積右面から熱伝導で流出する熱流 Q_{x+dx} は

$$Q_{x+dx} = -S\left(\lambda \frac{dT}{dx}\right)_{x+dx} \tag{3.59}$$

対流熱伝達で周囲に放出される熱流 dQ_{out} は

$$dQ_{out} = 2(W+H)dx \cdot h(T-T_\infty) \tag{3.60}$$

定常状態になっているので，検査領域に流入する熱量と流出する熱量とは等しい．したがって，

$$Q_x = Q_{x+dx} + dQ_{out} \tag{3.61}$$

式(3.58), (3.59), (3.60)から式(3.61)は

$$S\lambda\left\{\left(\frac{dT}{dx}\right)_{x+dx} - \left(\frac{dT}{dx}\right)_x\right\} = 2(W+H)dxh(T-T_\infty) \tag{3.62}$$

式(3.62)を整理すると，

第3章　定常および非定常熱伝導

$$\frac{d^2T}{dx^2} - \frac{2(W+H)h}{S\lambda}(T-T_\infty) = 0 \tag{3.63}$$

式(3.63)の2回の常微分方程式の一般解は

$$T = C_1 \exp\left(-\sqrt{\frac{2(W+H)h}{S\lambda}}\,x\right) + C_2 \exp\left(\sqrt{\frac{2(W+H)h}{S\lambda}}\,x\right) + T_\infty \tag{3.64}$$

境界条件は

$$x=0 \text{ で } T=T_0 \tag{3.65}$$

式(3.65)の一つの境界条件だけでは式(3.64)の2つの積分定数 C_1, C_2 を求めることはできない．そこで，他の一つの境界条件として，フィン先端が断熱されているとする．この場合には，境界条件は

$$x=L \text{ で } \frac{dT}{dx}=0 \tag{3.66}$$

式(3.64)の積分定数は式(3.65)と式(3.66)の境界条件から求めることができ，整理すると，

$$T = \left\{\frac{\exp(-mx)}{1+\exp(-2mL)} + \frac{\exp(mx)}{1+\exp(2mL)}\right\}(T_0-T_\infty) + T_\infty \tag{3.67}$$

となる．但し，$m = \sqrt{\dfrac{2(W+H)h}{S\lambda}}$ である．

フィンからの放熱量 Q_f はフィン根元においてフィンを通して熱伝導で移動する熱量であるから，

$$Q_f = -\lambda S \left(\frac{dT}{dx}\right)_{x=0} \tag{3.68}$$

で表される．したがって，式(3.68)の右辺の値は式(3.67)を微分して，

$$Q_f = \sqrt{2(W+H)S\lambda h}\,(T_0 - T_\infty)\tanh\left(\sqrt{\frac{2(W+H)h}{S\lambda}}L\right) \quad (3.69)$$

ただし，ここでは熱伝達率 h の値は一定であるとしたが，厳密には位置に依存するし，流れの状態によっても変化する．このため，式(3.69)で得られたフィンによる放熱量の増加量は厳密な値を示すものではないことに注意をしておこう．

次に，この場合のフィン効率を求めてみよう．フィンの有効性を示すパラメータとしてフィン効率 η を次のように定義する．

$$\eta = \frac{フィン表面からの実際の放熱量}{フィン全面がフィン根元温度に等しいとしたときの放熱量}$$

したがって，

$$\eta = \frac{\sqrt{2(W+H)S\lambda h}\,(T_0 - T_\infty)\tanh\left(\sqrt{\frac{2(W+H)h}{S\lambda}}L\right)}{2h(W+H)L(T_0 - T_\infty)}$$

$$= \frac{\tanh\left(\sqrt{\frac{2(W+H)h}{S\lambda}}L\right)}{\sqrt{\frac{2(W+H)h}{S\lambda}}L} \quad (3.70\text{a})$$

ここで $m = \sqrt{\dfrac{2(W+H)h}{S\lambda}}$ とおくと，式(3.70a)は

$$\eta = \frac{\tanh(mL)}{mL} \quad (3.70\text{b})$$

と表わされ，mL だけの関数になる．フィンの効率を mL の変化に対して図示すると，図3.8のようになる．

厚さ H に比べて幅 W が十分に大きい場合には

第3章 定常および非定常熱伝導

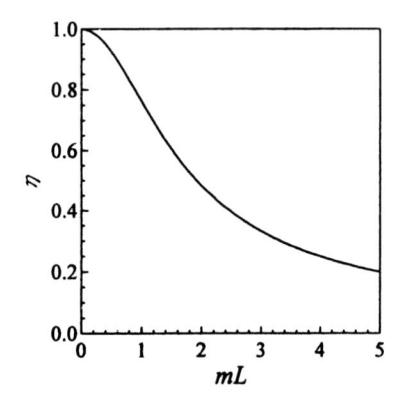

図3.8 長方形フィンの効率

$$m \approx \sqrt{\frac{2Wh}{S\lambda}} = \sqrt{\frac{2h}{H\lambda}} = \sqrt{\frac{h}{(H/2)\lambda}}$$

となることを利用してmLの値を計算し，図3.8からηの値を計算すればよい．

3.2 非定常熱伝導

これまでは定常熱伝導を取り上げてきたが，実際の熱現象では，時間とともに温度場が変化する非定常な熱伝導現象が基本的に生じている．定常熱伝導は非定常な現象が時間に対して変化しなくなったとみなせる状態と見ることができる．

ここでは非定常熱伝導の問題を解析的に解く方法と，解析的に得られた結果の実際の利用方法としてハイスラー線図の利用の仕方について述べる．

3.2.1 温度が一様な物体

物体の大きさが十分小さい（細かい）か，物体の熱伝導率（温度伝導

率）が十分大きい場合には，物体の温度が時間と共に変化しても，物体内の場所による温度差がなく，一様な温度分布を保ったまま加熱や冷却の過程が行われると考えられる．いま，図3.9のように，体積 V，表面積 S の物体が温度 T_∞ の流体中に浸けられている場合の物体の温度 T の時間変化を求めてみよう．物体における熱量の収支を考えると，単位時間に物体が得る熱量（ $c\rho V(dT/dt)$ ）は周囲流体から物体への熱伝達量 $-Q = -hS(T - T_\infty)$ に等しいから，

$$c\rho V \frac{dT}{dt} = -hS(T - T_\infty) \tag{3.71}$$

c と ρ は物体の比熱と密度，h は物体と流体の間の熱伝達率である．周囲流体の温度 T_∞ が一定のとき，式(3.71)を積分し，初期条件として，$t=0$ で $T=T_0$ として積分定数を決めると，

$$\frac{T - T_\infty}{T_0 - T_\infty} = \exp\left(-\frac{hS}{c\rho V}t\right) \tag{3.72}$$

物体の温度は時間の経過につれ指数関数的に周囲温度に近づくことがわかる．その近づく速さは式(3.72)における t の係数に依存するが，その逆数 $c\rho V/hS$ は時定数と呼ばれる．時定数が小さいほど温度の変化が速い．

周囲流体温度が $T_\infty = T_0 \cos\omega t$ のように時間と共に周期的に変動する流体の中に浸けられている線径 d の細い線の温度応答を調べよう．（ここで T_0 は周囲流体の温度変動の振幅である．） 線の長さ L の部分の熱収支を考えると，式(3.71)がそのまま成り立つ．

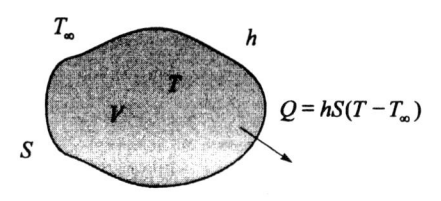

図3.9 温度一様な物体

ただし，$V = (\pi d^2/4)L$, $S = \pi dL$ である．T_∞ が時間の関数であることを考慮すれば，線の温度 T を決める方程式は次式となる．

$$\tau \frac{dT}{dt} + T = T_0 \cos\omega t \tag{3.73}$$

ここで，$\tau = c\rho d/(4h)$ は時定数である．式(3.73)の解は，

$$T = \frac{T_0}{\sqrt{1+(\omega\tau)^2}} \cos(\omega t - \beta) \tag{3.74}$$

これから，細線の温度変動の振幅は流体温度の変動の振幅に比べて $1/\sqrt{1+(\omega\tau)^2}$ 倍となり，位相の遅れ β は $\tan\beta = \omega\tau$ の関係がある．これから，細い熱電対で温度変動を検出するときの応答遅れが評価できる．

3．2．2　半無限物体

　内部の発熱が無く，物性値が一定であるとすると，一次元の非定常の熱伝導方程式は

$$\frac{\partial T(x,t)}{\partial t} = \alpha \frac{\partial^2 T}{\partial x^2} \tag{3.75}$$

式(3.75)を解くときに初期条件と境界条件が必要となる．

　境界条件の一つが半無限物体の仮定である．無限の大きさの物体は現実には存在しないが，熱の移動で，実際上，無限の大きさを持つと考えてもよいような物体を半無限物体と呼ぶ．つまり，物体が有限であっても，ある時間内での熱伝導を考えたとき，実質上温度が変化しないと考えてもよい領域がある物体のことを半無限物体と呼ぶのである．ここではこのような場合の温度変化を考えてみる．

　式(3.75)は位置 x と時刻 t の関数である温度 T についての偏微分方程式である．温度の位置と時刻による変化を求めるためには，上の式を初期条件と境界条件を与えて，解けばよいことになる．

3.2 非定常熱伝導

初期条件として，はじめの温度が一様で T_0 であったとすると，

$$t = 0 \text{ で } T(x,0) = T_0 \tag{3.76}$$

境界条件として，$t=0$ において一端 ($x=0$) の温度が，T_0 から瞬時にして T_s に変化して，それ以降 T_s のまま保持されるが，物体内の十分深いところでの温度は T_0 のままであるとすると，これらの条件はそれぞれ，

$$x = 0 \text{ で } T(0,t) = T_s \tag{3.77}$$

$$x \to \infty \text{ で } T(x,t) = T_0 \tag{3.78}$$

式(3.78)の境界条件では温度が x の十分大きいところでは初期の温度 T_0 から変化しないことを意味する．すなわち半無限物体近似である．

式(3.75)は x と t に関する偏微分方程式であるので，これを Laplace 変換を利用して解析的に解く．

T の t に関する Laplace 変換を $\tau(s)$ とすると，定義から

$$\tau(s) = \int_0^\infty T(x,t)e^{-st}dt \tag{3.79}$$

したがって，式(3.75)の両辺の Laplace 変換は

$$\int_0^\infty \frac{\partial T(x,t)}{\partial t}e^{-st}dt = \int_0^\infty \alpha \frac{\partial^2 T(x,t)}{\partial x^2}e^{-st}dt \tag{3.80a}$$

(3.80a)の左辺は

$$\int_0^\infty \frac{\partial}{\partial t}\{T(x,t)e^{-st}\}dt = \int_0^\infty \frac{\partial T(x,t)}{\partial t}e^{-st}dt + \int_0^\infty T(x,t)\frac{\partial e^{-st}}{\partial t}dt$$

$$T(x,t)e^{-st}\Big|_0^\infty = \int_0^\infty \frac{\partial T(x,t)}{\partial t}e^{-st}dt - s\int_0^\infty T(x,t)e^{-st}dt$$

$$= \int_0^\infty \frac{\partial T(x,t)}{\partial t}e^{-st}dt - s\tau(s)$$

$$\therefore \int_0^\infty \frac{\partial T(x,t)}{\partial t}e^{-st}dt = -T(x,0) + s\tau(s) = -T_0 + s\tau(s) \tag{3.80b}$$

式(3.80b)の右辺は

$$\int_0^\infty \alpha \frac{\partial^2 T(x,t)}{\partial x^2} e^{-st} dt = \alpha \frac{d^2}{dx^2} \int_0^\infty T(x,t) e^{-st} dt = \alpha \frac{d^2 \tau(s)}{dx^2} \tag{3.80c}$$

したがって，式(3.80a)は

$$-T_0 + s\tau(s) = \alpha \frac{d^2 \tau(s)}{dx^2} \tag{3.81}$$

式(3.81)は x に対する2階の常微分方程式である．
よって一般解は

$$\tau(s) = A\exp(\sqrt{\frac{s}{\alpha}} x) + B\exp(-\sqrt{\frac{s}{\alpha}} x) + \frac{T_0}{s} \tag{3.82}$$

ここで，式(3.78)の境界条件を満足するためには，$\tau(s)$ は有限であるから，$A=0$ とならなければならない．また，式(3.77)の境界条件から

$$\frac{T_s}{s} = B + \frac{T_0}{s}$$

$$\therefore B = \frac{T_s - T_0}{s}$$

$$\tau(s) = \frac{(T_s - T_0)}{s} \exp(-\sqrt{\frac{s}{\alpha}} x) + \frac{T_0}{s} \tag{3.83}$$

となる．
Laplace逆変換表を利用すると，$\exp(-\sqrt{s/\alpha}\, x)/s \leftrightarrow 1 - erf(x/2\sqrt{\alpha t})$ と変換されるので，式(3.83)を逆変換すると，

$$T(x,t) = (T_s - T_0)\{1 - erf(x/2\sqrt{\alpha t})\} + T_0 \tag{3.84}$$

と表される．
　ここで，$erf(x)$ は**誤差関数**（error function）と呼ばれるもので，次式で定義される．

$$erf(x) = \frac{2}{\sqrt{\pi}} \int_0^x \exp(-u^2) du \tag{3.85a}$$

また，関数 $erfc(x)$ は**補誤差関数**（complemetary error function）と呼ばれ，次式で定義される．

$$erfc(x) = 1 - erf(x) \tag{3.85b}$$

図3.10に $erf(x)$，$erfc(x)$ と x の関係を示しているが，x が0では $erf(x)$ は0であり，x が大きくなると1に漸近してゆくことがわかる．つまり，$erf(0) = 0$，$erf(\infty) = 1$ である．

これらの関係から，式(3.84)で $x = 0$ では $T(0,t) = T_s$，$x = \infty$ では $T(\infty,t) = T_0$．また $t = 0$ でも $T(x,0) = T_0$ となり初期条件と境界条件を満足することが分かる．$x/\sqrt{\alpha t}$ が同じであれば，式(3.84)から温度が同じであることを意味する．これから，無次元数である $x/\sqrt{\alpha t}$ をパラメータに温度を描けば，位置あるいは時刻を与えれば，温度を読み取ることができるので便利であることが理解できる．

また，ある決まった温度 T_f が与えられたとき式(3.84)は

$$T_f = (T_s - T_0)\{1 - erf(x/2\sqrt{\alpha t})\} + T_0 \tag{3.86}$$

となる．左辺が一定値を取るためには右辺が一定値でなければならない．

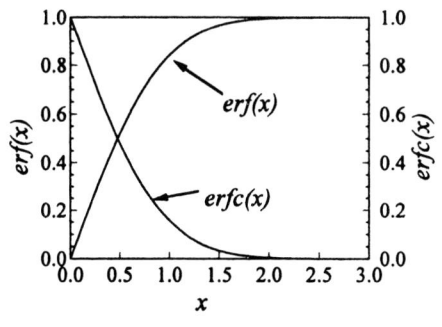

図3.10 誤差関数と補誤差関数

したがって，誤差関数の中の値は一定であることになる．すなわち，

$$x/2\sqrt{\alpha t} = const. \tag{3.87a}$$

つまり，

$$x = A\sqrt{t} \tag{3.87b}$$

ここで，A は比例定数である．この関係はある一定の温度を示す位置が時間の平方根にしたがって移動することを示すものである．このような関係は放物線則と呼ばれ，温度変化や物質の濃度の変化などでしばしば利用される．

　表面温度 T_s に対して1%だけ温度が変化した位置までの距離を温度浸透深さ（あるいは熱拡散距離）という．したがって式(3.84)から $1-erf(x/2\sqrt{\alpha t})=0.01$ となる位置 x が浸透深さとなる．誤差関数の値から，上の関係を満足するのは $x/2\sqrt{\alpha t}=1.80$ の時であるから，浸透深さ x は $x=3.6\sqrt{\alpha t}$ となる．

　物体内の温度は x と t の関数として式(3.84)のように与えられることが分かった．したがって，任意の位置，時間での熱伝導による単位面積あたりの熱流束 q はフーリエの法則で表されるので，

$$q = -\lambda \left.\frac{\partial T(x,t)}{\partial x}\right|_{x=0} = -\lambda(T_s - T_0)\frac{d}{dx}\{1 - erf(x/2\sqrt{\alpha t})\} \tag{3.88}$$

ここで誤差関数の微分は

$$\frac{d}{dx}erf(x) = \left(\frac{2}{\sqrt{\pi}}\right)\exp(-x^2) \tag{3.89}$$

であるから，

$$q = \frac{\lambda(T_S - T_0)}{\sqrt{\pi \alpha t}} \tag{3.90}$$

すなわち，表面での熱流束は時間の経過と共に急激に減少することがわかる．

3.2.3 平行平板

図3.11に示すように，はじめ一様な温度T_0で厚さが$2L$の平板が温度T_∞の雰囲気に置かれたとき，この板の内部の温度が時間と共にどのようになるかを調べてみる．

この場合の基礎式は一次元の非定常熱伝導方程式の式(3.75)で表される．ここで，計算を簡単にするために，

$$\theta = T - T_\infty \tag{3.91}$$

とおくと，式(3.75)は

$$\frac{\partial \theta}{\partial t} = \alpha \frac{\partial^2 \theta}{\partial x^2} \tag{3.75a}$$

となる．初期条件は

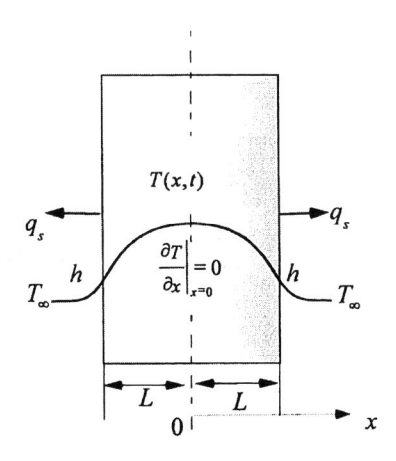

図3.11 平行平板における非定常解析モデル
（有限厚さと熱伝導境界条件）

第3章 定常および非定常熱伝導

$$t = 0 \text{ で } \theta(x,0) = T_0 - T_\infty \tag{3.92}$$

表面 ($x = L$) での境界条件は、熱伝達で熱移動が生じるので、熱伝達率を h とすると、

$$x = L \text{ で } \lambda\left(\frac{\partial \theta}{\partial x}\right)_{x=L} = -h\theta_{x=L} \tag{3.93}$$

板の中心 ($x = 0$) では温度分布は対称で、温度勾配はないので.

$$x = 0 \text{ で } \left(\frac{\partial \theta}{\partial x}\right)_{x=0} = 0 \tag{3.94a}$$

ここで、$\kappa = h/\lambda$ とおくと、式(3.93)は

$$x = L \text{ で } \left(\frac{\partial \theta}{\partial x}\right)_{x=L} = -\kappa\theta_{x=L} \tag{3.94b}$$

となる.

式(3.75a)を(3.92)の初期条件と(3.94a)、(3.94b)の境界条件で解くために、3.1.4節で使った変数分離法を使う. すなわち温度 θ を x だけの関数 $X(x)$ と、t だけの関数 $\tau(t)$ の積であるとする.

$$\theta = X(x) \cdot \tau(t) \tag{3.95}$$

式(3.95)を(3.75a)に代入して整理すると、

$$\frac{1}{X}\frac{d^2 X}{dx^2} = \frac{1}{\alpha}\frac{1}{\tau}\frac{d\tau}{dt} \equiv -\beta^2 \tag{3.96}$$

式(3.96)から

$$\frac{d^2 X}{dx^2} + \beta^2 X = 0 \tag{3.97}$$

$$\frac{d\tau}{dt} + \alpha\beta^2\tau = 0 \tag{3.98}$$

したがって，それぞれの一般解は次式となる．C_1, C_2, C_3 は積分定数である．

$$X = C_1\cos(\beta x) + C_2\sin(\beta x) \tag{3.99}$$

$$\tau = C_3\exp(-\beta^2\alpha t) \tag{3.100}$$

式(3.99)，(3.100)を(3.95)に代入すると次式となる．C_1', C_2' は新たな積分定数である．

$$\theta = \exp(-\beta^2\alpha t)\{C_1'\cos(\beta x) + C_2'\sin(\beta x)\} \tag{3.101}$$

式(3.101)を x で微分して，式(3.94a)の境界条件を考えると，

$$C_2' = 0 \tag{3.102}$$

したがって，式(3.94b)の境界条件から

$$\beta\sin(\beta L) = \kappa\cos(\beta L) \tag{3.103}$$

式(3.103)から

$$\beta\tan(\beta L) = \kappa \tag{3.104}$$

式(3.104)を満足する固有値をそれぞれ $\beta_1, \beta_2,...\beta_n,...$ とすれば，それぞれの特解を加えたものも解であるから，結局，式(3.91)と(3.101)から

$$T = \sum_{n=1}^{\infty} C_n\exp(-\beta_n^2\alpha t)\cos(\beta_n x) + T_\infty \tag{3.105}$$

式(3.92)の初期条件から

$$T_0 = \sum_{n=1}^{\infty} C_n \cos(\beta_n x) + T_\infty \tag{3.106}$$

式(3.106)を満足する C_n が求まれば，その値を使って式(3.105)から T が決まる．

C_n を求めるために，式(3.106)の両辺に $\cos(\beta_m x)$ をかけて，$x = 0 : L$ まで積分する．

$$\int_0^L (T_0 - T_\infty) \cos(\beta_m x) dx = \sum_{n=1}^{\infty} \int_0^L C_n \cos(\beta_n x) \cos(\beta_m x) dx \tag{3.107}$$

式(3.107)の右辺は $n \neq m$ のとき 0 となり，$n = m$ のとき 0 でない．そこで，$n = m$ の場合だけを考えて，式(3.107)の右辺を積分すると，

$$\sum_{n=1}^{\infty} \int_0^L C_n \{\cos(\beta_n x)\}^2 dx = \int_0^L C_n \cos^2(\beta_n x) dx$$
$$= C_n \left[\frac{\sin(2\beta_n L)}{4\beta_n} + \frac{L}{2} \right] \tag{3.108}$$

一方，式(3.107)の左辺の積分は，

$$\int_0^L (T_0 - T_\infty) \cos(\beta_n x) dx = (T_0 - T_\infty) \frac{\sin(\beta_n L)}{\beta_n} \tag{3.109}$$

式(3.108)と(3.109)は式(3.107)の両辺で等しいので，

$$C_n = \frac{4(T_0 - T_\infty) \sin(\beta_n L)}{\{\sin(2\beta_n L) + 2\beta_n L\}} \tag{3.110}$$

したがって，温度は式(3.105)と式(3.110)から

$$\frac{T - T_\infty}{T_0 - T_\infty} = \sum_{n=1}^{\infty} \frac{4 \sin(\beta_n L)}{\{\sin(2\beta_n L) + 2\beta_n L\}} \cos(\beta_n x) \exp(-\beta_n^2 \alpha t) \tag{3.111}$$

$$Bi = hL/\lambda = \kappa L, \quad F_0 = \alpha t / L^2, \quad \eta = \beta L \tag{3.112}$$

ここで，無次元数であるビオ数 Bi，フーリエ数 Fo を使うと，

$$\frac{T - T_\infty}{T_0 - T_\infty} = \sum_{n=1}^{\infty} \frac{4\sin(\eta_n)}{\{\sin(2\eta_n) + 2\eta_n\}} \cos(\eta_n \frac{x}{L}) \exp(-\eta_n^2 F_0) \tag{3.113}$$

なお，式中の η は式(3.104)を満足するように与えられる．すなわち，

$$\eta \tan \eta = \kappa L = Bi \tag{3.114}$$

式(3.113)と式(3.114)から，温度は無次元時間であるフーリエ数，無次元距離およびビオ数に支配されていることがわかる．

種々の Bi に対して式(3.112)を満足する固有値は数値計算によって求めることができる．$\eta_1 \sim \eta_5$ までの固有値を表3.1に示す．

表3.1 平行平板の非定常熱伝導における固有値

Bi	0.001	0.01	0.1	1	10	100	1000
η_1	0.03162	0.14130	0.31053	0.86033	1.42887	1.55525	1.56923
η_2	3.14191	3.14477	3.17310	3.42562	4.3058	4.66577	4.70768
η_3	6.28334	6.28478	6.29906	6.43730	7.22811	7.77637	7.84610
η_4	9.42488	9.42584	9.43538	9.52933	10.2003	10.8871	10.9848
η_5	12.5665	12.5672	12.5743	12.6453	13.2142	13.9981	14.1230

3.2.4 ハイスラー線図

式(3.113)を使えば，解析的に温度を求めることができるが，その都度計算するのは実用的でない．ハイスラーは上に述べた平板だけでなく，円柱や球などに対しても，解析結果を計算図表の形でまとめて実用的に使われ易い形にした．これらはハイスラー線図と呼ばれている．

ここで，無次元温度 Θ を式(3.115)のように定義することにする．

第3章　定常および非定常熱伝導

$$\Theta = \frac{T - T_\infty}{T_0 - T_\infty} = \frac{T - T_\infty}{T_c - T_\infty} \cdot \frac{T_c - T_\infty}{T_0 - T_\infty} = \Theta_x \Theta_c \tag{3.115}$$

平板の中心温度 T_c は式(3.113)において $x = 0$ とすることで与えられる．したがって，無次元中心温度を Θ_c とすると，Θ_c はビオ数とフーリエ数のみの関数となる．式(3.113)に $x = 0$ を代入して整理すると，

$$\Theta_c = \left(\frac{T - T_\infty}{T_0 - T_\infty}\right)_{x=0} = \frac{T_c - T_\infty}{T_0 - T_\infty}$$

$$= \sum_{n=1}^{\infty} \frac{4\sin(\eta_n)}{\{\sin(2\eta_n) + 2\eta_n\}} \exp(-\eta_n^2 Fo) = Func(Bi, Fo) \tag{3.116}$$

式(3.116)と表3.1から縦軸に Θ_c，横軸に Fo をとり，Bi 数をパラメータとして無次元温度を無次元時間と無次元距離で表すことができる．Bi を無限大にした場合のハイスラー線図を図3.12に示す．なお，図には無限円柱や球の中心温度および，半無限物体の表面温度の時間変化も示してある．

式(3.115)は任意の位置 x における温度 Θ が中心温度 Θ_c に Θ_x をかけることで得られることを意味している．すなわち，Θ_x は中心温度 Θ_c から任意の温度を求めるための補正係数を意味する
式(3.115)における Θ_x は次で与えられる．

$$\Theta_x = \frac{T - T_\infty}{T_c - T_\infty} = \frac{\Theta}{\Theta_c}$$

$$= \frac{\sum_{n=1}^{\infty} \dfrac{4\sin(\eta_n)}{\{\sin(2\eta_n) + 2\eta_n\}} \cos(\eta_n \dfrac{x}{L}) \exp(-\eta_n^2 Fo)}{\sum_{n=1}^{\infty} \dfrac{4\sin(\eta_n)}{\{\sin(2\eta_n) + 2\eta_n\}} \exp(-\eta_n^2 Fo)} \tag{3.117}$$

補正係数である Θ_x を縦軸に取り，ビオ数を横軸にとって描いたハイスラー線図を図3.13に示す．
このようにして，中心温度のハイスラー線図と補正係数のハイスラー線図

から，任意の位置の温度を複雑な式を毎回計算することなく図表から求めることが出来る．

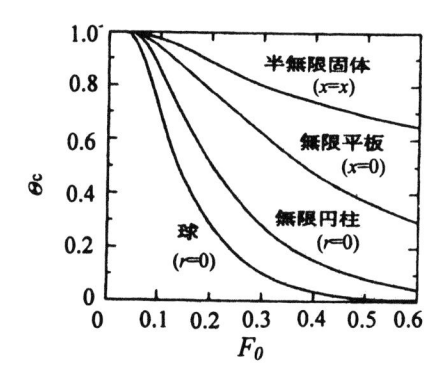

図3.12　1次元物体のハイスラー線図
　　　　（Biが無限大のとき）

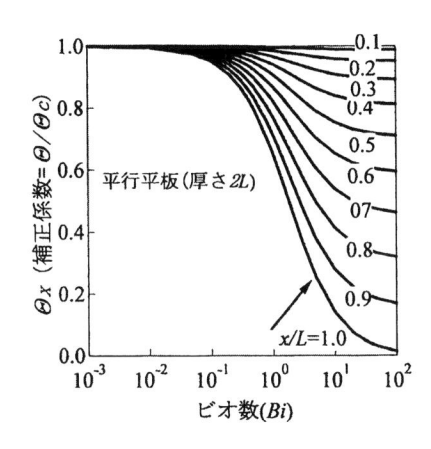

図3.13　平板の位置補正係数

3．2．5　3次元物体および円柱

3次元物体における熱伝導の問題の解は次のように1次元問題の解の積の形で表せる場合がある．図3.14のように初期温度が一様でT_0である直六面体が急に温度T_∞の周囲流体にさらされた後の物体内の温度Tの変

化を考える．ただし，図3.14の座標の原点は直六面体の中心であり，直六面体のx, y, z方向の辺の長さはそれぞれ$2l_x$, $2l_y$, $2l_z$である．

いま，$\Theta = (T - T_\infty)/(T_0 - T_\infty)$とおくと，内部発熱のない場合，式(2.13)から，

$$\frac{\partial \Theta}{\partial t} = \alpha \left(\frac{\partial^2 \Theta}{\partial x} + \frac{\partial^2 \Theta}{\partial y} + \frac{\partial^2 \Theta}{\partial z} \right) \tag{3.118}$$

初期条件:

$$t = 0 \quad \text{で} \quad \Theta = 1 \tag{3.119}$$

境界条件:

$$x = 0 \quad \text{で} \quad \frac{\partial \Theta}{\partial x} = 0, \quad x = l_x \quad \text{で} \quad \frac{\partial \Theta}{\partial x} + \frac{h}{\lambda}\Theta = 0 \tag{3.120}$$

$$y = 0 \quad \text{で} \quad \frac{\partial \Theta}{\partial y} = 0, \quad y = l_y \quad \text{で} \quad \frac{\partial \Theta}{\partial y} + \frac{h}{\lambda}\Theta = 0 \tag{3.121}$$

$$z = 0 \quad \text{で} \quad \frac{\partial \Theta}{\partial z} = 0, \quad z = l_z \quad \text{で} \quad \frac{\partial \Theta}{\partial z} + \frac{h}{\lambda}\Theta = 0 \tag{3.122}$$

いま，式(3.118)の解を次式のように置く．

$$\Theta = X(x,t) \cdot Y(y,t) \cdot Z(z,t) \tag{3.123}$$

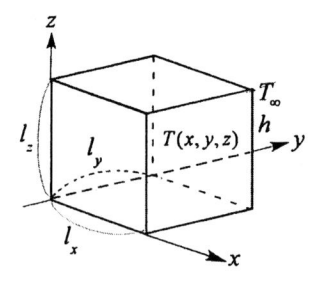

図3.14 3次元物体

これを式(3.118)へ代入し整理すると，

$$\frac{1}{X}\frac{\partial X}{\partial t}+\frac{1}{Y}\frac{\partial Y}{\partial t}+\frac{1}{Z}\frac{\partial Z}{\partial t}=\alpha\left(\frac{1}{X}\frac{\partial^2 X}{\partial x^2}+\frac{1}{Y}\frac{\partial^2 Y}{\partial y^2}+\frac{1}{Z}\frac{\partial^2 Z}{\partial z^2}\right) \qquad (3.124)$$

X, Y, Z はそれぞれ，x, y, z と t の関数であるから，独立であり，式(3.124)の両辺の各項はそれぞれ変数が分離しているので，独立である．このため，次の各式が成り立つ．

$$\frac{\partial X}{\partial t}=\alpha\frac{\partial^2 X}{\partial x^2} \qquad (3.125)$$

$$\frac{\partial Y}{\partial t}=\alpha\frac{\partial^2 Y}{\partial y^2} \qquad (3.126)$$

$$\frac{\partial Z}{\partial t}=\alpha\frac{\partial^2 Z}{\partial z^2} \qquad (3.127)$$

いま，$X(x,t)$ は式(3.125)を満足し，初期条件式(3.119)で Θ を X に，また，境界条件式(3.120)における Θ を X に置き換えた式を満たすように解く．このとき解は3.2.3節の平行平板における式(3.113)の右辺で L を l_x に変えたものと同じである．同様に $Y(y,t)$ と $Z(z,t)$ はそれぞれ式(3.113)で L を l_y と l_z に置き換えたものとする．そのように決められた一次元非定常（平行平板）での3つの解の積である式(3.123)の Θ がもとの三次元非定常の方程式(3.118)の解であり，初期条件式(3.119)および境界条件式(3.120)〜(3.122)も満足することが確かめられる．

図3.15のような有限な長さ $2l_z$ の円柱の場合にも同様なことが言える．初期温度 T_0 の有限長さの円柱が急に温度 T_∞ の流体にさらされた後の円柱内部の温度 T を考える．いま，$\Theta=(T-T_\infty)/(T_0-T_\infty)$ と置くと，式(2.10)から，次式を得る．

第3章 定常および非定常熱伝導

$$\frac{\partial \Theta}{\partial t} = \alpha \left(\frac{\partial^2 \Theta}{\partial r^2} + \frac{1}{r}\frac{\partial \Theta}{\partial r} + \frac{\partial^2 \Theta}{\partial z^2} \right) \tag{3.128}$$

いま，式(3.128)の解を次式でおく．

$$\Theta = R(r,t) \cdot Z(z,t) \tag{3.129}$$

とおくと，R, Z は次式を満足する．

$$\frac{\partial R}{\partial t} = \alpha \left(\frac{\partial^2 R}{\partial r^2} + \frac{1}{r}\frac{\partial R}{\partial r} \right) \tag{3.130}$$

$$\frac{\partial Z}{\partial t} = \alpha \frac{\partial^2 Z}{\partial z^2} \tag{3.131}$$

すなわち，無限長さの円柱の解 R と平行平板の解 Z の積が有限長さの円柱の解 Θ となる．Z は式(3.113)で L を l_z に置き換えたものであって，次式のようにも書くことが出来る．

$$Z(z,t) = \frac{T - T_\infty}{T_0 - T_\infty} = f\left(\frac{h l_z}{\lambda}, \frac{\alpha t}{l_z^2}, \frac{z}{l_z} \right) \tag{3.132}$$

また，R は無限円柱における温度の解から，

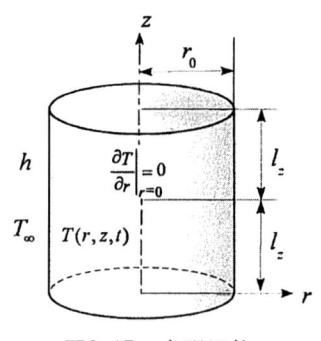

図3.15 有限円柱

$$R(r,t) = \frac{T-T_\infty}{T_0-T_\infty} = 2\sum_{k=1}^{\infty} \frac{\mu_k J_1(\mu_k)\exp\left(-\mu_k^2 \frac{\alpha t}{r_0^2}\right) J_0\left(\mu_k \frac{r}{r_0}\right)}{\{\mu_k^2 + (r_0 h)^2\}\{J_0(\mu_k)\}^2} \tag{3.133}$$

ここで，μ_k は $\mu J_1(\mu) = (hr_0/\lambda)J_0(\mu)$ の正根で大きさの順に μ_k ($k=1,2,...$) としている．J_0, J_1 は第1種0次，1次 Bessel 関数であり，r_0 は円柱の半径である．μ_k は hr_0/λ の関数であることを考慮すると，式(3.133)は次式のように書ける．

$$R(r,t) = \frac{T-T_\infty}{T_0-T_\infty} = g\left(\frac{hr_0}{\lambda}, \frac{\alpha t}{r_0^2}, \frac{r}{r_0}\right) \tag{3.134}$$

いま，考える点(z または r)を固定すると，Z は hl_z/λ と $\alpha t/l_z^2$，R は hr_0/λ と $\alpha t/r_0^2$ の無次元パラメータの関数となる．

図3.12に示したハイスラー線図で，X, Y, Z または R を求め，形状によって表3.2のような積を作れば，$\Theta = (T-T_\infty)/(T_0-T_\infty)$ が求まり，温度 T が得られる．

表3.2　形状と関数の積

平行平板	$\Theta = X(x)$
長方形断面無限柱	$\Theta = X(x)Y(y)$
長方形断面有限柱	$\Theta = X(x)Y(y)Z(z)$
無限円柱	$\Theta = R(r)$
有限円柱	$\Theta = Z(x)R(r)$

3．2．6　2つの物体の接触問題

簡単のために図3.16に示すよう2つの熱物性値の異なる半無限物体を完全に接触させたときの温度変化を求める．

界面の温度を T_s とすると，1の物体内では式(3.84)から

第3章　定常および非定常熱伝導

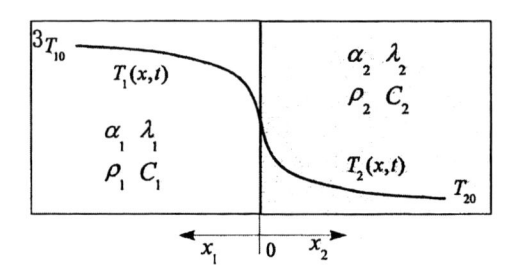

図3.16 多層平板の非定常熱伝導

$$T_1(x_1,t) = (T_s - T_{10})\{1 - erf(x_1/2\sqrt{\alpha_1 t})\} + T_{10} \tag{3.135}$$

同様に2の物体内では

$$T_2(x_2,t) = (T_s - T_{20})\{1 - erf(x_2/2\sqrt{\alpha_2 t})\} + T_{20} \tag{3.136}$$

界面では1から2へと熱伝導で伝わる熱流が2から1へと伝わる熱流に等しいから，

$$-\lambda_1 \left(\frac{\partial T_1}{\partial x}\right)_{x_1=0} = \lambda_2 \left(\frac{\partial T_2}{\partial x}\right)_{x_2=0} \tag{3.137}$$

したがって，

$$\frac{\lambda_1(T_s - T_{10})}{\sqrt{\pi \alpha_1 t}} = \frac{-\lambda_2(T_s - T_{20})}{\sqrt{\pi \alpha_2 t}} \tag{3.138}$$

上の式を整理すると，

$$T_s = \frac{\sqrt{(\rho c \lambda)_1} T_{10} + \sqrt{(\rho c \lambda)_2} T_{20}}{\sqrt{(\rho c \lambda)_1} + \sqrt{(\rho c \lambda)_2}} \tag{3.139}$$

となる．

2つの物質が同じ物である場合には式(3.139)は

$$T_s = \frac{T_{10} + T_{20}}{2} \tag{3.140}$$

となり，界面温度はそれぞれの初期温度の平均値になる．

3.3　熱伝導問題の数値解析法

　熱流条件が一次元とみなせたり，境界条件が簡単な2次元の熱伝導の場合には3.1節および3.2節で示したように解析解を得ることが出来る．しかし，一般の工学的な熱の問題では，形状や境界条件が複雑な場合や，物性値が変化する場合は解析的な解を得ることは困難であり，数値計算を行うことになる．ここでは数値計算によって解を得る方法を述べることにする．

3.3.1　テーラー展開差分法
(1)　2次元定常問題
　2次元物体として図3.17(a)に示すような矩形断面を有し，無限に長い物体を例にとり，定常熱伝導問題を解く方法を述べる．2次元物体を x, y 方向に実線で示すように分割する．実線で囲まれた領域が要素と呼ばれる．その中心に黒丸で表される温度点をとる．温度点は要素の温度を代表する点である．図3.17(a)の場合にはコーナー部の要素の大きさは長さ $\Delta x/2$ と $\Delta y/2$ の矩形であり，辺部は $\Delta x/2$ と Δy あるいは Δx と $\Delta y/2$ の矩形になる．内部は長さ Δx と Δy の矩形要素である．

　このような要素を左から x 方向にそれぞれ $1, 2, ..., i, ..., M$ まで番号を付け，同様に下から y 方向にそれぞれ $1, 2, ..., j, ..., N$ まで番号を付け，(i, j) 番目の要素の温度を $T_{i,j}$ と表すことにする．(i, j) 要素の隣接要素に対してはそれぞれ次のような表現ができる．

$$T_{i,j} = T(x_i, y_j) \tag{3.141a}$$

$$T_{i+1,j} = T(x_{i+1}, y_j) = T(x_i + \Delta x, y_j) \tag{3.141b}$$

$$T_{i-1,j} = T(x_{i-1}, y_j) = T(x_i - \Delta x, y_j) \tag{3.141c}$$

$$T_{i,j+1} = T(x_i, y_{j+1}) = T(x_i, y_j + \Delta y) \tag{3.141d}$$

第3章　定常および非定常熱伝導

$$T_{i,j-1} = T(x_i, y_{j-1}) = T(x_i, y_j - \Delta y) \tag{3.141e}$$

x方向のi番目の位置x_i，y方向のj番目の位置y_jにおける2次元の定常状態での基礎式は，次のようになる。

$$\left.\frac{\partial^2 T(x,y)}{\partial x^2}\right|_{x=x_i, y=y_j} + \left.\frac{\partial^2 T(x,y)}{\partial y^2}\right|_{x=x_i, y=y_j} = 0 \tag{3.142}$$

式(3.141b)と(3.141c)をTaylor展開すると，

$$T(x_i + \Delta x, y_j) = T(x_i, y_j) + \Delta x \left.\frac{\partial T(x,y)}{\partial x}\right|_{x_i, y_j}$$
$$+ \frac{\Delta x^2}{2!}\left.\frac{\partial^2 T(x,y)}{\partial x^2}\right|_{x_i, y_j} + \frac{\Delta x^3}{3!}\left.\frac{\partial^3 T(x,y)}{\partial x^3}\right|_{x_i, y_j} + \cdots$$

$$\tag{3.143a}$$

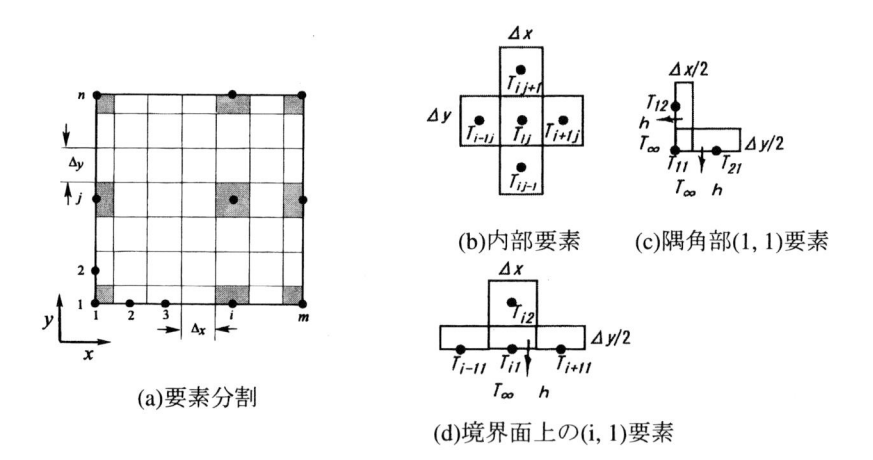

(a)要素分割

(b)内部要素　(c)隅角部(1, 1)要素

(d)境界面上の(i, 1)要素

図3.17　2次元矩形定常熱伝導の要素分割と差分化モデル

$$T(x_i - \Delta x, y_j) = T(x_i, y_j) - \Delta x \frac{\partial T(x,y)}{\partial x}\bigg|_{x_i, y_j}$$
$$+ \frac{\Delta x^2}{2!} \frac{\partial^2 T(x,y)}{\partial x^2}\bigg|_{x_i, y_j} - \frac{\Delta x^3}{3!} \frac{\partial^3 T(x,y)}{\partial x^3}\bigg|_{x_i, y_j} + \ldots\ldots$$

(3.143b)

式(3.143a)と(3.143b)の2つの式の左辺と右辺それぞれを足し合わせて4次以上の項を無視して整理すると,

$$\frac{\partial^2 T(x,y)}{\partial x^2}\bigg|_{x_i, y_j} = \left\{ \frac{T(x_i + \Delta x, y_j) + T(x_i - \Delta x, y_j) - 2T(x_i, y_j)}{\Delta x^2} \right\}$$

(3.144a)

同様に

$$\frac{\partial^2 T(x,y)}{\partial y^2}\bigg|_{x_i, y_j} = \left\{ \frac{T(x_i, y_j + \Delta y) + T(x_i, y_j - \Delta y) - 2T(x_i, y_j)}{\Delta y^2} \right\}$$

(3.144b)

式(3.144a)と(3.144b)を式(3.142)に代入し, 式(3.141a)〜(3.141e)に示す表示方法を使うと,

$$\frac{T_{i+1,j} + T_{i-1,j} - 2T_{i,j}}{\Delta x^2} + \frac{T_{i,j+1} + T_{i,j-1} - 2T_{i,j}}{\Delta y^2} = 0 \qquad (3.145)$$

これから,

$$T_{i,j} = \frac{\Delta y^2 (T_{i+1,j} + T_{i-1,j}) + \Delta x^2 (T_{i,j+1} + T_{i,j-1})}{2(\Delta x^2 + \Delta y^2)} \qquad (3.146a)$$

式(3.146a)は $i = 2 : m-1$, $j = 2 : n-1$ に対してのみ成立する. これは図3.17(a)の外周部を除く要素に対して適用され, 外周部に関しては別の表

現が必要になる．

境界条件として次のような二つの場合を考える．

(a) 外周部要素温度が与えられている場合

この境界条件の場合には内部の未知の温度をガウスザイデル法で解く．ガウスザイデル法の場合にはあらかじめ内部要素に推定値を与える．推定値であるから，これらの値は式(3.146a)を満足しない．そこで，式(3.146a)を満足するようにこれらの値を修正してゆく．

たとえば，$i=2$，$j=2$の要素の場合には式(3.146a)は

$$T_{2,2} = \frac{\Delta y^2(T_{3,2}+T_{1,2})+\Delta x^2(T_{2,3}+T_{2,1})}{2(\Delta x^2+\Delta y^2)} \tag{3.146b}$$

となる．ここで，$T_{1,2}$，$T_{2,1}$は外周部の温度として確定しており，$T_{3,2}$，$T_{2,3}$には先に与えた推定値を入れると，$T_{2,2}$の値は最初の推定値とは異なった値になる．$i=2$，$j=3$の場合には右辺に$T_{2,2}$の値を入れる必要があるが，このときには先ほど更新した$T_{2,2}$の値を代入する．このようにして内部要素に対して計算を行う．この結果，内部の要素の温度ははじめに与えた推定温度とは異なり，式(3.146a)と外周部の温度分布を少し反映し，式(3.146a)を満足するような値に近づいてゆく．外周部を除く内部要素のすべてについて一通り値の更新を終えれば反復計算の1回が終了したことになる．しかし，通常1回の反復で解に至ることはなく，更新した温度をもとに，反復計算を繰り返しても各要素の温度が変化しなくなれば方程式を満足する解に至ったことになる．数値計算では変化率がある数値以下になったときに収束解とみなす．k回の反復を終えた時点で，各要素の温度の変化率を求めその最大値 $Max(\varepsilon_{ij}) = Max\left|(T_{i,j}^k - T_{i,j}^{k-1})/T_{i,j}^{k-1}\right|$ がある値ε_0よりも小さな値になれば収束と判定する．

(b) 境界条件として境界要素の温度が未知の場合

(a)と異なり，境界の温度が未知の場合としては，境界において熱流が与えられているか，あるいは熱伝達率が与えられている場合などがある．ここでは温度T_∞の流体中に置かれ，熱伝達率がhである場合を考える．

境界にある要素は2種類に分けられる．1つは図3.17(b)に示されるような隅角部で境界に2面が接している要素．この要素は断面の横縦がそれぞれ $\Delta x/2, \Delta y/2$ の長さを持ち，その断面積は $1/4\, \Delta x\, \Delta y$ である．他のひとつは図3.17(d)に示されるように角部でなくて境界に1つの面で接している要素で $\Delta x, \Delta y/2$ の長さの辺を持ち，その断面積は $1/2\, \Delta x\, \Delta y$ である．

隅角部要素における熱収支を図3.17(b)をもとに考える．
断面長さ $\Delta y/2$ 面から熱伝達で要素に入ってくる熱量 q_1
断面長さ $\Delta y/2$ 面から熱伝導で隣の(2,1)要素に出てゆく熱量 q_2
断面長さ $\Delta x/2$ 面から熱伝達で要素に入ってくる熱量 q_3
断面長さ $\Delta x/2$ 面から熱伝導で隣の(1,2)要素に出てゆく熱量 q_4
これらはそれぞれ次式で与えられる．

$$q_1 = h\frac{\Delta y}{2}(T_\infty - T_{1,1}) \tag{3.147}$$

$$q_2 = -\lambda \frac{\Delta y}{2}\frac{(T_{2,1} - T_{1,1})}{\Delta x} \tag{3.148}$$

$$q_3 = h\frac{\Delta x}{2}(T_\infty - T_{1,1}) \tag{3.149}$$

$$q_4 = -\lambda \frac{\Delta x}{2}\frac{(T_{1,2} - T_{1,1})}{\Delta y} \tag{3.150}$$

ここで定常状態であるから，正味の入熱量は0になる．すなわち，

$$q_1 - q_2 + q_3 - q_4 = 0 \tag{3.151}$$

式(3.147)～(3.150)と(3.151)から

第3章 定常および非定常熱伝導

$$T_{1,1} = \frac{\frac{h}{2}(\Delta x + \Delta y)T_\infty + \frac{\lambda}{2}\left(\frac{\Delta x}{\Delta y}T_{1,2} + \frac{\Delta y}{\Delta x}T_{2,1}\right)}{\frac{h}{2}(\Delta x + \Delta y) + \frac{\lambda}{2}\left(\frac{\Delta x}{\Delta y} + \frac{\Delta y}{\Delta x}\right)} \tag{3.152}$$

図3.17(c)の境界の場合，$T_{i,1}$ 要素への熱収支を考える．上と同様に
断面長さ $\Delta y/2$ 面から熱伝導で要素に入ってくる熱量 q_1
断面長さ $\Delta y/2$ 面から熱伝導で隣の要素に出てゆく熱量 q_2
断面長さ Δx 面から熱伝達で要素に入ってくる熱量 q_3
断面長さ Δx 面から熱伝導で隣の要素に出てゆく熱量 q_4
これらはそれぞれ次式で与えられる．

$$q_1 = -\lambda \frac{\Delta y}{2} \frac{(T_{i,1} - T_{i-1,1})}{\Delta x} \tag{3.153}$$

$$q_2 = -\lambda \frac{\Delta y}{2} \frac{(T_{i+1,1} - T_{i,1})}{\Delta x} \tag{3.154}$$

$$q_3 = h\Delta x(T_\infty - T_{i,1}) \tag{3.155}$$

$$q_4 = -\lambda \Delta x \frac{(T_{i,2} - T_{i,1})}{\Delta y} \tag{3.156}$$

これらも式(3.151)の関係を満足するので，結局

$$T_{i,1} = \frac{h\Delta x T_\infty + \frac{\lambda}{2}\left(\frac{2\Delta x}{\Delta y}T_{12} + \frac{\Delta y}{\Delta x}T_{i-1,1} + \frac{\Delta y}{\Delta x}T_{i+1,1}\right)}{h\Delta x + \lambda\left(\frac{\Delta x}{\Delta y} + \frac{\Delta y}{\Delta x}\right)} \tag{3.157}$$

同様に $T_{1,j}$ を含む境界要素に関しては

$$T_{1,j} = \frac{h\Delta y T_\infty + \dfrac{\lambda}{2}\left(\dfrac{2\Delta y}{\Delta x}T_{2,j} + \dfrac{\Delta x}{\Delta y}T_{1,j-1} + \dfrac{\Delta x}{\Delta y}T_{1,j+1}\right)}{h\Delta y + \lambda\left(\dfrac{\Delta y}{\Delta x} + \dfrac{\Delta x}{\Delta y}\right)} \tag{3.158}$$

となる.

　一般要素は式(3.146a)で境界要素は式(3.152)と式(3.157),(3.158)などを使い,適当な推定値を与え,(a)と同様に収束するまで計算を繰り返す.

　複雑な2次元形状の場合にはそれぞれの境界で境界条件式を導出する必要があり,プログラムもそれに応じて書き換える必要があるため,汎用性に欠ける場合がある.これらを解決する方法のひとつが直接差分法であり,これについては3.3.2節で詳しく述べる.

(2) 1次元非定常問題

はじめ一様な温度T_0に保たれた長さLの一次元物体で考える.基礎式は

$$\frac{\partial T}{\partial t} = \alpha \frac{\partial^2 T}{\partial x^2} \tag{3.159a}$$

式(3.159a)は時刻tに関して次の2通りの表現が出来る.

$$\frac{\partial T(x,t)}{\partial t} = \alpha \frac{\partial^2 T(x,t)}{\partial x^2}\bigg|_{t=t} \tag{3.159b}$$

$$\frac{\partial T(x,t)}{\partial t} = \alpha \frac{\partial^2 T(x,t)}{\partial x^2}\bigg|_{t=t+dt} \tag{3.159c}$$

(3.159b)はある時刻tでの物体内の温度勾配から計算した熱収支に基づいて温度変化が生じるとした表現であり,式(3.159c)は現在の時刻からΔt後に存在する物体内の未知の温度勾配から得られる熱収支に基づいて温度変化が生じるとした表現である.

式(3.159b)の右辺の差分は

$$\left.\frac{\partial^2 T(x,t)}{\partial x^2}\right|_{t=t} = \frac{T(x+\Delta x,t) + T(x-\Delta x,t) - 2T(x,t)}{\Delta x^2} \quad (3.160)$$

式(3.159c)の右辺の差分は

$$\left.\frac{\partial^2 T(x,t)}{\partial x^2}\right|_{t=t+\Delta t} = \frac{T(x+\Delta x,t+\Delta t) + T(x-\Delta x,t+\Delta t) - 2T(x,t+\Delta t)}{\Delta x^2}$$

(3.161)

また, 式(3.159b)の左辺は

$$\left.\frac{\partial T(x,t)}{\partial t}\right|_{t=t} = \frac{T(x,t+\Delta t) - T(x,t)}{\Delta t} \quad (3.162)$$

式(3.160)と式(3.162)から

$$T(x,t+\Delta t) = T(x,t) + \frac{\alpha \Delta t}{\Delta x^2}\{T(x+\Delta x,t) + T(x-\Delta x,t) - 2T(x,t)\}$$

(3.163)

式(3.161)と式(3.162)から

$$T(x,t+\Delta t) = T(x,t)$$
$$+ \frac{\alpha \Delta t}{\Delta x^2}\{T(x+\Delta x,t+\Delta t) + T(x-\Delta x,t+\Delta t) - 2T(x,t+\Delta t)\} \quad (3.164)$$

式(3.163)は右辺の値が時刻 t で既知であれば $t+\Delta t$ 後の温度が求まることを示している. この方法を陽的解法という.

一方, 式(3.164)は右辺に時刻 $t+\Delta t$ の未知の温度の項があり, このままでは解けない. これを解くためには式(3.164)を変形して

$$\frac{\alpha \Delta t}{\Delta x^2}T(x+\Delta x,t+\Delta t) - \left(\frac{2\alpha \Delta t}{\Delta x^2}+1\right)T(x,t+\Delta t)$$
$$+\frac{\alpha \Delta t}{\Delta x^2}T(x-\Delta x,t+\Delta t) = T(x,t) \qquad (3.165)$$

x の位置の要素番号を i としてその要素の温度を T_i と表わすと，式(3.165)は

$$\frac{\alpha \Delta t}{\Delta x^2}T_{i+1}^{t+\Delta t} - \left(\frac{2\alpha \Delta t}{\Delta x^2}+1\right)T_i^{t+\Delta t} + \frac{\alpha \Delta t}{\Delta x^2}T_{i-1}^{t+\Delta t} = T_i^t \qquad (3.166)$$

内部要素である $i=2:n-1$ までの温度と，$i=1$ と $i=n$ の境界要素に関する値から，境界値固定の場合は未知数 $n-2$ 個で方程式 $n-2$ 個の連立方程式となり，境界値が未知の場合には未知数 n 個で式の数 n 個の連立方程式が得られる．このようにして連立方程式を解いて得られる解法を陰的解法という．

なお，境界条件については温度が定義されている場合を除いて，境界要素における熱収支に基づいて差分化を行う必要がある．

以上述べてきたように内部要素の熱収支を考える時に熱流束算定の基準時刻の取り方で熱流の値が異なり，解も異なる．このような差を軽減するためには Δt 間の平均の熱流を元に計算する方法がある．すなわち

$$\frac{\partial T(x,t)}{\partial t} = \frac{1}{2}\left[\left.\frac{\partial^2 T(x,t)}{\partial x^2}\right|_{t=t+\Delta t} + \left.\frac{\partial^2 T(x,t)}{\partial x^2}\right|_{t=t}\right] \qquad (3.167)$$

この方法を**クランク-ニコルソン法**（Crank-Nicolson method）という．この場合も陰的解法になり，連立方程式を解く必要がある．

矩形形状や円柱あるいは球などにおいても要素をそれぞれ微小矩形，同心円筒，球殻に分割して同様な方法で数値計算をおこなう．

3.3.2 直接差分法による非定常熱伝導問題の数値解法

3.3.1のテーラー展開差分法では内部要素を除けば境界において熱的境界条件と幾何学的な条件に応じた境界条件式を導出する必要がある．このため，極めて単純な形状を除いて複雑な形状の場合には境界条件の数に応じた計算式の数が必要となる．複雑形状の熱伝導問題の解法には有限要素法や境界要素法があるが，ここでは熱移動の物理的な理解により，微分方程式を経由せずに直接温度を計算できる差分法について述べる[1]．

(a) 節点と節点領域

直接差分法では節点と節点で代表される節点領域の概念が重要である．図3.18に示すような2次元物体を例に考えてみる．直接差分法ではテーラー展開差分と違って，物体を基本的には鋭角三角形からなる要素に分割する．この要素の温度を代表する点（節点）として三角形の外心をとる．これによって，節点間の熱流の方向は境界面と直交する．図3.18はこのようにして分割した一例である．ここで節点 P が代表する領域は図の斜線部分である．このように領域内部に代表点を与える方法と分割要素の頂点に節点を定義する方法の2種類の方法がある．前者を内節点法と呼び，後者を外節点法と呼ぶ．内節点法では境界面上に温度点が定義されないことを除けば両者は同じ取り扱いが出来る．

(b) 差分式の導出

直接差分法では節点領域における熱収支を物理的に考えるために概念

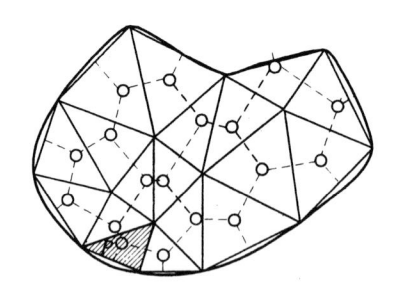

図3.18 直接差分法における要素分割例と温度代表点P（節点）とそれが代表する節点領域（斜線部）の概念（内節点法）

として理解しやすい．たとえば，図3.18の節点 P の要素における熱収支を図3.17で考える．この注目しているこの要素を i と呼ぶことにする．i 要素の3面は図の場合では同一の材料で異なる1つの要素 a と異なった材料の要素 b と接し，最後の1面は外部に面していることがわかる．

要素 a, b からの熱伝導による熱流 Q_1, Q_2 と周囲との熱伝達による熱流 Q_3 があり，微小時間 Δt の間で要素温度が ΔT だけ変化する．
つまり，$Q_1 : Q_3$ の熱流の総和が単位時間当たりのこの要素の保有熱量の変化に等しいから

$$\rho c_p V \frac{\Delta T_i}{\Delta t} = \sum_{j=1}^{3} Q_i \tag{3.168}$$

ここで，ρ, c_p, V_i, T_i は要素 i の密度，比熱，体積および温度である．したがって，(3.168)を解くためには右辺の $Q_1 : Q_3$ までの値を求める必要がある．

たとえば，Q_1 はフーリエの法則を適用すると，

$$Q_1 = -\lambda_a S_{ai} \frac{T_i - T_a}{\delta_{ia}} \tag{3.169}$$

で表される．ここで，λ_a, S_a, T_a は要素 a の熱伝導率，要素 a と要素 i の

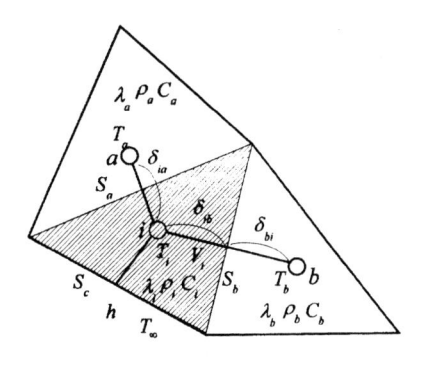

図3.19 図3.18の節点 P で代表される領域（要素番号 i）における熱収支計算モデル

間の伝熱面積，および要素 a の節点温度である．この式において，伝熱面積は で温度勾配は節点間の温度差を距離 δ_{ia} で割った値 $(T_i - T_a)/\delta_{ia}$ であるから，フーリエの法則によって熱伝導での熱流はこれらに熱伝導率を乗じたものとなる．

　異なった材料である b と接している場合には重ねあわせ板と同様な考え方で次の式となる．

$$Q_2 = -S_b \frac{T_i - T_b}{\dfrac{\delta_{ib}}{\lambda_a} + \dfrac{\delta_{bi}}{\lambda_b}} \tag{3.170}$$

と表される．ここで，λ_b, S_b, T_b は要素 b の熱伝導率，要素 b と要素 i の間の伝熱面積，および要素 b の節点温度である．

　また，外部との熱流は

$$Q_3 = hS_c(T_\infty - T_i) \tag{3.171}$$

で表される．ここで，h, S_c, T_∞ は要素 i と周囲の間の熱伝達率，周囲との境界面積および周囲流体温度である．要素 b と要素 i の間の伝熱面積，および要素 b の節点温度である．

　また，外部に面した境界では，温度によっては放射による熱移動を考える必要があり，その場合には Q_3 に放射による熱移動量を付け加えればよい．

　式(3.168)の左辺を差分化する際に前進差分を用いると

$$\rho c_p V_i \left(\frac{T_i(t+\Delta t) - T_i(t)}{\Delta t} \right) = -\lambda_a S_a \frac{T_i(t) - T_{a1}(t)}{\delta_{ia}} - S_b \frac{T_i(t) - T_b(t)}{\dfrac{\delta_{ib}}{\lambda_a} + \dfrac{\delta_{bi}}{\lambda_b}} \\ + hS_c\{T_\infty - T_i(t)\} \tag{3.172}$$

後退差分を用いると，

$$\rho c_p V_i \left(\frac{T_i(t+\Delta t) - T_i(t)}{\Delta t} \right) = -\lambda_a S_a \frac{T_i(t+\Delta t) - T_a(t+\Delta t)}{\delta_{ia}}$$
$$- S_b \frac{T_i(t+\Delta t) - T_b(t+\Delta t)}{\frac{\delta_{ib}}{\lambda_a} + \frac{\delta_{bi}}{\lambda_b}} + h S_c \{T_\infty - T_i(t+\Delta t)\}$$

(3.173)

となり，コンピュータなどを利用して解くことが出来る．

これらを具体的にとくためには解析対象の物体を3角形に要素分割を行い，3角形の3つの辺に隣接する要素の情報（たとえば，同じ物体であるか異種物体であるかあるいは，外部に接しているかなど）の情報をあたえること，および，それらの辺の長さ（S_a, S_b, S_c などに相当）と節点から，辺までの距離（δ に相当）などの情報が必要である．これらは境界条件として与えられたり幾何学的に求めることが出来るので，要素分割のときに計算される．このような計算の前処理を行う部分をプリプロセッサと呼んでいる．

これらの値がデータとして与えられれば，計算処理の部分であるソルバーは比較的簡単なプログラムである．また，最終的な結果を図的に表わすための処理をポストプロセッサと呼ぶ．形状や境界条件が異なってもソルバーの部分は汎用的に利用できる．

【演習問題】

[1] 板厚0.1[m] の鋼板の両面の温度が273[K]と373[K]に保たれているとき，1[m^2]，1[s]当たり通過する熱量を求めよ．ただし，鋼板の熱伝導率を4[W/mK]とする．

[2] 厚さ1[mm]のガラス2枚を0.2[mm]の隙間をおいて合わせた場合と3.0[mm]のガラス1枚を使った場合のそれぞれの総括熱抵抗を求めよ．空気とガラスの熱伝導率は0.026[W/mK]と0.75[W/mK]とする．ただし，空気層では熱伝導のみで熱移動が生じると仮定する．

第3章　定常および非定常熱伝導

〔3〕2枚の板からなる合成建築材料がある．その各部の厚さと熱伝導率は，

$\delta_1 = 0.150\,[\mathrm{m}]$，$\lambda_1 = 0.9\,[\mathrm{W/mK}]$　　コンクリート

$\delta_2 = 0.005\,[\mathrm{m}]$，$\lambda_2 = 0.14\,[\mathrm{W/mK}]$　　木材

この材料を壁として，総伝熱面積が$54\,[\mathrm{m}^2]$の密閉室を作り，$270\,[\mathrm{K}]$の外気にたいして，室内の温度を$293\,[\mathrm{K}]$に保つためには室内に何kWの発熱体が必要か．ただし，内面，外面の熱伝達率はそれぞれ$h_1 = 8\,[\mathrm{W/m^2K}]$，$h_2 = 22\,[\mathrm{W/m^2K}]$とする．

〔4〕直径$5\,[\mathrm{mm}]$のニクロム線を電流を流して加熱した．外気の温度$273\,[\mathrm{K}]$，熱伝達率$6\,[\mathrm{W/m^2K}]$，ニクロム線の熱伝導率$12\,[\mathrm{W/mK}]$，発熱量$2.5\times10^5\,[\mathrm{W/m^3}]$のとき，定常状態における中心温度と表面温度を求めよ．

〔5〕はじめ$273\,[\mathrm{K}]$の半無限とみなせる鋼材の一端を$773\,[\mathrm{K}]$にしたとき，$1\,[\mathrm{s}]$後の表面から$1\,[\mathrm{mm}]$と$5\,[\mathrm{mm}]$の温度を求めよ．
ただし，温度伝導率αを$1.0\times10^{-5}\,[\mathrm{m^2/s}]$とする．

〔6〕一様な温度T_1に保たれた半径rの金属球を周囲温度T_∞の流体中で冷却した．金属球表面と流体の間の熱伝達率をhとし，金属球は極めて熱伝導率が高く，温度は一様で分布を持たないとした時，金属球の時間に対する温度変化を示す式を導け．（ただし，hは温度（時間）に関係せず一定であるとする．）これから，球の半径を半分にすると冷却速度はどのようになるか答えよ．

〔7〕長さL，直径dの細線が温度T_wの2つの壁面の間に張られている．細線に直角に温度T_0の流体があたるとき，細線の長さ方向の温度分布を求めようとする．ただし，細線の断面内の温度分布は均一とし，細線と流体との間の熱伝達率をh，細線の熱伝導率をλとする．このとき，次の問に答えよ．

(a) 温度を求める方程式を微小長さdxでの熱量の保存から求めよ．

(b) 細線の長さ方向の温度分布を求めるときの境界条件を書け．

(c) (a)を(b)の境界条件のもとに解き細線の長さ方向の温度分布を求めよ．

演習問題

〔8〕長さ L, 直径 d の細い円柱に主流温度 T_0 の流体が垂直にあたるとき, 円柱の長さ方向の温度分布を求めようとする. ただし, 円柱の一端は温度 T_1 に固定され, 他端は自由端である. 自由端から流体への熱の移動は無視するものとする. また, 流体と円柱の表面での熱伝達率を h, 円柱の熱伝導率を λ とし, 円柱の断面内の温度差はないとする. このとき, 次の問に答えよ.

(a) 円柱の軸方向（x 方向）への温度を求める方程式を微小長さ dx での熱量の保存から導け.
(b) (a)の方程式を解くときの境界条件を書け.
(c) (a)を(b)の境界条件で解き, 円柱の軸方向の温度分布を表す式を求めよ.
(d) この円柱をフィンと考えると, このフィンから流体への伝熱量を求めよ.（フィンの根元での熱伝導量を求めれば良い）

〔9〕初期温度がそれぞれ273[K] と773[K] の半無限長さを持つアルミニウムと鉄のブロックを完全に接触させたとき, アルミニウムと鉄の界面温度を求めよ. また, 接触後5秒, 10秒, 100秒および1000秒後のアルミニウムと鉄の温度分布を界面からそれぞれ0.03[m]の範囲内でプロットせよ.

なお, アルミニウムと鉄の比熱, 密度, 熱伝導率はそれぞれ0.9 [kJ/kgK], 0.5 [kJ/kgK], 2700 [kg/m^3], 7800 [kg/m^3], 240 [W/mK], 60 [W/mK] とする.

〔10〕一次元非定常の熱伝導の式を書き, その各項を差分表示で書き直せ. それらから, 時間 t での温度の分布から時間 $t + \Delta t$ での温度を求める式を書け. また, 厚さ L の無限平板で初期温度が与えられ, 両端面の温度が与えられている場合の平板内の温度の時間的, 場所的な分布を順次求める計算手順を具体的に書け.

参考文献

[1] 大中逸雄,「コンピュータ伝熱・凝固解析入門」, 丸善 (1985).

[2] H.S.Carslaw and J.C.Jaeger, "Conduction of Heat in Solid", Oxford University Press, London (1959).

第4章　対流伝熱の基礎

　流体が流れると流体自身に保有されている熱は流れとともに移動する．これを**対流伝熱**（convection heat transfer）という．対流伝熱の問題では流体中に温度の勾配があるので熱伝導も同時に生じる．このため，対流伝熱を考えるときは流れと熱移動の問題を同時に考えることになる．

　流れには，**強制対流**（forced convection）と**自然対流**（natural convection）がある．前者は強制的に流れを作る場合，後者は温度，濃度または気相，液相の不均質による密度差によって重力場で浮力が生じ，自然に流れが誘起される場合をいう．

　また，強制対流および自然対流いずれの場合にも**層流**（laminar flow）と**乱流**（turbulent flow）がある．乱流とは流速が時間的に不規則に変動する乱れた流れであり，層流とは乱れのない流れである．

　固体表面とこれに接する流体との間の熱の移動を対流熱伝達という．対流伝熱では種々な様式の流れと固体面の間の対流熱伝達が主として問題となる．

4.1　対流伝熱の基礎方程式

　対流伝熱には流体の流れと熱移動が同時に関係するから，流速，圧力，温度および密度を流体の各場所で知る必要がある．これを規定する方程

4.1 対流伝熱の基礎方程式

式は質量，運動量およびエネルギーの各保存式ならびに流体の状態方程式である．本節では特に断らない場合は簡単のため2次元での保存式の導出を行う．一般の3次元で記述する方程式は2次元の場合と同様に導くことができる．一般の3次元での保存方程式の導出は参考文献[1]に詳しい．

4．1．1　質量保存式

図4.1のように2次元直角座標系での点 (x, y) の近傍に辺の長さが Δx, Δy の微小な検査体積（奥行1）を考え，それに出入りする流体の質量の保存を考える．x および y 方向の速度成分をそれぞれ u, v，流体の密度を ρ とすると，単位時間にこの検査体積に出入りする質量は，

x 方向の流入：$[\rho u]_x \Delta y$　　　流出：$[\rho u]_{x+\Delta x} \Delta y = \left\{ [\rho u]_x + \dfrac{\partial \rho u}{\partial x} \Delta x \right\} \Delta y$

y 方向の流入：$[\rho v]_y \Delta x$　　　流出：$[\rho v]_{y+\Delta y} \Delta x = \left\{ [\rho v]_y + \dfrac{\partial \rho v}{\partial y} \Delta y \right\} \Delta x$

これらの差し引きが検査体積内の質量の変化 $(\partial \rho / \partial t)\Delta x \Delta y$ に等しいとおき，$\Delta x \Delta y$ で割ると次の**質量保存式**（mass conservation equation）を得る．

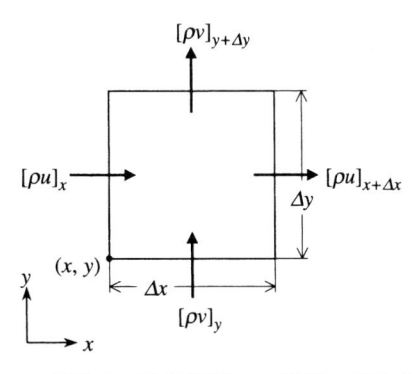

図4.1　検査体積への質量の出入り

これは**連続の式**（continuity equation）ともいう．t は時間である．

$$\frac{\partial \rho}{\partial t} + \frac{\partial \rho u}{\partial x} + \frac{\partial \rho v}{\partial y} = 0 \tag{4.1}$$

3次元流れ場では質量保存式は次式となる．ただし，直角座標を用い，w は z 方向速度成分である．

$$\frac{\partial \rho}{\partial t} + \frac{\partial \rho u}{\partial x} + \frac{\partial \rho v}{\partial y} + \frac{\partial \rho w}{\partial z} = 0$$

密度 ρ が一定の非圧縮性流体の場合には式(4.1)から次式となる．

$$\frac{\partial u}{\partial x} + \frac{\partial v}{\partial y} = 0 \tag{4.2}$$

4．1．2　運動量保存式

質量保存式を導いたときと同様の検査体積を考え，その中の流体の保有する運動量が保存されることから次のように書ける．

(運動量の増加) ＝ (運動量の流入) － (運動量の流出) ＋ (表面力および体積力)

　この保存式は x および y 方向の運動量について，それぞれ独立に成り立つ．

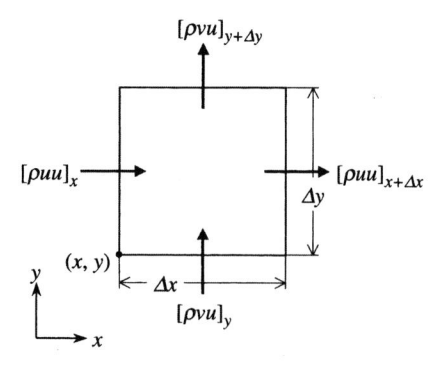

図4.2　検査体積への対流による x 方向運動量の出入り

4.1 対流伝熱の基礎方程式

まず，対流によって単位時間当たりに検査体積に流入，流出する x 方向の運動量を考えると図4.2のとおりで，次のように書ける．

x 方向の流入：$[\rho uu]_x \Delta y$　流出：$[\rho uu]_{x+\Delta x} \Delta y = \left\{[\rho uu]_x + \dfrac{\partial \rho uu}{\partial x}\Delta x\right\}\Delta y$

y 方向の流入：$[\rho vu]_y \Delta x$　流出：$[\rho vu]_{y+\Delta y} \Delta x = \left\{[\rho vu]_y + \dfrac{\partial \rho vu}{\partial y}\Delta y\right\}\Delta x$

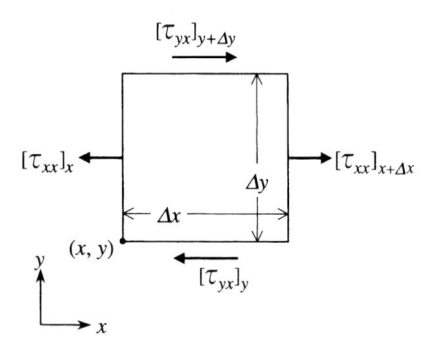

図4.3 検査体積に働く x 方向表面力

次に，検査体積に働く表面力を図4.3のように考える．各面に働く応力（単位面積当たりの表面力）を x, y 方向成分に分ける．たとえば τ_{xy} の添え字は x 軸に垂直な面に働く y 方向の応力を表す．応力の方向は図に示すように $x+\Delta x$ および $y+\Delta y$ の面に働く応力成分を各座標軸の正方向にとり，x および y の面に働く応力成分は負方向にとる．

検査体積に働く x 方向の表面力のうち x 軸に垂直な2つの面に働く表面力は方向を考慮して和をとると，

$$[\tau_{xx}]_{x+\Delta x}\Delta y - [\tau_{xx}]_x \Delta y = \left\{[\tau_{xx}]_x + \dfrac{\partial \tau_{xx}}{\partial x}\Delta x\right\}\Delta y - [\tau_{xx}]_x \Delta y = \dfrac{\partial \tau_{xx}}{\partial x}\Delta x \Delta y$$

y 軸に垂直な2つの面に働く x 方向の表面力の和は，

$$\left[\tau_{yx}\right]_{y+\Delta y}\Delta x - \left[\tau_{yx}\right]_{y}\Delta x = \left\{\left[\tau_{yx}\right]_{y} + \frac{\partial \tau_{yx}}{\partial y}\Delta y\right\}\Delta x - \left[\tau_{yx}\right]_{y}\Delta x = \frac{\partial \tau_{yx}}{\partial y}\Delta y \Delta x$$

次に，単位質量当たりに働く x 方向の体積力を g_x とすると，検査体積に働く x 方向の体積力は次式となる．

$$\rho g_x \Delta x \Delta y$$

以上の式の合計が検査体積内の流体の x 方向運動量の単位時間当たりの増加 $(\partial \rho u / \partial t)\Delta x \Delta y$ に等しいとおき，$\Delta x \Delta y$ で割ると次の x 方向の運動量保存式を得る．**運動量保存式**（momentum conservation equation）は**運動の式**（equation of motion）ともいう．

$$\frac{\partial \rho u}{\partial t} + \frac{\partial \rho u u}{\partial x} + \frac{\partial \rho v u}{\partial y} = \frac{\partial \tau_{xx}}{\partial x} + \frac{\partial \tau_{yx}}{\partial y} + \rho g_x \tag{4.3}$$

同様に y 方向の運動量保存式は次式となる．

$$\frac{\partial \rho v}{\partial t} + \frac{\partial \rho u v}{\partial x} + \frac{\partial \rho v v}{\partial y} = \frac{\partial \tau_{xy}}{\partial x} + \frac{\partial \tau_{yy}}{\partial y} + \rho g_y \tag{4.4}$$

応力成分の τ_{xx}，τ_{yy} は面に垂直に働く応力で垂直応力，τ_{xy}，τ_{yx} は面に沿った応力であり，せん断応力と呼ばれる．これらの応力は圧力 p と流体の粘性の作用によって生じ，次式で表される．μ は**粘性係数**（viscosity）である．

$$\tau_{xx} = -p + 2\mu \frac{\partial u}{\partial x} - \frac{2}{3}\mu\left(\frac{\partial u}{\partial x} + \frac{\partial v}{\partial y}\right) \tag{4.5}$$

$$\tau_{yy} = -p + 2\mu \frac{\partial v}{\partial y} - \frac{2}{3}\mu\left(\frac{\partial u}{\partial x} + \frac{\partial v}{\partial y}\right) \tag{4.6}$$

$$\tau_{xy} = \tau_{yx} = \mu\left(\frac{\partial u}{\partial y} + \frac{\partial v}{\partial x}\right) \tag{4.7}$$

これらの関係式を式(4.3), (4.4)へ代入すると，密度と粘性係数が一定の場合は次式となる．左辺は質量保存式を使って書き直している．

$$\rho\left(\frac{\partial u}{\partial t}+u\frac{\partial u}{\partial x}+v\frac{\partial u}{\partial y}\right)=-\frac{\partial p}{\partial x}+\mu\left(\frac{\partial^2 u}{\partial x^2}+\frac{\partial^2 u}{\partial y^2}\right)+\rho g_x \tag{4.8}$$

$$\rho\left(\frac{\partial v}{\partial t}+u\frac{\partial v}{\partial x}+v\frac{\partial v}{\partial y}\right)=-\frac{\partial p}{\partial y}+\mu\left(\frac{\partial^2 v}{\partial x^2}+\frac{\partial^2 v}{\partial y^2}\right)+\rho g_y \tag{4.9}$$

以上のことから，3次元の場合の x, y, z 方向の運動量保存式の導出手順とその結果は容易に予想できよう．3次元流れ場での x 方向の運動量保存式を書けば次のとおりである．

$$\rho\left(\frac{\partial u}{\partial t}+u\frac{\partial u}{\partial x}+v\frac{\partial u}{\partial y}+w\frac{\partial u}{\partial z}\right)=-\frac{\partial p}{\partial x}+\mu\left(\frac{\partial^2 u}{\partial x^2}+\frac{\partial^2 u}{\partial y^2}+\frac{\partial^2 u}{\partial z^2}\right)+\rho g_x$$

y, z 方向の3次元の場合の運動量保存式も同様に考えることができる．ただし，粘性係数や密度が一定でない一般的な場合は式は複雑となる．このとき参考文献[1]を参照できる．

4.1.3　エネルギー保存式

質量および運動量の保存式を導いたときと同様な微小な検査体積の中の流体の保有するエネルギーの保存は次のように表される．

（エネルギーの増加）
　　　　　＝（対流によるエネルギーの流入）
　　　　　－（対流によるエネルギーの流出）
　　　　　＋（熱伝導による熱の流入）
　　　　　－（熱伝導による熱の流出）
　　　　　＋（表面力および体積力によってなされる仕事）
　　　　　＋（流体内部の発熱）

第4章 対流伝熱の基礎

流体が保有するエネルギーは一般には熱エネルギーと運動エネルギーであるが，簡単のため後者を省略する．また，表面力（粘性力と圧力）および体積力によってなされる仕事を省略する．流速が音速に比べ小さいときはこの省略ができ，エネルギーとしては熱エネルギーの量すなわち熱量のみを考える．また，流体内部の発熱（流体への直接通電による発熱など）はないものとする．

対流および熱伝導によって単位時間当たりに検査体積に出入りする熱量は図4.4のとおりである．

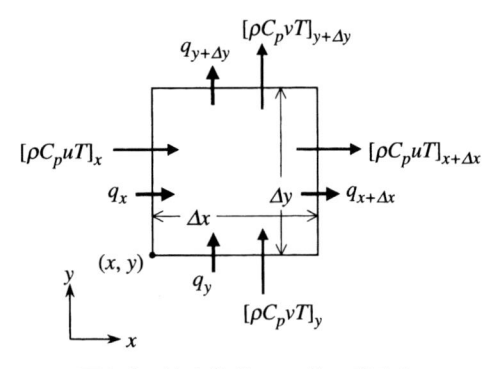

図4.4 検査体積への熱の出入り

単位時間に対流によってこの検査体積に出入りする熱量は，定圧比熱を C_p，温度を T とすると，

x 方向の流入： $\left[\rho C_p u T\right]_x \Delta y$

x 方向の流出： $\left[\rho C_p u T\right]_{x+\Delta x} \Delta y = \left\{\left[\rho C_p u T\right]_x + \dfrac{\partial \rho C_p u T}{\partial x}\Delta x\right\}\Delta y$

y 方向の流入： $\left[\rho C_p v T\right]_y \Delta x$

y 方向の流出： $\left[\rho C_p v T\right]_{y+\Delta y} \Delta x = \left\{\left[\rho C_p v T\right]_y + \dfrac{\partial \rho C_p v T}{\partial y}\Delta y\right\}\Delta x$

4.1 対流伝熱の基礎方程式

次に，熱伝導により出入りする熱量は

$$x 方向の流入：[q_x]_x \Delta y \quad 流出：[q_x]_{x+\Delta x}\Delta y = \left\{[q_x]_x + \frac{\partial q_x}{\partial x}\Delta x\right\}\Delta y$$

$$y 方向の流入：[q_y]_y \Delta x \quad 流出：[q_y]_{y+\Delta y}\Delta x = \left\{[q_y]_y + \frac{\partial q_y}{\partial y}\Delta y\right\}\Delta x$$

これらの流入，流出の符号を考慮した合計が検査体積内の流体の保有熱量の単位時間当たりの増加 ($\partial \rho C_p T/\partial t$)$\Delta x \Delta y$ に等しいとおき，$\Delta x \Delta y$ で割ると次のエネルギーの保存式を得る．

$$\frac{\partial(\rho C_p T)}{\partial t}+\frac{\partial(\rho u C_p T)}{\partial x}+\frac{\partial(\rho v C_p T)}{\partial y}=-\left(\frac{\partial q_x}{\partial x}+\frac{\partial q_y}{\partial y}\right) \tag{4.10}$$

q_x，q_y は熱伝導による熱流束の x，y 方向の成分であり，フーリエの熱伝導の法則（第2章参照）を用いれば，次の温度 T を従属変数とした**エネルギー保存式**（energy conservation equation）を得る．

$$\frac{\partial(\rho C_p T)}{\partial t}+\frac{\partial(\rho u C_p T)}{\partial x}+\frac{\partial(\rho v C_p T)}{\partial y}=\frac{\partial}{\partial x}\left(\lambda\frac{\partial T}{\partial x}\right)+\frac{\partial}{\partial y}\left(\lambda\frac{\partial T}{\partial y}\right) \tag{4.11}$$

定常で密度 ρ，比熱 C_p，熱伝導率 λ が一定の場合は次式となる．

$$u\frac{\partial T}{\partial x}+v\frac{\partial T}{\partial y}=\alpha\left(\frac{\partial^2 T}{\partial x^2}+\frac{\partial^2 T}{\partial y^2}\right) \tag{4.12}$$

ここで，α は流体の温度伝導率で，$\alpha = \lambda/\rho C_p$ である．
流速が0になれば，式(4.11), (4.12)はそれぞれ非定常および定常の熱伝導の方程式になる．

エネルギー保存式を粘性応力および圧力のなす仕事を考慮して一般的に導いた3次元場での結果（参考文献[1]）を示すと次のとおりである．

第4章 対流伝熱の基礎

$$\frac{\partial(\rho C_p T)}{\partial t} + \frac{\partial(\rho u C_p T)}{\partial x} + \frac{\partial(\rho v C_p T)}{\partial y} + \frac{\partial(\rho w C_p T)}{\partial z} =$$

$$\frac{\partial}{\partial x}\left(\lambda\frac{\partial T}{\partial x}\right) + \frac{\partial}{\partial y}\left(\lambda\frac{\partial T}{\partial y}\right) + \frac{\partial}{\partial z}\left(\lambda\frac{\partial T}{\partial z}\right) + \rho T\left(\frac{\partial(1/\rho)}{\partial T}\right)_p \frac{Dp}{Dt} + \mu\Phi$$

ただし,上式の D/Dt は実質微分と呼ばれ,次式で定義される.

$$\frac{D}{Dt} = \frac{\partial}{\partial t} + u\frac{\partial}{\partial x} + v\frac{\partial}{\partial y} + w\frac{\partial}{\partial w}$$

理想気体では $\rho T(\partial(1/\rho)/\partial T)_p = 1$ となる.とくに高速でない場合は右辺の最後の2つの項は省略できる. $\mu\Phi$ は粘性による摩擦による運動エネルギーの熱エネルギーへの消散項であり, Φ は次式で表される.

$$\Phi = 2\left[\left(\frac{\partial u}{\partial x}\right)^2 + \left(\frac{\partial v}{\partial y}\right)^2 + \left(\frac{\partial w}{\partial z}\right)^2\right] + \left(\frac{\partial v}{\partial x} + \frac{\partial u}{\partial y}\right)^2 + \left(\frac{\partial w}{\partial y} + \frac{\partial v}{\partial z}\right)^2 + \left(\frac{\partial u}{\partial z} + \frac{\partial w}{\partial x}\right)^2$$

$$-\frac{2}{3}\left(\frac{\partial u}{\partial x} + \frac{\partial v}{\partial y} + \frac{\partial w}{\partial z}\right)^2$$

音速に近い高速流を扱う場合などはこれらの一般式を用いる必要があるが,以下では特に断らない限り,粘性応力や圧力による仕事を省略した式(4.11)または(4.12)を用いる.

4.1.4 境界条件と解の形

　質量,運動量およびエネルギーの保存式を基礎式として流速,圧力および温度を時間および場所の関数として求めるためには,すべての従属変数(流速,圧力,温度)に対して微分の階数と等しい数の境界条件が必要である.境界条件は個々の問題で考える必要があるが,次のような例がある.

(a) 流速について

物体表面においては,著しく希薄な気体でなければ,粘性流体は表面

に固着し，物体表面に対する相対速度がゼロである．物体表面が静止していれば物体表面で流速はゼロである．物体から流体の吹き出しがあれば物体に垂直な方向の速度成分は吹き出し速度となる．物体表面から離れた位置で速度または速度勾配が与えられれば，それも境界条件となる．

(b) 温度について

流れの中の物体表面の温度が与えられているときは物体表面に接する流体の温度は物体表面温度に等しい．物体表面での熱流束 q_s が与えられる場合は物体表面で $q_s = -\lambda[\partial T/\partial n]$ の関係が境界条件となる．n は表面に垂直な方向の距離，λ は流体の熱伝導率である．物体表面が断熱されている場合は表面に垂直な方向の流体の温度勾配が 0，すなわち，$[\partial T/\partial n] = 0$ である．物体表面から離れた位置で温度または温度勾配が与えられればそれも境界条件となる．

(c) 圧力について

圧力は運動量保存式で1階微分の項しか含まれていないので，圧力に関する境界条件は1つあればよい．

境界条件と時間 $t=0$ での初期条件のもとに基礎式を解いたとすると，流速，温度および圧力は時間と場所の関数としてきまる．すなわち，

$$u, v = u, v(t, x, y) \quad T = T(t, x, y) \quad p = p(t, x, y)$$

温度分布がきまると物体表面から流体への熱流束 q_s は $q_s = -\lambda[\partial T/\partial n]_{n=0}$ より求められる．一方，熱伝達率 h を用いて q_s を表すと，$q_s = h(T_s - T_\infty)$ であるので，次式で熱伝達率 h を求めることができる．

$$h = \frac{q_s}{T_s - T_\infty} = -\frac{\lambda[\partial T/\partial n]_{n=0}}{(T_s - T_\infty)} \tag{4.13}$$

ただし，n は壁に垂直方向の壁からの座標，T_s は物体表面温度，T_∞ は流体の主流の温度で壁から十分離れた位置での温度または主流での平均温度，λ は流体の熱伝導率である．

種々の流れ場において式(4.13)に基づき熱伝達率 h を求めて整理し，熱伝達率を容易に求められるようにしておけば，壁面から流体への熱移動は，$q_s = h(T_s - T_\infty)$ から求めることができる．

4．2　基礎式の無次元化と相似則

　流動や熱移動現象は質量，運動量およびエネルギーの保存式と境界条件および初期条件によって記述されるから，これらの式を無次元化することによって現象を支配する無次元数を導出することができる．2つの場で支配的な無次元数が等しく，無次元化した方程式と境界条件が等しい場合は対応する位置での無次元化した従属変数も等しくなり相似的な現象が生じることになる．

　いま，式の記述が簡単なため，密度 ρ，粘性係数 μ，熱伝導率 λ が一定の場合を考える．このとき質量保存式は式(4.2)，x 軸方向の運動量保存式は式(4.8)，エネルギー保存式は式(4.12)となる．x 方向の運動量保存式(4.8)について，浮力の影響を陽に示すために次のように書き直す．ただし，浮力項を考えるときのみ密度の変化を考慮し，それ以外は密度を一定とする．このような近似は**ブシネ近似**（Boussinesq approximation）という．絶対圧 p から静水圧を差し引いた圧力を $\tilde{p}$ とすると，次の関係がある．

$$p = \tilde{p} + \rho_\infty g_x x$$

ここで，ρ_∞ は主流の密度，g_x は x 軸方向の体積力，x は x 軸方向距離である．これにより，式(4.8)の右辺第1，3項を組み合せて書き直すと，

$$-\frac{\partial p}{\partial x} + \rho g_x = -\frac{\partial \tilde{p}}{\partial x} + (\rho - \rho_\infty)g_x = -\frac{\partial \tilde{p}}{\partial x} - \rho g_x \beta (T - T_\infty) \quad (4.14)$$

ここで β は体膨張係数で，次の関係式を用いている．理想気体では $\beta = 1/T$ である．

4.2 基礎式の無次元化と相似則

$$\beta = -\frac{1}{\rho}\left(\frac{\partial \rho}{\partial T}\right)_p \cong -\frac{1}{\rho}\frac{\rho - \rho_\infty}{T - T_\infty} \tag{4.15}$$

式(4.14)を式(4.8)へ代入すると次式を得る.

$$\rho\left(\frac{\partial u}{\partial t} + u\frac{\partial u}{\partial x} + v\frac{\partial u}{\partial y}\right) = -\frac{\partial \tilde{p}}{\partial x} + \mu\left(\frac{\partial^2 u}{\partial x^2} + \frac{\partial^2 u}{\partial y^2}\right) - \rho g_x \beta(T - T_\infty) \tag{4.16}$$

右辺第3項は浮力項を表すもので,体積力と圧力の項から導かれるものである.このときの $\tilde{p}$ は絶対圧から静水圧を差し引いたものであり,流れによって誘起される圧力と解釈される.通常~を省略することが多いが圧力に静水圧を含めているか否かを注意する必要がある.

いま,代表寸法を L,代表速度を U,代表圧力を ρU^2,代表温度を ΔT (たとえば物体表面温度 T_s と流体主流の温度 T_∞ との差),代表時間を L/U とし,諸量を代表値で除した無次元量に*をつけて表す.すなわち,

$$x^*, \quad y^* = x/L, \quad y/L \qquad t^* = t/(L/U)$$

$$u^*, \quad v^* = u/U, \quad v/U \qquad T^* = T/\Delta T \qquad p^* = \tilde{p}/\rho U^2$$

式(4.2),(4.8),(4.12)を上記の無次元量を使って書くと,それぞれ次式となる.

$$\frac{\partial u^*}{\partial x^*} + \frac{\partial v^*}{\partial y^*} = 0 \tag{4.17}$$

$$\frac{\partial u^*}{\partial t^*} + u^*\frac{\partial u^*}{\partial x^*} + v^*\frac{\partial u^*}{\partial y^*} = -\frac{\partial p^*}{\partial x^*} + \frac{Gr}{Re^2}(T^* - T_\infty^*)$$
$$+ \frac{1}{Re}\left(\frac{\partial^2 u^*}{\partial x^{*2}} + \frac{\partial^2 u^*}{\partial y^{*2}}\right) \tag{4.18}$$

$$\frac{\partial T^*}{\partial t^*} + u^*\frac{\partial T^*}{\partial x^*} + v^*\frac{\partial T^*}{\partial y^*} = \frac{1}{Pr}\cdot\frac{1}{Re}\left(\frac{\partial^2 T^*}{\partial x^{*2}} + \frac{\partial^2 T^*}{\partial y^{*2}}\right) \tag{4.19}$$

第4章　対流伝熱の基礎

ここで，Re, Gr および Pr はそれぞれ次のような無次元数である．

$Re = UL/\nu$ 　　　　　　：レイノルズ（Reynolds）数
$Gr = g_x \beta \Delta T L^3/\nu^2$ 　　：グラスホフ（Grashof）数
$Pr = \nu/(\lambda/\rho C_p)$ 　　：プラントル（Prandtl）数

ここで，ν は動粘性係数で粘性係数 μ を密度 ρ で除したものである．
式(4.17), (4.18), (4.19)は u^*, v^*, p^*, T^* を t^*, x^*, y^* の関数として規定するものであるが，それらの式中に現れる上記3つの無次元数 Re, Gr および Pr に依存する．すなわち，

$$u^*, v^*, p^*, T^* = u^*, v^*, p^*, T^*(t^*, x^*, y^*, Re, Gr, Pr) \tag{4.20}$$

いま，2つの場が幾何学的に相似で境界条件も相似であり，かつ上の無次元数が等しければ，u^*, v^*, p^*, T^* は対応する点で同一の値をとるから2つの場は相似となる．

熱伝達率 h を求める式(4.13)を無次元化すると，

$$\frac{hL}{\lambda} \equiv Nu = -\left(\frac{\partial T^*}{\partial x^*}\right)_{n^*=0} \tag{4.21}$$

ここで，Nu はヌッセルト（Nusselt）数で，熱伝達率を無次元化したものである．T^* は式(4.20)で与えられるから，Nu は，

$$Nu = Nu(t^*, x^*, y^*, Re, Gr, Pr) \tag{4.22}$$

定常で物体表面における平均ヌッセルト数 Nu_m を考えるとき，Nu_m は時間と場所に依存しないから，

$$Nu_m = Nu_m(Re, Gr, Pr) \tag{4.23}$$

強制対流が支配的な場合は浮力項を含む Gr を省略できるから，

$$Nu_m = Nu_m(Re, Pr) \tag{4.24}$$

4.2 基礎式の無次元化と相似則

自然対流だけのときは

$$Nu_m = Nu_m(Gr, Pr) \tag{4.25}$$

無次元数として次のものを使うこともある．

$Pe = Re \cdot Pr = UL/(\lambda/\rho C_p) = UL/\alpha$ ：ペクレー（Peclet）数

$St = Nu/(Re \cdot Pr) = h/(\rho C_p U)$ ：スタントン（Stanton）数

$Ra = Gr \cdot Pr = (\beta g_x \Delta T L^3)/(\alpha \nu)$ ：レーリー数（Rayleigh）数

4.3 境界層近似

　平板に沿う流れを考える．図4.5のように平板のごく近傍では壁面からの影響により流速または温度の分布の勾配の急な領域が生じる．この領域が速度または温度の**境界層**（boundary layer）という．境界層の外側は壁面の影響を受けない主流域である．境界層を主流域と区別すると問題が簡単化される．境界層内で基礎式を簡単化するため各項の大きさのオーダーを見積もり，オーダーの小さい項を省略する．いま，平板に沿ってx座標，それに垂直にy座標をとる．x方向の距離のスケールをLとする．これは物体の巨視的な代表寸法である．y方向の距離のスケールを速度境界層の厚さδまたは温度境界層の厚さδ_Tとする．境界層では境界層の厚さδが流れの代表長さLに比べてオーダー的に小さいと考えるので，$L \gg \delta$である．x方向速度成分のスケールをUとする．流体は非圧縮性で物性値は一定とする．

　質量保存式(4.2)の各項のオーダーは次のとおりである．

$$\frac{\partial u}{\partial x} + \frac{\partial v}{\partial y} \sim \frac{U}{L} + \frac{v}{\delta} \tag{4.26}$$

第4章 対流伝熱の基礎

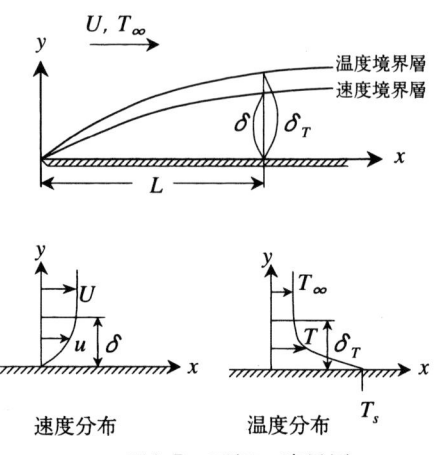

図4.5 平板の境界層

式(4.2)を図4.5のような境界層流れに適用するためには両項のオーダーが等しくなければならない.すなわち,$U/L \sim v/\delta$ から次式が成り立つ.

$$v \sim U\delta/L \tag{4.27}$$

$\delta/L \ll 1$ であるから,主流に垂直な y 方向の速度成分 v は主流方向の速度に比べてオーダーが小さい1次の微小量であることがわかる.

x 方向の運動量保存式(4.8)の各項のオーダーは次のとおりである.

$$\rho\left(u\frac{\partial u}{\partial x} + v\frac{\partial u}{\partial y}\right) \sim \rho U \frac{U}{L} + \rho\left(U\frac{\delta}{L}\right)\frac{U}{\delta} \tag{4.28}$$

左辺の2項は同じオーダーになることがわかる.ただし,左辺第2項の v のオーダーに式(4.27)を用いている.

右辺第2項のオーダーは次のようになる.

$$\mu\left(\frac{\partial^2 u}{\partial x^2} + \frac{\partial^2 u}{\partial y^2}\right) \sim \mu\frac{U}{L^2} + \mu\frac{U}{\delta^2} \tag{4.29}$$

第1項は第2項に比べて2次の微小量であり $\partial^2 u/\partial x^2 \ll \partial^2 u/\partial y^2$ となり,x

の2階微分の項を省略できる．

$\partial p/\partial x$ のオーダーは主流部で成り立つベルヌイの式から見積もる．すなわち，主流部は非粘性流れと考えると，

$$p + \rho \frac{U^2}{2} = 一定$$

であるから，x で微分すると，

$$\frac{\partial p}{\partial x} + \rho U \frac{\partial U}{\partial x} = 0 \tag{4.30}$$

ゆえに，$\partial p/\partial x$ のオーダーは $\rho U(\partial U/\partial x)$ のオーダーと等しく，$\rho U(U/L)$ であり，式(4.28)のオーダーとも等しい．式(4.28)の対流項と式(4.29)の第2項の粘性項がいずれも省略できない項としてそのオーダーが同程度であるとすると $\rho U^2/L \sim \mu U/\delta^2$ となり，これを書き換えると次式を得る．

$$\frac{\delta}{L} \sim \sqrt{\frac{\nu}{UL}} = \frac{1}{\sqrt{Re}} \tag{4.31}$$

Re が十分大きいときに $\delta \ll L$ となり上の境界層近似が可能となる．

y 方向の運動量保存式(4.9)の各項のオーダーを同様に調べると $\partial p/\partial y$ の項以外は式(4.8)の対応する項と比べて δ/L 倍であり，一次の微小量であることがわかる．このことから $\partial p/\partial y$ は他の項と同じオーダーかそれ以下であるから境界層を横切る方向の圧力勾配は一次の微小量以下であり，境界層の外側の圧力がそのまま境界層内に浸透していることになり，次式で近似できる．

$$\frac{\partial p}{\partial y} = 0 \tag{4.32}$$

エネルギー保存式(4.12)の各項のオーダーは，T のスケールを ΔT，温度境界層についての y 方向距離のスケールを δ_T とすると次のとおりであ

る．

$$\rho C_p \left(u \frac{\partial T}{\partial x} + v \frac{\partial T}{\partial y} \right) \sim \rho C_p U \frac{\Delta T}{L} + \rho C_p \left(U \frac{\delta}{L} \right) \frac{\Delta T}{\delta_T} \tag{4.33}$$

$$\lambda \left(\frac{\partial^2 T}{\partial x^2} + \frac{\partial^2 T}{\partial y^2} \right) \sim \lambda \frac{\Delta T}{L^2} + \lambda \frac{\Delta T}{\delta_T^2} \tag{4.34}$$

式(4.33)の2つの項のオーダーは同じである．式(4.34)の第1項は第2項に比べて2次の微小量であり，$\partial^2 T/\partial x^2 \ll \partial^2 T/\partial y^2$ となり，x の2階微分を省略することができる．

式(4.33)の2つの項と式(4.34)の第2項が省略できない項として，それらのオーダーが同程度であるとすると次式となる．

$$\frac{\delta_T}{L} \sim \sqrt{\frac{\alpha}{\nu} \frac{\nu}{UL}} = \frac{1}{\sqrt{Pr \cdot Re}} \tag{4.35}$$

$Pr \cdot Re (\equiv Pe)$ が十分に大きいときに $\delta_T \ll L$ となりエネルギー保存式の境界層近似が可能となる．

式(4.31)，(4.35)より，次の関係が得られる．

$$\frac{\delta_T}{\delta} \sim \frac{1}{\sqrt{Pr}} \tag{4.36}$$

$Pr (= \nu/\alpha)$ の値によって温度と速度の境界層の厚さの相対的な大小がきまる．Pr は流体の物性値できまり，流体の種類によって広い範囲の値をもつ．0℃，標準大気圧では気体0.7～1，水～10，油類100～10000，液体金属0.01～0.05である．油類では速度境界層の厚さが温度境界層の厚さに比べて著しく大きくなり，液体金属ではその逆となる．

多くの場合，物体に沿う流れやその周囲の温度場は境界層と考えられるが，一般には物体壁面近くの流れにかぎらなくともよい．流れ場において一方向の支配的な主流があり，流速や温度の勾配が主流に垂直な方

向に大きいが主流方向には大きくないような流れ，たとえば噴流や管内流なども境界層と扱うことができ，境界層近似が適用できる．

境界層近似をした基礎方程式をまとめると次の通りである．境界層近似により式(4.38), (4.40)において，x の2階微分の項が省略できており，y 方向の運動量保存式が式(4.39)となっている．

$$\frac{\partial u}{\partial x} + \frac{\partial v}{\partial y} = 0 \tag{4.37}$$

$$\rho \left(u \frac{\partial u}{\partial x} + v \frac{\partial u}{\partial y} \right) = -\frac{\partial p}{\partial x} + \mu \frac{\partial^2 u}{\partial y^2} + \rho g_x \tag{4.38}$$

$$\frac{\partial p}{\partial y} = 0 \tag{4.39}$$

$$\rho C_p \left(u \frac{\partial T}{\partial x} + v \frac{\partial T}{\partial y} \right) = \lambda \frac{\partial^2 T}{\partial y^2} \tag{4.40}$$

4.4 乱流における伝熱

レイノルズ数が大きいときは不規則な流速の変動（乱れ）を伴う流れとなる．これが**乱流**（turbulent flow）である．円管内の流れではレイノルズ数（UL/ν，$U=$管内平均流速，$L=$管内径）が約2300以上では初期乱れがあれば乱流となる．ただし，初期乱れが小さく制御された条件ではさらに大きいレイノルズ数まで層流が保たれることがある．平板に沿う境界層においてはレイノルズ数（UL/ν，$U=$主流の流速，$L=$平板先端からの距離）が 5×10^5 程度以上で乱流に遷移する．ただし，その遷移のレイノルズ数は初期乱れにより影響される．乱流場では乱れにより熱や運動量の移動が促進される．

乱流においても局所，瞬時の流速，温度，圧力を考えれば，層流での基礎式はそのまま成り立つ．これを数値計算により非定常3次元の数値解を求めることは最近の高性能コンピュータを用いても限界がある．ま

た，実際に必要なデータは乱れの詳細な状況よりは時間平均的な特性であることが多い．このため，本節では，乱流の時間平均的な特性を求めることを考える．

いま簡単のため物性値一定，定常の境界層での質量，運動量，エネルギーの保存式(4.37), (4.38), (4.40)を考える．乱流における流速成分 u, v, 圧力 p，温度 T の瞬時値はそれらの時間平均値 $\bar{u}, \bar{v}, \bar{p}, \bar{T}$ と変動成分 u', v', p', T' の和で表される．すなわち，

$$u = \bar{u} + u' \qquad v = \bar{v} + v' \qquad p = \bar{p} + p' \qquad T = \bar{T} + T' \tag{4.41}$$

ここで，￣は時間平均値を´は瞬時値と平均値の差である変動成分を表す．いま，瞬時値を a, b とし，その時間平均値からの変動成分を a', b' としたとき，平均の定義に基づき，一般に次の関係がある．

$$\overline{a'} = 0 \qquad \overline{a+b} = \bar{a} + \bar{b} \qquad \overline{\bar{a}} = \bar{a} \qquad \overline{a'b} = 0$$

$$\overline{ab} = \overline{(\bar{a}+a')(\bar{b}+b')} = \bar{a}\bar{b} + \overline{a'b'} \qquad \overline{a'b'} \neq 0 \qquad \overline{\frac{\partial a}{\partial x}} = \frac{\partial \bar{a}}{\partial x} \tag{4.42}$$

式(4.41)を式(4.37)へ代入し，また，式(4.38), (4.40)の左辺を質量保存式を用いて書き直した式へ代入し，時間平均をとれば次式となる．

$$\overline{\frac{\partial(\bar{u}+u')}{\partial x}} + \overline{\frac{\partial(\bar{v}+v')}{\partial y}} = 0 \tag{4.43}$$

$$\rho\left(\overline{\frac{\partial(\bar{u}+u')^2}{\partial x}} + \overline{\frac{\partial(\bar{u}+u')(\bar{v}+v')}{\partial y}}\right)$$
$$= -\overline{\frac{\partial(\bar{p}+p')}{\partial x}} + \mu\overline{\frac{\partial^2(\bar{u}+u')}{\partial y^2}} + \rho\overline{g_x} \tag{4.44}$$

$$\rho C_p\left(\overline{\frac{\partial(\bar{u}+u')(\bar{T}+T')}{\partial x}} + \overline{\frac{\partial(\bar{v}+v')(\bar{T}+T')}{\partial y}}\right) = \lambda\overline{\frac{\partial^2(\bar{T}+T')}{\partial y^2}} \tag{4.45}$$

4.4 乱流における伝熱

式(4.42)の関係を用いれば，式(4.43)～(4.45)は次式となる．

$$\frac{\partial \overline{u}}{\partial x} + \frac{\partial \overline{v}}{\partial y} = 0 \tag{4.46}$$

$$\rho\left(\overline{u}\frac{\partial \overline{u}}{\partial x} + \overline{v}\frac{\partial \overline{u}}{\partial y}\right) = -\frac{\partial \overline{p}}{\partial x} + \frac{\partial}{\partial y}\left(\mu\frac{\partial \overline{u}}{\partial y} - \rho\overline{u'v'}\right) + \rho\overline{g_x} \tag{4.47}$$

$$\rho C_p\left(\overline{u}\frac{\partial \overline{T}}{\partial x} + \overline{v}\frac{\partial \overline{T}}{\partial y}\right) = \frac{\partial}{\partial y}\left(\lambda\frac{\partial \overline{T}}{\partial y} - \rho C_p\overline{v'T'}\right) \tag{4.48}$$

ただし，式(4.47)，(4.48)を導くとき，次の近似をしている．

$$\frac{\partial}{\partial x}\rho\overline{u'u'} \ll \frac{\partial}{\partial y}\rho\overline{u'v'} \qquad \frac{\partial}{\partial x}\rho C_p\overline{u'T'} \ll \frac{\partial}{\partial y}\rho C_p\overline{v'T'}$$

この近似は変動量の積の時間平均項は同程度のオーダーとし，それらの x 方向微分は y 方向微分に比べて1次の微小量とする境界層近似に基づく．

式(4.47)の $\rho\overline{u'v'}$ は速度のみだれ成分による x 方向運動量の y 方向への移動の促進効果を表し，それに負符号をつけるとせん断応力の増加を現し，**レイノルズ応力**（Reynolds stress）という．また，式(4.48)の $\left(\rho C_p\overline{v'T'}\right)$ は乱れによる熱の y 方向への移動の促進効果をあらわし，**乱流熱流束**または**レイノルズ流束**（Reynolds flux）という．速度と温度の変動成分を含む項以外は元の基礎式の従属変数をその時間平均量に置き換えたものとなっている．変動成分を含むレイノルズ応力と乱流熱流束を時間平均量で記述し，計算可能な形に置き換えていくことを乱流のモデリングという．いま，式(4.47)に現れるレイノルズ応力を次のようにおく．

$$-\rho\overline{u'v'} = \mu_t\frac{\partial \overline{u}}{\partial y} \tag{4.49}$$

式(4.48)に現れる乱流熱流束を次のようにおく．

$$\rho C_p \overline{v'T'} = -\lambda_t \frac{\partial \overline{T}}{\partial y} \tag{4.50}$$

式(4.49), (4.50)における μ_t と λ_t はそれぞれ**渦粘性係数**（eddy viscosity），**渦熱伝導率**（eddy thermal conductivity）と呼ぶ．式(4.49), (4.50)を式(4.47), (4.48)に適用すれば，層流の場合の μ の代わりに $\mu + \mu_t$ を用い，層流の場合の λ の代わりに $\lambda + \lambda_t$ を用いることになる．乱れによって有効な粘性係数や熱伝導率が増加すると解釈できる．通常の乱流場では，μ_t と λ_t は層流での μ と λ に比べてはるかに大きい値をとる．渦粘性係数や渦熱伝導率を予測するための乱流モデルの研究が進められている．μ_t と λ_t が予測できれば式(4.46)〜(4.50)によって $\overline{u}$, $\overline{v}$, $\overline{T}$ を求めることができる．

4.5 運動量と熱の移動の相似性

十分発達した平板近傍の乱流境界層を考える．壁面に沿うせん断応力を τ ，熱流束 q は次式で与えられる．

$$\tau = (\mu + \mu_t)(du/dy) \tag{4.51}$$

$$q = -(\lambda + \lambda_t)(dT/dy) \tag{4.52}$$

ただし，y は壁面からの距離，u は壁面に沿う流速である．壁面の近傍を考えれば，τ , q はそれぞれ壁面での値 τ_s , q_s に等しいと近似できる．いま，プラントル数 $Pr = (\mu/\rho)/(\lambda/\rho C_p) = 1$ ，乱流プラントル数 $Pr_t = (\mu_t/\rho)/(\lambda_t/\rho C_p) = 1$ の場合を考え，式(4.52)を(4.51)で辺々割ると次式を得る．

$$\frac{q_s}{\tau_s} = -\frac{C_p dT}{du} \tag{4.53}$$

式(4.53)を積分し，壁面で $T = T_s$, $u = 0$ ，壁から離れた主流で $T = T_\infty$, $u = U$ とすると，

$$T_s - T_\infty = \frac{1}{C_p}\frac{q_s}{\tau_s}U \tag{4.54}$$

熱伝達率 $h = q_s/(T_s - T_\infty)$，摩擦係数 $f = \tau_s/(\rho U^2/2)$ であるから，式(4.54)は次式となる．

$$\frac{h}{\rho C_p U} = \frac{f}{2} \tag{4.55}$$

$Nu = hL/\lambda$，$Re = UL/(\mu/\rho)$，$Pr = \mu C_p/\lambda$ の関係を使って，式(4.55)の左辺を書き直せばスタントン数 St となり，次式を得る．

$$St\left(\equiv \frac{Nu}{Re \cdot Pr}\right) = \frac{f}{2} \tag{4.56}$$

これは摩擦係数と熱伝達率が比例関係にあることを示し，運動量と熱の移動の相似性を表す．**レイノルズのアナロジー**（Reynolds analogy）と呼ばれる．式(4.56)は $Pr=1$ の条件で導かれたが，コルバーン（Colburn）は $Pr=0.6\sim50$ の範囲に適用できるように次のように修正した．

$$j_H = St\,Pr^{2/3} = \frac{f}{2} \tag{4.57}$$

j_H は j-factor と呼ばれる．摩擦係数または熱伝達率のいずれかがわかれば他方を求めることができる．

4.6 熱伝達率の測定

熱伝達率 h は式（4.13）で定義される．すなわち，

$$h = \frac{q_s}{T_s - T_\infty} = -\lambda\frac{[\partial T/\partial n]_{n=0}}{T_s - T_\infty} \tag{4.58}$$

第4章 対流伝熱の基礎

熱伝達率を測定するためには，壁面での熱流束 q_s と壁面の表面温度 T_s および壁面から離れた流体の主流の温度 T_∞ を測定し，熱伝達率を式（4.58）で算出する．これらの測定を行う方法について述べる．図4.6は伝熱面表面近傍の壁面側および流体側の温度分布である．

(1) 熱流束の求め方

(a) 壁面近傍の流体側の温度分布を詳細に測定し，壁面での温度勾配 $[\partial T/\partial n]_{n=0}$ を求め，それに流体の熱伝導率 λ を乗じ熱流束 q_s を求める．乱流の場合でも，壁面の極近傍には層流底層があり，その内部の分布を詳細に測定すれば上記の方法が適用できる．

(b) 壁面に垂直な方向の壁面側の温度分布を測定し，壁面側での温度勾配 $[\partial T/\partial n]_s$ を求め，壁面材料の熱伝導率 λ_s を乗じ熱流束 q_s を求める．

(c) 伝熱面表面にステンレス薄膜を貼り，それに通電してジュール熱で加熱する．円管などの場合，管に直接通電する場合がある．また，ニクロム線ヒータなどで間接的に加熱する場合もある．いずれも電気入力から熱流束を得る．

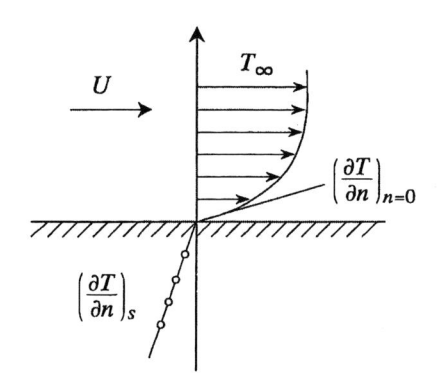

図4.6 伝熱面近傍の温度分布

(2) 壁面表面温度の求め方

(a) 流体側の温度分布を壁面まで外挿すれば壁面表面温度 T_s を求めるこ

とができる．乱流の場合は壁面の極近傍の層流底層内部の温度分布を詳細に測定する必要がある．

(b) 壁面側で壁面に垂直な方向の温度分布を測定し，温度分布を壁表面まで外挿すれば表面温度 T_s を求めることができる．

(c) 伝熱面表面にステンレス薄膜を貼り，それに通電してジュール熱で加熱する場合，ステンレス薄膜の裏側の温度を熱電対などで測定し，薄膜内の温度降下を予測して表面温度を求める．

(d) 伝熱面表面からの熱放射の温度特性から温度を測定する，蛍光物質を塗布しておき，蛍光の温度特性から温度を測定する，液晶を塗布し，その温度特性から温度を測定するなどの方法がある．これらは 2 次元的な測定が可能となる．

　流体主流の温度 T_∞ は壁面から離れた位置での流体の温度を熱電対で測定する方法や管内流では入り口温度と入り口からの加熱量から混合平均温度（第 5 章式(5.33),(5.34)参照）を求め主流温度とする方法がある．これらの測定を組み合わせることによって式(4.58)から熱伝達率を求める．

【演習問題】

〔1〕 平行平板の温度をそれぞれ T_1, T_2 で一定としたとき，その間を流れる流体の流速および温度の分布が十分発達した後の y 方向の温度の分布を求めなさい．平行平板間の距離を d とする．（ヒント：式(4.40)を簡単化して解く）

〔2〕 温度 T_0 の平行平板の間を流れる流体が単位体積当たり w ($kJ/m^3 s$) の熱を発生するとする．このとき，流路内の流体の温度を求める方程式を導きなさい．流速および温度が十分発達したときの温度分布を求めなさい．ただし，平行平板間の距離を d とする．（ヒント：エネルギー保存式の導出過程参照）

〔3〕 周囲が断熱された一次元の流路があり，その中を熱伝導率の大きい非圧縮性流体が流速 U で流れている．入口 ($x = 0$) で温度が T_1，出口

($x = L$) で T_2 とするとき，流体の x 方向の温度分布を求めなさい．ただし，流れ方向（x 軸方向）に垂直な方向の温度，速度の分布は均一とする．（ヒント：図で x 方向の対流と熱伝導を考え，dx 区間でのエネルギーの保存式を導き，それを解く）

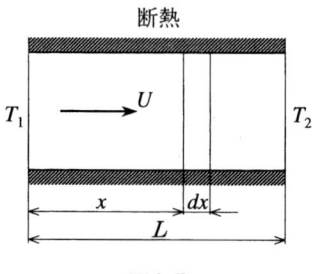

図4.7

〔4〕内直径 d の円管内を平均流速 U で流体が流れている．その円管の入り口の温度は T_1 である．この管の外側には温度 T_0 の流体が管に垂直に流れ，管を冷却している．管内流体の温度 T の分布を管の入り口から流れに沿っての距離 x の関数として求めようとする．このとき次の問いに答えなさい．ただし，流体の密度を ρ，定圧比熱を C_p とし，流れ方向の熱伝導を無視する．また，管断面内の流体の温度は均一とする．管内流体と周囲流体の間の熱通過率 K は一定とする．管の肉厚は十分薄いものとする．

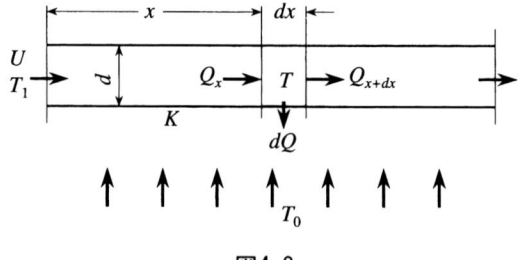

図4.8

(1) 管の入り口からの距離 x の断面で対流により dx の微小体積に流入する熱量を式で表しなさい．また，微小体積の dx の部分から周囲への放熱量 dQ を式で表しなさい．

(2) 微小長さ dx の部分の熱量の保存の関係を式で表し，流体の温度を x の関数で求める方程式を導きなさい．

(3) (2)の方程式を解き，流体温度 T を x の関数として表しなさい．

〔5〕高速流では粘性による発熱が速度勾配の大きい領域で生じる．2次元非圧縮性流れでは粘性による発熱 w は単位体積，単位時間当たり次式で与えられる．

$$w = 2\mu\left[\left(\frac{\partial u}{\partial x}\right)^2 + \left(\frac{\partial v}{\partial y}\right)^2\right] + \mu\left(\frac{\partial u}{\partial y} + \frac{\partial v}{\partial x}\right)^2$$

このとき，境界層近似が可能であるとすれば，上式はどのように簡単化できるかを示しなさい．この発熱項を含めた2次元境界層で成り立つエネルギーの保存式を示しなさい．

〔6〕エネルギー保存式（式(4.12)）に時間平均の操作を行うことにより乱流熱流束の項を導出しなさい．ただし，境界層近似をしないものとする．（ヒント：式(4.12)を下記のように書き直し，式(4.41)を代入し，時間平均する．そして，式(4.42)を用いて簡単化する）

$$\rho C_p\left(\frac{\partial uT}{\partial x} + \frac{\partial vT}{\partial y}\right) = \lambda\left(\frac{\partial^2 T}{\partial x^2} + \frac{\partial^2 T}{\partial y^2}\right)$$

参考文献

[1] R.B.Bird, W.E. Stewart and E.N. Lightfoot, "Transport Phenomena", 2nd Edition, John Wiley & Sons, Inc (2002).

[2] E.R.G. Eckert and R.M. Drake, Jr., "Analysis of Heat and Mass Transfer", McGraw-Hill Book Company (1972).

[3] H. Schlichting, "Boundary Layer Theory" 7th ed., McGraw-Hill Book Company (1979).

[4] 庄司正広，「伝熱工学」，東京大学出版会 (1995).

第5章　強制対流伝熱

　流れを強制的に与える場合の基本的な流れ場（平板に沿う流れ，円管内の流れ，円管周りの流れ等）における層流および乱流での熱伝達の問題の解析や熱伝達の整理式について述べる．

5.1　平板に沿う層流熱伝達

　流れに平行に平板をおくと，図4.5のように平板近傍に速度および温度の境界層ができる．境界層内の流れが層流の場合はこれを**層流境界層**（laminar boundary layer）という．層流境界層内の流速と温度の分布および壁面と流体の間の熱伝達を考える．境界層内の流速および温度を求めるための方程式は境界層近似をした式(4.37)〜(4.40)を適用できる．主流の速度Uが一定であるので，$\partial p/\partial x = 0$となり，$\mu/\rho$を動粘性係数$\nu$，$\lambda/\rho c_p$を温度伝導率$\alpha$とすると次式を得る．

$$\frac{\partial u}{\partial x}+\frac{\partial v}{\partial y}=0 \tag{5.1}$$

$$u\frac{\partial u}{\partial x}+v\frac{\partial u}{\partial y}=\nu\frac{\partial^2 u}{\partial y^2} \tag{5.2}$$

$$u\frac{\partial T}{\partial x} + v\frac{\partial T}{\partial y} = \alpha\frac{\partial^2 T}{\partial y^2} \tag{5.3}$$

境界条件は，

$$y = 0 \text{ で } u = v = 0 \quad ; \quad y = \infty \text{ で } u = U \tag{5.4}$$

$$y = 0 \text{ で } T = T_s \quad ; \quad y = \infty \text{ で } T = T_\infty \tag{5.5}$$

式(5.4)を満たす式(5.1)，(5.2)の解を求めると速度境界層内の速度分布が求まる．これらの u, v を用いて，式(5.5)を満たす式(5.3)の解を求めると温度境界層内の温度分布が求められる．境界層内の流速と温度の分布が求められると，流体の壁面での摩擦応力，熱流束および熱伝達率が求められる．

5.1.1 速度分布と摩擦係数

境界層内の速度分布は前縁からの距離が異なってもその形は類似しており，相似性が存在すると予想して，次のようにおく．

$$u/U = f(y/\delta(x)) \tag{5.6}$$

ここで，$\delta(x)$ は速度境界層厚さで式(4.31)から $\delta \sim \sqrt{\nu x/U}$ であるので，次式を得る．

$$u/U = f(\eta) \quad , \quad \eta = y\sqrt{U/\nu x} \tag{5.7}$$

η は独立変数 x, y を組み合わせた変数で相似変数という．2つの変数 x, y の代わりに η を使えば，次のように偏微分方程式を常微分方程式に変換できる．(x, y) 座標から η 座標への変換は式(5.7)を用い次式による．

$$\frac{\partial}{\partial x} = \frac{\partial \eta}{\partial x}\frac{\partial}{\partial \eta} = -\frac{\eta}{2x}\frac{\partial}{\partial \eta} \tag{5.8}$$

$$\frac{\partial}{\partial y} = \frac{\partial \eta}{\partial y}\frac{\partial}{\partial \eta} = \sqrt{\frac{U}{\nu x}}\frac{\partial}{\partial \eta} \tag{5.9}$$

次式により流れ関数 Ψ を導入すると，連続の式は自然に満たされる．

$$u = \frac{\partial \Psi}{\partial y} \;, \qquad v = -\frac{\partial \Psi}{\partial x} \tag{5.10}$$

式(5.7), (5.9), (5.10)を用いると，

$$\frac{\partial \Psi}{\partial \eta} = \frac{\partial \Psi}{\partial y}\sqrt{\frac{\nu x}{U}} = \sqrt{U\nu x}f(\eta)$$

x を固定し，上式を η で積分すると，

$$\Psi = \sqrt{U\nu x}\int f(\eta)d\eta = \sqrt{U\nu x}Z(\eta) \tag{5.11}$$

ここで，$Z(\eta) = \int f(\eta)d\eta$

式(5.11)を(5.10)へ代入し(5.8), (5.9)を用いると，

$$u = UZ' \;, \qquad v = -\frac{1}{2}\sqrt{\frac{U\nu}{x}}(Z - \eta Z') \tag{5.12}$$

´は η についての微分である．式(5.8), (5.9), (5.12)を用いて式(5.2)を書き直すと，

$$Z''' + \frac{1}{2}ZZ'' = 0 \tag{5.13}$$

境界条件は，

$$\begin{array}{lll} \eta = 0 & \text{で} & Z' = 0 \;, \quad Z = 0 \\ \eta = \infty & \text{で} & Z' = 1 \end{array} \tag{5.14}$$

式(5.13)では η のみが独立変数であるので，常微分方程式に変換されたことになる．Z, Z' を η の関数で求めれば式(5.12)から u, v が求められる．ブラジウス（Blasius）により級数解が，ハワース（Howarth）により数値解が求められた．$u/U(=Z')$ と η の関係を図5.1に示す．

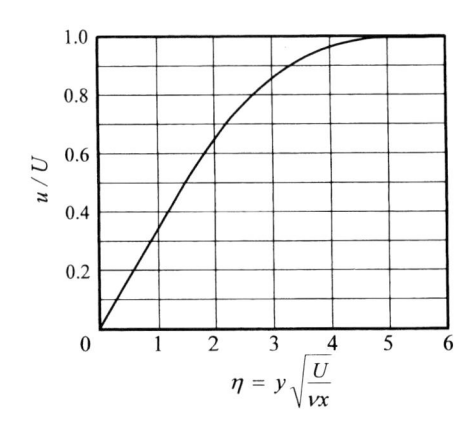

図5.1 平板境界層での速度分布

$u/U = Z'$ が0.99となる y を速度境界層の厚さ δ と定義すると，図5.1から，$Z' = 0.99$ は $\eta \approx 5.0$ で達成されるので速度境界層の厚さは次式となる．

$$\frac{\delta}{x} \approx \frac{5.0}{\sqrt{Re_x}}, \quad \text{ここで } Re_x = \frac{Ux}{\nu} \tag{5.15}$$

平板表面でのせん断応力 $\tau_s(x)$ は次式となる．

$$\tau_s(x) = \left[\mu \frac{\partial u}{\partial y}\right]_{y=0} = \mu \frac{U}{x}\sqrt{\frac{Ux}{\nu}}(Z'')_{\eta=0} \tag{5.16}$$

$\eta = 0$ での Z'' の値は式(5.13)の解からおよそ0.332と求められるので，平板上の位置 x での摩擦係数 f_x は次式となる．

$$f_x = \frac{\tau_s(x)}{\rho U^2/2} = 2Z''_{\eta=0}\sqrt{\frac{\nu}{Ux}} = \frac{0.664}{\sqrt{Re_x}} \tag{5.17}$$

5.1.2 温度分布と熱伝達率

温度分布についても相似的な分布になると考え，次式のように正規化した温度が相似変数 η のみの関数であると予想する．

$$(T - T_\infty)/(T_s - T_\infty) = F(\eta) \tag{5.18}$$

式(5.18)，(5.12)を式(5.3)へ代入し，式(5.8)，(5.9)を用いて書き直すと，

$$F'' + \frac{1}{2}PrZF' = 0 \tag{5.19}$$

境界条件は

$$\eta = 0 \quad \text{で} \quad F = 1, \quad \eta = \infty \quad \text{で} \quad F = 0 \tag{5.20}$$

式(5.19)は F' については1階の微分方程式であるから容易に積分でき，一般解は，

$$F = C_1 \int_0^\eta \exp\left[-\frac{Pr}{2}\int_0^\eta Z d\eta\right]d\eta + C_2 \tag{5.21}$$

積分定数 C_1, C_2 を境界条件(5.20)から決めると，温度分布は

$$F = \frac{T - T_\infty}{T_s - T_\infty} = 1 - \frac{\int_0^\eta \exp\left[-\frac{Pr}{2}\int_0^\eta Z d\eta\right]d\eta}{\int_0^\infty \exp\left[-\frac{Pr}{2}\int_0^\eta Z d\eta\right]d\eta} \tag{5.22}$$

ここで，Z は η の関数として式(5.13)から求めたものを用いる．式(5.22)

5.1 平板に沿う層流熱伝達

により温度分布が Pr をパラメータとして η の関数で表される．これを図5.2に示している．温度境界層の厚さ δ_T を壁面から温度 T が $T_s - T = 0.99(T_s - T_\infty)$ となる点までの距離と定義すれば図5.2から Pr の関数として求めることができ，速度境界層厚さ δ との比をとれば次式で近似できる．

$$\delta_T / \delta \approx Pr^{-1/3} \tag{5.23}$$

Pr が1より小さくなれば，温度境界層の厚さが速度境界層の厚さに比べて大きくなることを示している．

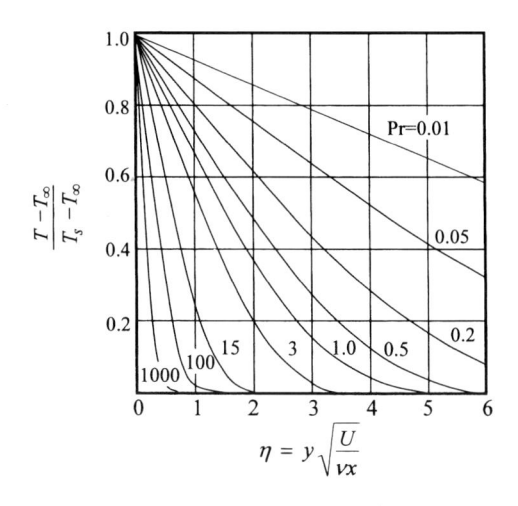

図5.2 平板境界層での温度分布

平板上の位置 x における局所熱伝達率 h_x は次式で定義される．

$$h_x = \frac{q_s}{T_s - T_\infty} = -\lambda \left(\frac{\partial T}{\partial y}\right)_{y=0} \frac{1}{T_s - T_\infty} \tag{5.24}$$

式(5.9), (5.22)を用いて右辺を書き換えると次式を得る．

$$\left.\frac{h_x x}{\lambda}\right/\sqrt{\frac{Ux}{\nu}} = -\frac{1}{T_s - T_\infty}\left(\frac{dT}{d\eta}\right)_{\eta=0} = -\left(\frac{dF}{d\eta}\right)_{\eta=0} \tag{5.25}$$

$Nu_x = h_x x/\lambda$, $Re_x = Ux/\nu$ とおき,式(5.22)を用いると,

$$\frac{Nu_x}{\sqrt{Re_x}} = \frac{1}{\int_0^\infty exp\left[-\frac{Pr}{2}\int_0^\eta Z d\eta\right]d\eta} \tag{5.26}$$

式(5.26)の右辺を数値計算により Pr の関数で近似すれば $Pr > 0.5$ のとき,次式となる.

$$Nu_x = 0.332\sqrt{Re_x}\,Pr^{1/3} \tag{5.27}$$

h_x は $x^{1/2}$ に逆比例するので,$x=0 \sim x$ の平板上の平均熱伝達率 h_m は

$$h_m = \frac{1}{x}\int_0^x h_x dx = 2h_x \tag{5.28}$$

式(5.27),(5.28)から,次式を得る.

$$Nu_m = \frac{h_m x}{\lambda} = 0.664\sqrt{Re_x}\,Pr^{1/3} \tag{5.29}$$

式(5.17)と式(5.27)から式(4.57)の運動量と熱の移動のアナロジーが成立していることがわかる.

5.2 平板に沿う乱流熱伝達

図5.3のように平板に沿う境界層では,平板先端部では層流であるが,下流で乱流に遷移する.平板先端からの距離 x を代表長さ,主流速度 U を代表速度とするレイノルズ数 $Re_x (= Ux/\nu)$ が約 5×10^5 以下では層流

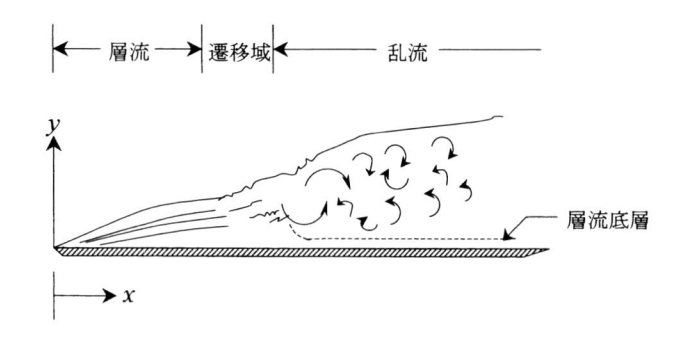

図5.3 平板に沿う境界層の層流から乱流への遷移

であるが，Re_x がさらに大きい位置では乱流に遷移する．乱流に遷移した後に**乱流境界層**（turbulent boundary layer）が形成される．乱流境界層においても壁のごく近傍には乱れの少ない粘性の影響が強い層流状の領域がある．これを層流底層または粘性底層という．壁面と流体の主流との熱伝達にはこの層流底層を熱が通過する必要があり，薄い領域であるが，乱れによる熱移動がないため熱移動の抵抗が大きい．

　乱流境界層内の流速および温度の時間平均の分布を求める方程式は，時間平均した質量，運動量およびエネルギーの保存式(4.46)〜(4.48)である．時間平均することによって式(4.47)および(4.48)に乱れによるレイノルズ応力と乱流熱流束が現れるが，それについてモデル式(4.49)，(4.50)を適用することによって，変動量を含む項を時間平均値で表すことができる．これらの基礎方程式は層流の場合と同形であるが，渦粘性係数および渦熱伝導率が場所により変わり，層流の場合のような解析的な解を得ることはできない．渦粘性係数および渦熱伝導率を予測するための乱流モデルを用いて数値計算により解くことになる．ここでは実験的に得られている関係式を以下に示す．

　速度境界層の厚さ δ は次式で表される．

$$\frac{\delta}{x} = \frac{0.38}{Re_x^{1/5}} \tag{5.30}$$

層流境界層厚さを表す式(5.15)と比較すると，乱流の場合の方がxに沿って境界層厚さが大きくなりやすいことがわかる．

摩擦係数f_xは次式で表される．

$$f_x = \frac{\tau_s}{\frac{1}{2}\rho U^2} = 0.0592 \cdot Re^{-1/5} \tag{5.31}$$

ここで，Uは主流の速度，$Re_x = Ux/\nu$，xは平板先端からの距離で乱流境界層は平板先端から発達しているとしている．

次に実験的に得られている乱流境界層における熱伝達率の表示式を示す．

$$Nu_x = \frac{h_x x}{\lambda} = 0.0296 Pr^{1/3} Re_x^{4/5} \tag{5.32}$$

この式は運動量と熱の輸送の相似性から導かれた式(4.57)に摩擦係数の式(5.31)を代入することによって得られる．

温度境界層厚さの発達は乱流プラントル数$Pr_t\left(=(\mu_t/\rho)/(\lambda_t/\rho c_p)\right)$が1に近いので速度境界層厚さの発達と同程度と考えられる．

5．3　円管内層流熱伝達

壁温T_sの円管内に温度T_0の流体が流入したときの流れに沿っての温度分布の変わり方を図5.4に示す．入口部から壁に沿って温度境界層が発達する．この領域を温度助走区間という．境界層が管中心部まで達した領域から下流では，流体温度は流れに沿って壁温に近づくが，$(T-T_s)/(T_m-T_s)$のように壁温T_sと混合平均温度T_mを用いて正規化した温度分布形状は一定になる．この領域を温度的に発達した領域という．

5.3 円管内層流熱伝達

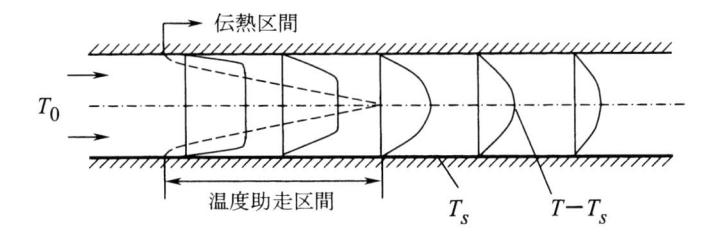

図5.4 円管内流れの温度分布の変わり方

ただし，混合平均温度T_mは次式で定義する．

$$T_m = \frac{\int_0^R \rho u T\, 2\pi r\, dr}{\int_0^R \rho u\, 2\pi r\, dr} \tag{5.33}$$

ここで，Rは円管の内半径，rは円管中心軸からの半径方向距離，uは管軸方向速度成分である．管入口温度をT_0とすると管入口からxの位置の混合平均温度T_mは次式から求められる．Qは入口からxの位置までの加熱量，Gは質量流量である．

$$T_m = T_0 + Q/(c_p G) \tag{5.34}$$

管内流れの温度分布を求める方程式はエネルギー保存式(4.12)を円筒座標で記述した次式による．

$$u\frac{\partial T}{\partial x} + v\frac{\partial T}{\partial r} = \alpha\left[\frac{1}{r}\frac{\partial}{\partial r}\left(r\frac{\partial T}{\partial r}\right) + \frac{\partial^2 T}{\partial x^2}\right] \tag{5.35}$$

ここで，xは管軸方向座標を表す．温度と流速の分布は軸対称とし，管の周方向の勾配はゼロとしている．境界層近似の考え方から右辺第2項を第1項に比べて小さいので省略し，流れは十分発達している場合を考えると半径方向速度成分vはゼロとなり，次式を得る．

第5章 強制対流伝熱

$$u\frac{\partial T}{\partial x} = \alpha \frac{1}{r}\frac{\partial}{\partial r}\left(r\frac{\partial T}{\partial r}\right) \tag{5.36}$$

軸方向速度 u は発達した層流の速度分布とし，次式で与える．

$$u = 2U\left\{1-(r/R)^2\right\} \tag{5.37}$$

ここで，U は管内平均流速である．式(5.37)を(5.36)へ代入すれば，

$$2U\left[1-\left(\frac{r}{R}\right)^2\right]\frac{\partial T}{\partial x} = \alpha \frac{1}{r}\frac{\partial}{\partial r}\left(r\frac{\partial T}{\partial r}\right) \tag{5.38}$$

境界条件は次式である．

$$r = R \quad \text{で} \quad T = T_s \quad (\text{壁温一定}) \tag{5.39}$$

$$x = 0 \quad \text{で} \quad T = T_0 \quad (\text{入口温度一定}) \tag{5.40}$$

式(5.38)を式(5.39)，(5.40)の境界条件のもとに解けば温度 T を (x,r) の関数として求めることができる．いま，

$$x^* = \frac{x}{d}\frac{\alpha}{Ud} \quad , \quad r^* = \frac{r}{R} \quad , \quad T^* = \frac{T-T_s}{T_0-T_s} \tag{5.41}$$

とおき，式(5.38)を書き直すと次式となる．ここで，d は円管の内直径である．

$$\frac{1-r^{*2}}{2}\frac{\partial T^*}{\partial x^*} = \frac{1}{r^*}\frac{\partial}{\partial r^*}\left(r^*\frac{\partial T^*}{\partial r^*}\right) \tag{5.42}$$

境界条件も T^*, x^*, r^* で表されるので，無次元温度 T^* は無次元距離 x^* と r^* の関数となる．式(5.42)の形は非定常熱伝導の式と類似しており，変数分離の方法で級数解を求めることができる．

温度分布が求められると x の位置における熱伝達率 h_x は次式で求められる．

5.3 円管内層流熱伝達

$$h_x = \frac{q_s}{T_m - T_s} = -\lambda \left(\frac{\partial T}{\partial r}\right)_{r=R} \frac{1}{T_m - T_s} \tag{5.43}$$

混合平均温度 T_m は式(5.33)または式(5.34)による．式(5.43)を無次元化すると，

$$Nu_{dx} = \frac{h_x d}{\lambda} = -2 \left.\frac{\partial T^*}{\partial r^*}\right|_{r^*=1} \frac{1}{(T_m - T_s)/(T_0 - T_s)} \tag{5.44}$$

Nu_{dx} の添え字はヌッセルト数における代表寸法を d とし，熱伝達率は x の位置での値 h_x を用いることを表す．

式(5.44)中の $(T_m - T_w)/(T_0 - T_s)$ は式(5.43)と $T^* = T^*(x^*, r^*)$ の関係を用いると，x^* のみの関数となり，Nu_{dx} も x^* のみの関数となる．無次元軸方向距離 x^* の逆数 $1/x^*$ をグレーツ (Graetz) 数 Gz と呼ぶ．局所ヌッセルト数 Nu_{dx} と $1/x^*$ $(= Re_d \cdot Pr \cdot (x/d))$ の関係を図5.5に示す．壁面での境界条件として壁温一定の場合は図の太実線となる．入口部の $1/x^*$ が大きい領域，すなわち x が小さい領域は温度助走区間で，Nu_{dx} が大きくなる．$1/x^* \leq 20$ すなわち $x^* \geq 0.05$ では Nu_{dx} は3.65の一定値に漸近する．$x^* = 0.05$ までが温度助走区間と考えられるので温度助走区間の長さを x_t とすると，次式が成り立つ．

$$x_t / d = 0.05 Re_d Pr$$

壁面での境界条件として熱負荷一定の場合は図の破線となり，ヌッセルト数が壁温一定の場合に比べて大きくなる．また，そのとき，発達した領域では Nu_{dx} は4.36に漸近する．

管入口から x までの距離の平均熱伝達率 h_m を用いた平均 Nu_{dm} は，等温壁で管入り口で流れが発達した条件では次式で近似される．

$$Nu_{dm} \equiv \frac{h_m d}{\lambda} = 3.65 + \frac{0.0668 [Re_d \cdot Pr \cdot (d/x)]}{1 + 0.04 [Re_d \cdot Pr \cdot (d/x)]^{2/3}}$$

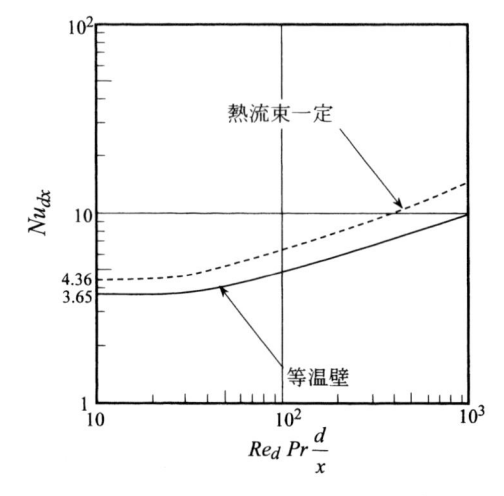

図5.5　円管内層流の局所熱伝達率（発達した流れ）

円管内の速度分布が発達していない速度助走区間では上記の場合よりもヌッセルト数および熱伝達率が大きくなる．

5．4　円管内乱流熱伝達

管内平均流速 U，管内直径 d を用いたレイノルズ数 $Re\,(=Ud/\nu)$ が約2300以下では初期に乱れがあっても減衰し層流となる．速度が増すなどでさらにレイノルズ数が増すと，乱流になる．初期乱れが少ないとレイノルズ数が 10^4 を越しても層流が保たれることがある．

管内乱流での流速や温度の分布を求めるには式(4.46)〜(4.48)を円筒座標で記述した方程式を用いるが，レイノルズ応力と乱流熱流束についての乱流モデルが必要となる．ここでは実験的に得られている壁面せん断応力と熱伝達率について述べる．

発達した管内乱流の長さ L の区間における圧力降下を Δp とすると次式で表される．

5.4 円管内乱流熱伝達

$$\Delta p = f_p \frac{L}{d}\frac{\rho U^2}{2} \tag{5.45a}$$

ここで，U は管内平均流速，d は管の内直径である．f_p は圧力降下から定義される管摩擦係数で次の実験式がある．

$$f_p = 0.184 Re^{-0.2} \tag{5.45b}$$

一方，壁面せん断応力 τ_s と圧力降下 Δp による力の釣合および式(5.45a)から次の関係がある．

$$\tau_s = \frac{\pi d^2}{4}\cdot\frac{\Delta p}{\pi d L} = \frac{\Delta p}{4}\frac{d}{L} = \frac{f_p}{4}\left(\frac{\rho U^2}{2}\right) \tag{5.45c}$$

壁面せん断応力から定義される摩擦係数 $f\left(=\tau_s/\left(\frac{1}{2}\rho U^2\right)\right)$ と対比すれば $f = f_p/4$ の関係がある．

管内乱流の速度助走区間は層流の場合に比べて短く，管内径の10～15倍程度である．

発達した管内乱流における熱伝達率を求める関係式は次のように得られる．運動量と熱の移動の相似性の関係から得られた式(4.57)は，管内流の圧力降下から定義される管摩擦係数 f_p を用いて書くと次式となる．

$$St\, Pr^{2/3} = \frac{f}{2} = \frac{f_p}{8} \tag{5.46}$$

式(5.45b)を上式に用いると次式を得る．

$$Nu = 0.023 Re^{0.8} Pr^{1/3} \tag{5.47}$$

これはコルバーン（Colburn）の式と呼ばれている．ただし，$10^4 < Re < 10^5$，$0.5 < Pr < 100$，$L/d > 60$ が適用範囲である．L は管の長さである．比熱以外の物性値は壁温と主流の温度の平均値の温度におけるもの，比熱は管入口と出口の平均温度におけるものを用いる．ジッタス（Dittus）と

ベルター（Boelter）は式(5.47)の Pr の指数を加熱の場合は0.4，冷却の場合は0.3としている．

主流部と壁面温度の差が大きい場合には粘性の変化が著しく，粘性係数の修正項を次式のように加える．

$$Nu = 0.023 Re^{0.8} Pr^{1/3} \left(\frac{\mu}{\mu_s} \right)^{0.14} \tag{5.48}$$

μ_s は壁温での粘性係数，他の物性値は入口と出口の平均温度に対する値を用いる．

加熱または冷却条件として管壁の熱流束を一定とした場合と管壁温度一定の場合では前者のほうがヌッセルト数が大きくなる．$Pr \geq 0.7$ ではそれらの差は3％程度以下であるが，Pr が小さくなると10〜30％の差が生じる．

温度助走区間では加熱（冷却）開始からの距離 x の位置でのヌッセルト数 Nu_x は温度分布が発達した領域での Nu に比べて大きく，流れに沿って Nu に近づく．$Pr \geq 0.7$ では $x/d \geq 10$ で $Nu_x/Nu \leq 1.07$ 程度となる．

5.5 各種流路内熱伝達

5.5.1 層流熱伝達

矩形管，二重円管，三角断面を持つ管などの各種断面形状の管内の層流熱伝達については円管の場合と同様に解析できる．定性的には，円管と同様に，助走区間では熱伝達率は大きく，発達するにつれて小さくなり，一定値に漸近する．また，壁温一定よりも熱負荷一定の場合の方が熱伝達率が大きくなる．十分発達して熱伝達率が一定になったあとのヌッセルト数は流路形状や加熱部形状で異なるが，壁温一定の場合は2.3〜7.7程度の範囲，熱負荷一定の場合は3.0〜8.2程度の範囲をとる．ただし，ヌッセルト数の中の代表長さは円管の内直径の代わりに**水力直径**

（hydraulic diameter） $d_h = 4A/p$ を用いる．ここで，A は管断面積，p はぬれぶち長さである．

らせん管のように曲がった管では遠心力により2次流れが生じ熱伝達率が増し，壁温と流体の温度差が大きい場合には，浮力によって生じる自然対流の影響で2次流れが生じ熱伝達率が増す．浮力の影響はとくに水平管で平均流速が小さい場合に著しい．これらの詳細については参考文献[1]による．

5.5.2 乱流熱伝達

円形以外の断面をもつ直管では水力直径 d_h を用いて円管に引き直すと，円管で成り立つ関係式をかなりよい近似で用いることができる．$Pr \geq 0.6$ の場合には，乱流熱伝達の抵抗の大部分は壁面近くの層流底層と遷移域にあり，乱流域では比較的平坦な温度分布をしているので管断面形状の影響が少ないことによる．逆に，Pr が小さいときや層流では温度分布の大きい変化が管内部にまで及ぶので上記のような引き直しによる近似の精度は下がる．

5.6 管外面における熱伝達

5.6.1 単一円管外面

一様な流れの中に垂直に置かれた円管まわりの流れの様式はレイノルズ数 $Re(= Ud/\nu)$ によって変化する．U は円管上流の近寄り速度，d は円管外直径である．図5.6のように管前面では流れがせき止められて速度が0になる点がある．これを**よどみ点**（stagnation point）という．管前面から壁面に沿って層流境界層が発達するが，Re が1程度以上では管背後では**はく離**（separation）が生じ，逆流域ができる．Re が100程度以上では管後流にうずが規則的に発生し，下流に流れていく．このうず列をカルマン（Karman）うずという．Re が 10^5 程度より大きくなると，境界層がはく離する前に乱流境界層に遷移する．層流境界層だけのときはよど

み点からの角度 ϕ が 70〜80°にあったはく離点が乱流境界層に遷移した後でははく離しにくく，はく離点が120〜130°まで後方に移り，カルマンうずが見られなくなる．このような各種流動様式の変化に対応して，管壁に沿った局所ヌッセルト数 Nu_ϕ は図5.7のような分布を示す．前方よどみ点から ϕ が 80°程度までは層流境界層が流れに沿って発達するため，流れに沿って Nu_ϕ が単調に減少する．レイノルズ数が小さい場合は Nu_ϕ はほぼはくり点の ϕ が80°近くで極小値をとり，下流のはくり域内では乱れのため増加する傾向がある．レイノルズ数が大きくなると，Nu_ϕ は2つの極小値をとる．ϕ が 80〜90°の極小値は境界層が層流から乱流に遷移する領域で生じ，さらに下流の極小値は乱流境界層のはく離域で生じる．乱流境界層の領域では Nu_ϕ が大きくなる．

円管外面の平均ヌッセルト数 Nu_m は次の実験式で整理される．

$$Nu_m = \frac{h_m d}{\lambda} = CRe^n Pr^{1/3} \tag{5.49}$$

ここで，定数 C ，n は表5.1の値を用いる[2]．物性値は壁面と主流の温度の平均値での値を用いる．

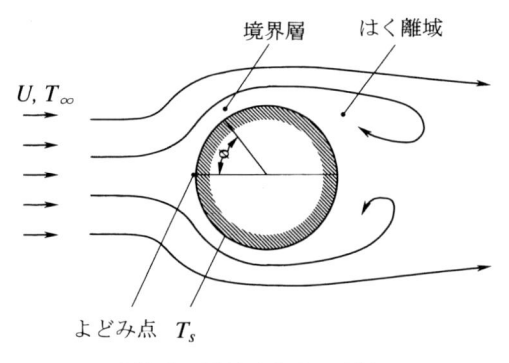

図5.6 円柱まわりの流れ

5.6 管外面における熱伝達

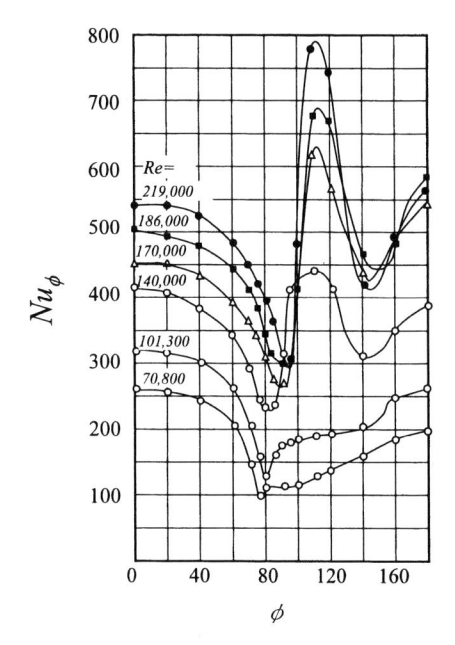

図5.7 円柱まわりの局所ヌッセルト数

表5.1 式5.49の C と n の値

Re	C	n
0.4—4	0.989	0.330
4—40	0.911	0.385
40—4000	0.683	0.466
4000—40,000	0.193	0.618
40,000—400,000	0.0266	0.805

　円形以外の断面（4角柱，6角柱，平板等）を持つ外面の熱伝達率についても式(5.49)の形であらわされる．ただし，定数 C と n についてはそれぞれ異なる値が与えられている[1]．

5.6.2 管群

円管が複数配列された管群は熱交換器によく使われる．管の配列の基本形としては図5.8に示すようなごばん目配列とちどり配列がある．管群内の個々の円管にあたる流れは上流にある円管の影響を受ける．熱伝達率は第1列目では単管の場合に近いが第2，第3列目とつづいて増加し，3列目以降ではほぼ一定になる傾向をもつ．通常，実用の便宜上，管群を構成している管全表面の平均熱伝達率 h_m を考える．h_m は10列以上では列数の影響がなくなりほぼ一定となり，このとき，式(5.49)で平均ヌッセルト数 Nu_m が与えられる．定数 C と n は管群の配列様式やピッチにより異なる．たとえば，流れ方向の管のピッチ S_p および流れに垂直方向の管のピッチ S_n に対する管の直径 d に対する比率 S_d/d および S_n/d が1.5の場合では，ごばん目配列では $C = 0.3$，$n = 0.62$ 程度，ちどり配列では $C = 0.51$，$n = 0.56$ 程度である．ちどり配列の方が Nu_m が大きくなる傾向がある[2]．ここで，$Nu_m = h_m d / \lambda$，$Re = u_m d / \nu$，u_m は相隣る円管の隙間を流体が通るときの平均流速，λ，ν は管群流入前と管群通過後の流体温度の平均値に対する値である．

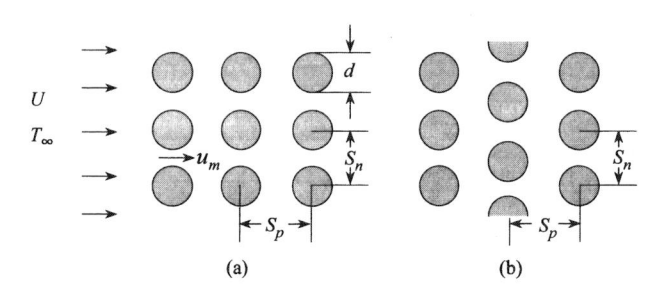

図5.8 ごばん目配列(a)とちどり配列(b)

5.7 球における熱伝達

一様な流れの中に置かれた球のまわりの流れの様式は円柱まわりの流れと類似し，レイノルズ数 $Re\,(=Ud/\nu)$ によって変化する．U は球の上

流の近寄り速度，d は球の直径である．球の前面では流れがせき止められるよどみ点ができ，球前面から壁面に沿って層流境界層が発達する．レイノルズ数が1以上では背面ではく離（separation）が生じ，逆流域ができる．レイノルズ数が10^5程度より大きくなると，境界層がはく離する前に乱流境界層に遷移する．球表面の局所熱伝達率は流動様式に応じて大きく変化する．

球の平均ヌッセルト数 Nu_m は次のランツーマーシャル（Ranz-Marshal）の実験式で与えられる．

$$Nu_m = h_m d/\lambda = 2 + 0.6 Pr^{1/3} Re^{1/2} \tag{5.50}$$

ただし，$0.6 < Pr < 380$，$1 < Re < 10^5$ である．Re が小さくなると Nu_m は2に漸近する．対流がないときは熱伝導のみの伝熱となり $Nu_m = 2$ となることが熱伝導の計算から導かれる．

【演習問題】

〔1〕次の流れ場の熱伝達率を求める関係式を記し，その関係式で用いる無次元数の中の代表寸法および代表速度はどのように選ぶかを記せ．また，それぞれの場合に，代表寸法，代表速度の熱伝達率への依存性を説明せよ．

  (a) 円柱を直角に横切る流れ
  (b) 円管内の発達した層流（壁面の熱負荷一定）
  (c) 円管内の発達した乱流

〔2〕平板に沿う層流熱伝達率が平板に沿ってどのように変化するかを式で示し，変化の状況を模式図に書け．流れに沿う平板をフィンに使う場合，流れ方向に短く区切った形状が良いという．その理由を説明せよ．

〔3〕平板に沿う強制対流における速度および温度分布の発達の状況をプラントル数の異なる場合（液体金属，空気，水，油）について模式的に示し，その特徴の要点を述べよ．

〔4〕主流の速度が20m/s，温度25℃の空気が100℃の平板に沿って流れ

ている時，平板先端から 0.1m の間に平板から空気への伝達熱量を求めよ．ただし，平板の幅は0.1mとし，平板の両面が伝熱面であるとする．また，平板の下流端（先端から 0.1m）における速度境界層と温度境界層の厚さを求めよ．

〔5〕円管内のエネルギー保存式（5.35）で$\partial^2 T/\partial x^2$の項が通常は省略できることを項の大きさのオーダーを評価して説明せよ．また，省略できない場合があるとすればどのような場合かを説明せよ．

〔6〕円管内の層流の温度分布を求めるためのエネルギー保存式(5.35)を，軸対称リング状の微小検査要素における熱量の保存の関係から導け．また，軸方向流速uが半径方向にも一定のUであり，軸方向への温度の勾配$\partial T/\partial x$が一定であるとすると，温度の分布はどのように表せるかを示せ．（ヒント：この問題の後半は壁面での熱流束が一定の場合での温度分布が発達した場合に相当し，壁面の温度$T_s(x)$のx方向勾配も一定となる）

〔7〕内径30mmの円管内を25℃の水が平均流速1m/sで流れている．管壁の温度が80℃としたとき，管の単位長さ当りの伝熱量を求めよ．ただし，流速と温度の分布は発達した領域とする．（ヒント：まず，層流か乱流かを予測する）

〔8〕外直径35mmの円管に垂直に近寄り速度10m/s, 25℃の空気流があたるとき，円管外面の温度を100℃としたときの円管単位長さ当りの伝熱量を求めよ．

参考文献

[1]日本機械学会編,「伝熱工学資料第4版」,日本機械学会 (1986).
[2]J.P. Holman, "Heat Transfer", 7th ed., McGraw-Hill(1976).平田賢 監訳,「伝熱工学」, ブレイン図書出版(1990).
[3]庄司正弘,「伝熱工学」, 東京大学出版会 (1995).

第6章　自然対流熱伝達

　第5章では，ポンプやファンなどにより強制的に流れを形成した場合の熱伝達，すなわち強制対流熱伝達について解説した．しかし，これらの機器を使わなくとも，浮力の影響によって流体自らが自然に流れを形成する場合が多々ある．簡単な例として，図6.1 (a)に示すように，高温の平板が静止した流体中に鉛直に設置される場合を考えてみよう．このとき，平板近くの流体は熱伝導により熱せられて高温となるので，密度が減少する*．この結果，重力に起因する浮力の影響により，平板付近では上向きの流れが形成される．このように，流体中の密度差によって誘起される流れを**自然対流**（Natural ConvectionまたはFree Convection）と呼び，このときの伝熱形態を**自然対流熱伝達**という．

　多くの場合，自然対流によって形成される流れは強制対流よりも遅いので，自然対流熱伝達による伝熱量は強制対流熱伝達の場合よりも小さい．しかし，自然対流熱伝達は，冷暖房システムや発熱体からの熱除去など工業上の様々な場面で問題となる重要な伝熱形態である．本章では，自然対流の最も基本的な体系である鉛直平板の場合について解説した後，この他の体系を対象とした相関式を紹介する．

---

* 大抵の流体では温度の上昇とともに密度が減少するが，いくつかの例外はある．特に有名なのは大気圧, 0-4℃の水で,温度の上昇とともに逆に密度が増加する．

第6章　自然対流熱伝達

6.1　鉛直平板に沿う自然対流熱伝達

6.1.1　支配方程式と無次元パラメーター

(1) 支配方程式

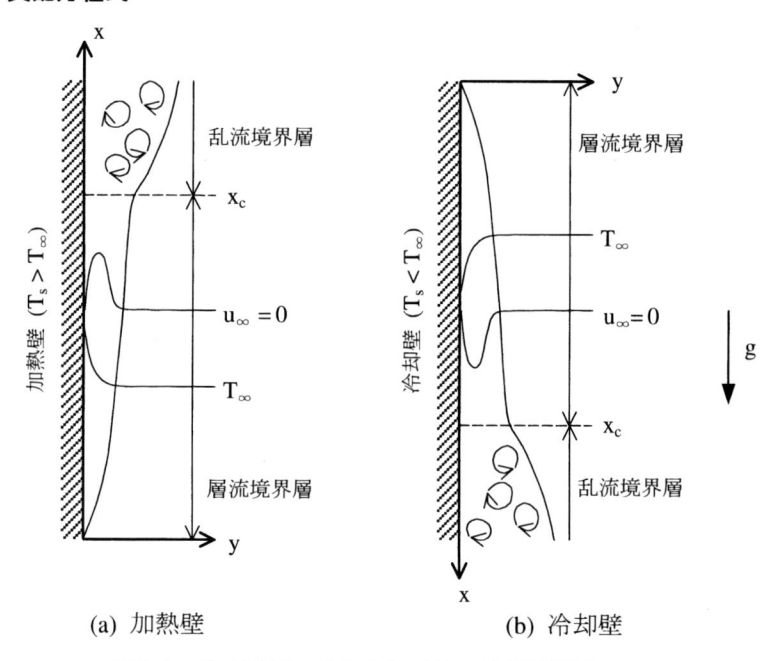

図6.1　垂直平板に沿う自然対流の境界層構造

　図6.1 (a), (b)に示すように，加熱壁または冷却壁の近くには境界層が形成される．一方，境界層内部の温度分布がわかれば，式(4.13)を用いて壁からの流体へ伝熱量を計算できる．そこで，境界層内部の温度分布を知ることを目指して，まず境界層内部の流速および温度が満足する支配方程式を整理しておこう．簡単のため流れは定常かつ層流であるとすると，境界層内部では4.3節に述べた次の境界層近似に基づく基礎式が適用できる．

$$（質量保存式）\quad \frac{\partial u}{\partial x}+\frac{\partial v}{\partial y}=0 \tag{6.1}$$

6.1 鉛直平板に沿う自然対流熱伝達

(運動量保存式) $\quad u\dfrac{\partial u}{\partial x}+v\dfrac{\partial u}{\partial y}=-\dfrac{1}{\rho}\dfrac{\partial p}{\partial x}+\nu\dfrac{\partial^2 u}{\partial y^2}-g \quad$ (6.2)

(エネルギー保存式) $\quad u\dfrac{\partial T}{\partial x}+v\dfrac{\partial T}{\partial y}=\alpha\dfrac{\partial^2 T}{\partial y^2} \quad$ (6.3)

ここで,自然対流は流体中の密度差によって生じるのであるが,密度変化は十分に小さく,その影響は浮力項でのみ考慮すればよいものとしている[**]．解析のため,運動量保存式(6.2)をもう少し単純化しておく．境界層の外では流体は静止しているので,x 方向の圧力変化は静水頭によるものだけを考えればよい．一方,境界層近似を用いれば,圧力は y 方向に一定である（$\partial p/\partial y=0$）．したがって,境界層内部の圧力勾配も境界層外部と同様に次のようにあらわせる．

$$\dfrac{\partial p}{\partial x}=-\rho_\infty g \quad (6.4)$$

式(6.4)を用いれば,式(6.2)は次のように変形される．

$$u\dfrac{\partial u}{\partial x}+v\dfrac{\partial u}{\partial y}=\dfrac{\rho_\infty-\rho}{\rho}g+\nu\dfrac{\partial^2 u}{\partial y^2} \quad (6.5)$$

上式の右辺第一項より,境界層内部の流体の密度が外部よりも小さいとき（$\rho<\rho_\infty$）には上向きに,大きいとき（$\rho>\rho_\infty$）には下向きに浮力の作用することが確認できる．4.2節に述べた体膨張係数 β を用いれば,式(6.5)はさらに次のように変形できる．

$$u\dfrac{\partial u}{\partial x}+v\dfrac{\partial u}{\partial y}=\beta g(T-T_\infty)+\nu\dfrac{\partial^2 u}{\partial y^2} \quad (6.6)$$

[**]自然対流により形成される流体の速度はそれ程大きくないので,このような近似が許される場合が多い．

第6章 自然対流熱伝達

したがって，質量保存式(6.1)およびエネルギー保存式(6.3)と併せて改めて支配方程式を書けば以下のようになる．

(質量保存式)
$$\frac{\partial u}{\partial x}+\frac{\partial v}{\partial y}=0 \tag{6.7}$$

(運動量保存式)
$$u\frac{\partial u}{\partial x}+v\frac{\partial u}{\partial y}=\beta g(T-T_\infty)+\nu\frac{\partial^2 u}{\partial y^2} \tag{6.8}$$

(エネルギー保存式)
$$u\frac{\partial T}{\partial x}+v\frac{\partial T}{\partial y}=\alpha\frac{\partial^2 T}{\partial y^2} \tag{6.9}$$

式(6.7)－(6.9)が強制対流の式と大きく異なる点は，温度 T がエネルギー保存式だけでなく運動量保存式にも現れる点である．このため，強制対流のときのように質量保存式と運動量保存式を用いて速度場をあらかじめ求めておくことはできず，エネルギー保存式も連立して速度場と温度場を同時に解かなければならない．

(2) 無次元パラメーター

4.2節で述べたように，強制対流に対して自然対流が優勢な場合には(Gr_L ? Re_L^2)，ヌッセルト数 Nu_L は，グラスホフ数 Gr_L およびプラントル数 Pr の関数として次のように与えられる．ここで、添字の L は代表寸法として加熱壁の高さを用いていることを表す．

$$Nu_L = Nu_L(Gr_L, Pr) \tag{6.10}$$

グラスホフ数は，粘性力に対する浮力の大きさを表す指標で，強制対流におけるレイノルズ数に対応しており，自然対流熱伝達で最も重要な無次元パラメーターといえる．ただし，グラスホフ数の代わりにグラスホフ数とプラントル数の積で定義されるレーリー数 Ra_L ($Ra_L = Gr_L Pr$) を用いる場合もよくある．この場合，Nu_L の相関式は次の形となる．

6.1 鉛直平板に沿う自然対流熱伝達

$$Nu_L = Nu_L(Ra_L, Pr) \tag{6.11}$$

なお，図6.1に模式的に示すように，鉛直平板に沿う自然対流の境界層は平板の先端からある距離で層流境界層から乱流境界層に遷移する．既存の実験観察によれば，乱流境界層への遷移条件は局所レーリー数で整理でき，遷移点の位置 x_c は概ね次式で予測できる．

$$Ra_c = \frac{\beta g(T_s - T_\infty)x_c^3}{\alpha \nu} \approx 10^9 \tag{6.12}$$

ただし，層流境界層と乱流境界層の間には遷移域があり，上記の条件は目安にすぎないことを注意しておく．

6.1.2 自然対流層流熱伝達

壁温 T_s を一定として，$Ra_x < 10^9$ で境界層が層流である場合の熱伝達率（ヌッセルト数）を算出しよう．まず，速度および温度に関する境界条件は以下で与えられる．

$$y = 0 \quad \text{で} \quad u = v = 0, T = T_s \tag{6.13a}$$

$$y = \infty \quad \text{で} \quad u = 0, T = T_\infty \tag{6.13b}$$

よって，上記境界条件の下に式(6.7)－(6.9)を解けば境界層内の温度分布が求まるので，式(4.13), (4.21)よりヌッセルト数を定めることができる．

まず，式(6.7)－(6.9)は二つの独立変数 x, y に関する偏微分方程式となっている．そこで，解析を容易にするために，これを x, y を統合した1つの独立変数 η に関する常微分方程式に変換することを考える[***]．このため，次元解析を行えば，新たな座標変数 η には以下が適当であることがわかる．

[***]常微分方程式(6.16), (6.17)の導出過程は，たとえば文献[1]に詳しい.

$$\eta = \frac{y}{x^{1/4}}\left[\frac{\beta g(T_s - T_\infty)}{\nu^2}\right]^{1/4} = \frac{y}{x}Gr_x^{1/4} \tag{6.14}$$

一方,下記で定義される無次元速度 u_N, v_N は,η の関数 $\zeta(\eta)$ を用いて以下のように表すことができる.

$$u_N = \frac{u}{\sqrt{\beta g(T_s - T_\infty)x}} = \frac{d\zeta}{d\eta} \tag{6.15a}$$

$$v_N = v\left[\frac{x}{\nu^2 \beta g(T_s - T_\infty)}\right]^{1/4} = \frac{1}{4}\left(\eta\frac{d\zeta}{d\eta} - 3\zeta\right) \tag{6.15b}$$

式(6.14), (6.15)を用いれば,運動量保存式(6.8)およびエネルギー保存式(6.9)は以下の常微分方程式に変換される.

$$\frac{d^3\zeta}{d\eta^3} + \frac{3}{4}\zeta\frac{d^2\zeta}{d\eta^2} - \frac{1}{2}\left(\frac{d\zeta}{d\eta}\right)^2 + T^* = 0 \tag{6.16}$$

$$\frac{d^2T^*}{d\eta^2} + \frac{3}{4}Pr\zeta\frac{dT^*}{d\eta} = 0 \tag{6.17}$$

ただし,T^* は4.2節で定義した無次元温度である.このとき,境界条件(6.13)は以下の形となる.

$$\eta = 0 \quad \text{で} \quad u_N = d\zeta/d\eta = 0, \ T^* = 1 \tag{6.18a}$$

$$\eta = \infty \quad \text{で} \quad d\zeta/d\eta = 0, \ T^* = 0 \tag{6.18b}$$

上記境界条件の下に連立常微分方程式(6.16), (6.17)を解けば,壁温 T_s 一定の場合の鉛直平板近傍に形成される層流境界層内部の速度場および温度場が求められる.図6.2は,計算機を用いて式(6.16)-(6.18)の解を数値的に求めた結果である.これらの結果は,実験データともよく一致することが知られている.

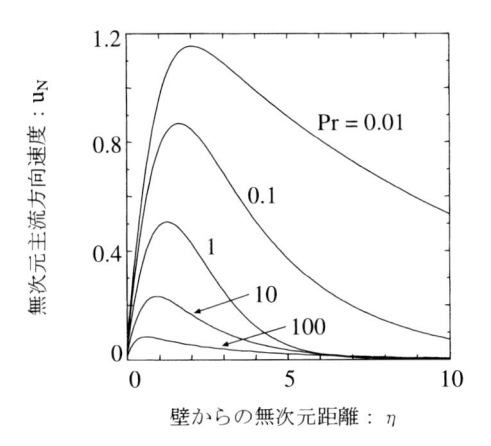

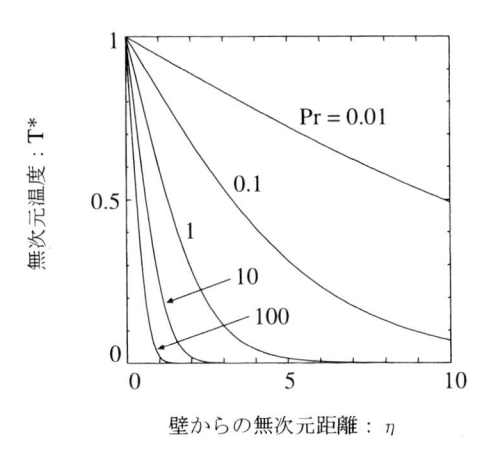

6.1 鉛直平板に沿う自然対流熱伝達

図6.2 垂直加熱平板に沿う層流境界層内部の流速分布と温度分布

境界層内部の温度分布が得られたので，局所ヌッセルト数 Nu_x は，壁面上における無次元温度勾配 $(\partial T^*/\partial \eta)_{\eta=0}$ を用いて以下の要領で算出できる．

第6章　自然対流熱伝達

$$Nu_x = \frac{h_x x}{\lambda} = \frac{-\lambda \left(\frac{\partial T}{\partial y}\right)_{y=0}}{T_s - T_\infty} \frac{x}{\lambda} = -Gr_x^{1/4} \left(\frac{dT^*}{d\eta}\right)_{\eta=0} \tag{6.19}$$

図6.2からも明らかなように，無次元温度勾配は Pr により変化する．したがって，Nu_x も Pr に依存し，0.5%以内の精度で次式により近似できる[2]．

$$Nu_x = 0.503 \left(\frac{Pr}{Pr + 0.986 Pr^{1/2} + 0.492}\right)^{1/4} Ra_x^{1/4} \tag{6.20}$$

次に，式(6.19)および Gr_x の定義式（4.2節参照）より，局所ヌッセルト数 Nu_x は x の3/4乗に，したがって局所熱伝達率 h_x は x の-1/4乗に比例する．今，壁面温度は一定としているから，これは壁から流体への伝熱量も x の-1/4乗に比例することを意味する．したがって，区間$[0, L]$における平均熱伝達率 $\bar{h}_L$ は，h_x と次の関係にある．

$$\bar{h}_L = \frac{1}{L} \int_0^L h_x dx = \frac{4}{3}(h_x)_{x=L} \tag{6.21}$$

これより，区間$[0, L]$における平均ヌッセルト数 $\overline{Nu_L}$ は，以下で与えられる．

$$\overline{Nu_L} = \frac{\bar{h}_L L}{\lambda} = \frac{4}{3}(Nu_x)_{x=L} \tag{6.22}$$

式(6.20), (6.22)を用いれば，平均熱伝達率 $\bar{h}_L$ が計算でき，流体への伝熱量が推算できる．

なお，壁面熱流束が一定の場合（壁温は一定ではない）には，プロフィル法と呼ばれる近似解法を用いた計算により Nu_x が次式で与えられることが示される[3]．

$$Nu_x = 0.546\left(\frac{Pr}{Pr+0.8}\right)^{1/4} Ra_x^{1/4} \tag{6.23}$$

6.1.3 自然対流乱流熱伝達

　図6.1に模式的に示したように，平板の先端から十分に下流では境界層は不安定となり，層流境界層から乱流境界層に遷移する．乱流境界層では境界層内部の速度および温度の分布が複雑で，理論解析は層流の場合と比べて困難となる．このため，ここでは実験データを基に導出された経験式を紹介しておく．ChurchillとChuによれば，層流，遷移域，乱流のすべての領域にわたって，平均ヌッセルト数 $\overline{Nu_L}$ は次式で整理できる[4].

壁温一定： $\overline{Nu_L} = \left[0.825 + \dfrac{0.387 Ra_L^{1/6}}{\{1+(0.492/Pr)^{9/16}\}^{8/27}}\right]^2$

ただし，$10^{-1} < Ra_L < 10^{12}$ \hfill (6.24)

熱流束一定： $\overline{Nu_L} = \left[0.825 + \dfrac{0.387 Ra_L^{1/6}}{\{1+(0.437/Pr)^{9/16}\}^{8/27}}\right]^2$ \hfill (6.25)

　式の形がやや煩雑であるが，$\overline{Nu_L}$ が Ra_L と Pr の関数として与えられる点は層流に対する式(6.20), (6.23)と同様である．自然対流におけるヌッセルト数の大体の値を把握するため，式(6.24)より計算される $\overline{Nu_L}$ を Ra_L の関数として図6.3に示しておく．

第6章　自然対流熱伝達

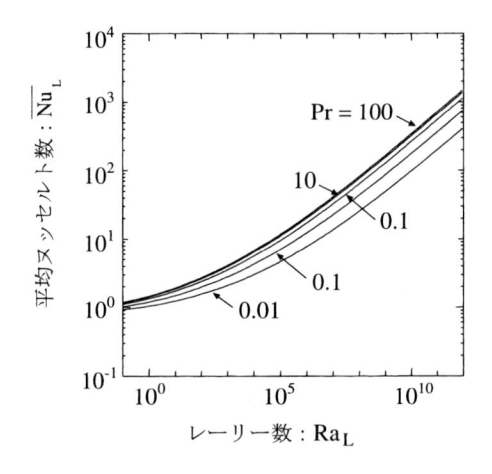

図6.3　ChurchillとChuの相関式による $\overline{Nu_L}$ の予測結果（壁温一定）

6.2　自然対流熱伝達の各種相関式

鉛直平板以外にも，水平平板，傾斜平板，円柱，球，楕円体，直方体など，様々な伝熱面形状について熱伝達率の相関式が与えられている．以下では，鉛直平板以外の代表的な体系として，水平平板および円柱の場合について，比較的使用頻度の高い相関式を紹介する．

6.2.1　水平平板

LloydとMoranによれば，上向き加熱面あるいは下向き冷却面で壁温一定の場合の平均ヌッセルト数は以下で与えられる（図6.4 (a), (b)）[5]．

$$\overline{Nu_L} = 0.54 Ra_L^{1/4} \quad ただし \quad 10^4 < Ra_L < 10^7 \text{（層流）} \tag{6.26}$$

$$\overline{Nu_L} = 0.15 Ra_L^{1/3} \quad ただし \quad 10^7 < Ra_L < 10^9 \text{（乱流）} \tag{6.27}$$

ここで，特性長さ L は平板の濡れ縁長さ P と面積 A を用いて $L = A/P$ で定義される．一方，下向き加熱面および上向き冷却面の場合は，以下で

与えられる（図6.4 (c), (d)）．

$$\overline{Nu}_L = 0.27 Ra_L^{1/4} \quad \text{ただし} \quad 10^5 < Ra_L < 10^{10} \quad \text{（層流）} \tag{6.28}$$

上記のように，これらの体系では $Ra_L = 10^{10}$ の高レーリー数条件でも境界層は層流に維持される．

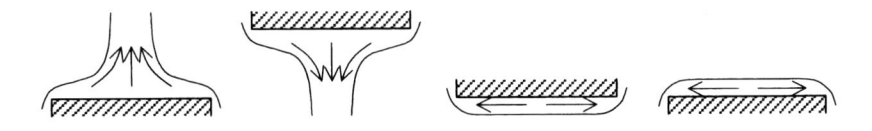

(a) 上向き加熱平板　(b) 下向き冷却平板　(c) 下向き加熱平板　(d) 上向き冷却平板

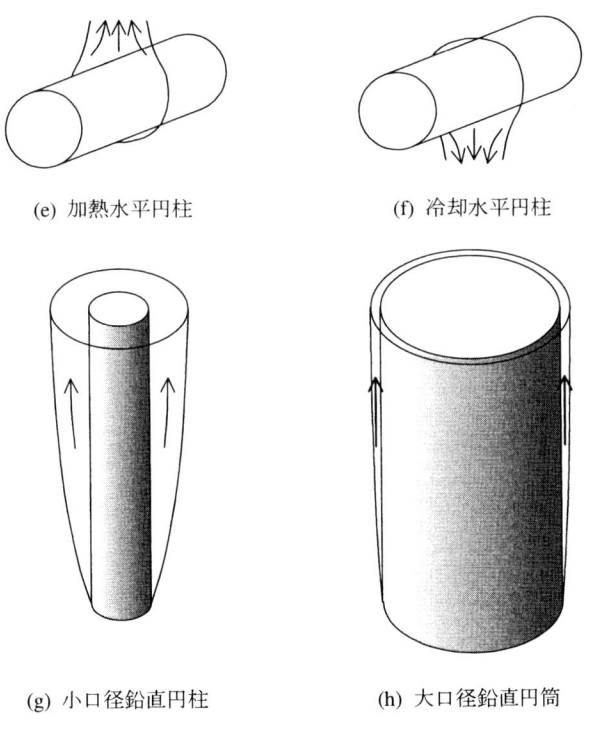

(e) 加熱水平円柱　　　　　(f) 冷却水平円柱

(g) 小口径鉛直円柱　　　(h) 大口径鉛直円筒

図6.4 様々な体系で形成される自然対流境界層

6.2.2 円柱

水平円筒の場合，特性長さには円筒の直径 D が使用される．Churchill と Chu によれば，壁温一定の水平円筒の平均ヌッセルト数は，式(6.24)と同型の次式により与えられる（図6.4 (e), (f)）[6]．

$$\overline{Nu_D} = \left[0.6 + \frac{0.387 Ra_D^{1/6}}{\{1+(0.559/Pr)^{9/16}\}^{8/27}} \right]^2$$

ただし　　$10^{-5} < Ra_L < 10^{12}$ （6.29）

鉛直円筒の場合には，円筒の直径 D および長さ L の二種類の特性長さが存在する．円筒の直径が小さい場合には D の影響を考慮する必要があるが[7]，円筒直径が境界層厚さよりも十分に大きい場合には D の影響は無視でき，鉛直平板と同様の取り扱いが可能である（図6.4 (g), (h)）．

【演習問題】

〔1〕部屋の中に幅 20cm，高さ 40cm の平板が鉛直に置かれている．平板の片面は断熱で，もう一方の面の表面温度は 100℃で一定である．室内の圧力を大気圧，気温を 20℃として次の問いに答えよ．ただし，空気の物性値は，$\beta = 0.003 \text{ K}^{-1}$, $\alpha = 27.8 \text{ mm}^2/\text{s}$, $\nu = 19.6 \text{ mm}^2/\text{s}$, $Pr = 0.706$, $\lambda = 28.7 \text{ mW/mK}$ とする．

(1) 平板近くには自然対流境界層が形成される．平板の上端において，境界層は層流境界層か，あるいは乱流境界層か推定せよ．
(2) 単位時間あたりに平板から室内の空気に伝えられる熱伝達量を求めよ．
(3) 図 6.2 をもとに，平板上端での最大流速と境界層厚さを推算せよ．
(4) 平板の高さを 20cm, 1m とした各場合について，熱伝達量がどの程度変化するか計算してみよ．

〔2〕問 1 で，平板は水平に置かれているものとする．加熱面が上向き，

下向きの各々の場合について単位時間あたりに室内の空気に伝えられる熱伝達量を計算し，両者を比較してみよ．

〔3〕問1で，ファンを使って平板に沿って上向きの流れをつくったとする．強制対流による主流の速度を 0.1, 1, 10 m/s とした各場合について次の問いに答えよ．

(1) 自然対流の影響を無視して（空気の圧縮性を無視して），強制対流の式により平板から空気への熱伝達量を求めてみよ．また，問1で求めた自然対流による熱伝達量と比較してみよ．

(2) Gr_L/Re_L^2 の値を計算し，自然対流と強制対流による熱伝達量の相対的な大きさとの関係について考察せよ．

参考文献

[1] 甲藤好郎，「伝熱概論」，養賢堂 (1964).

[2] E. J. LeFevre, "Laminar free convection from a vertical plane surface," Proceedings of Ninth International Congress on Applied Mechanics, Brussels, Vol. 4, pp. 168-174 (1956).

[3] 庄司正弘，「伝熱工学」，東京大学出版会 (1995).

[4] S. W. Churchill, H. H. S. Chu, "Correlating equations for laminar and turbulent free convection from a vertical plate", International Journal of Heat and Mass Transfer, Vol. 18, pp. 1323-1329 (1975).

[5] J. R. Lloyd, W. R. Moran, "Natural convection adjacent to horizontal surfaces of various platforms", ASME Paper 74-WA/HT-66 (1974).

[6] S. W. Churchill, H. H. S. Chu, "Correlating equations for laminar and turbulent free convection from a horizontal cylinder", International Journal of Heat and Mass Transfer, Vol. 18, pp. 1049-1053 (1975).

[7] T. Cebeci, "Laminar Free Convection Heat Transfer from the Outer Surface of a Vertical Slender Circular Cylinder," Proceedings of Fifth International Heat Transfer Conference, Vol. 3, pp. 15-19 (1974).

第7章 相変化を伴う熱伝達(沸騰と凝縮)

　水を入れた鍋を火にかければ盛んに蒸気が生成するが，熱したフライパンに水滴を落としても水滴はすぐには蒸発しない．これは，各々核沸騰および膜沸騰と呼ばれる異なる伝熱形態と関連している．また，住宅の結露やよく冷やした飲料水の缶表面に見られる水滴は，滴状凝縮と呼ばれる凝縮の一形態である．一方，産業革命の起点ともいわれる蒸気機関，あるいは現代社会をささえている火力・原子力発電所などは，いずれも水を沸騰・凝縮させる過程で動力や電力をとり出す装置と見ることができる．したがって，これらのシステムをよりよいものとするためには，相変化を伴う伝熱現象の理解を欠くことはできない．このように，相変化を伴う伝熱は，身近であるばかりでなく工学的にも重要な現象といえる．ただし，沸騰や凝縮は日常ありふれた現象ではあるけれども，実はきわめて複雑で，未解明の部分が多く残されている．本章では，比較的簡単な体系に限って，相変化を伴う熱伝達のとり扱い方を述べる．

7.1　沸騰熱伝達

7.1.1　プール沸騰

(1) 沸騰の分類

　液体が飽和温度よりもある程度高温の壁に接すると，液体の一部は壁

からの熱を受けて気体へと相変化する．このときの伝熱形態を**沸騰熱伝達**と呼ぶ．沸騰現象は，流れの様相や液体の代表温度などに応じて様々に分類できるが，ここでは図7.1に示す簡単な加熱体系で生じる沸騰について話を始める．図に示すように，容器を飽和温度の液体で満たし，電熱線に通電して流体を加熱する．このとき，加熱面近くの液体の一部は気体へと相変化し，蒸気泡を生じる．容器内部では浮力の影響により流れを生じるが，ポンプ等を用いた強制的な流れはない．このような体系における沸騰を**プール沸騰**（pool boiling）と呼び，強制的に流されている液体に生じる沸騰，すなわち**強制対流沸騰**（flow boilingまたはforced-convection boiling）と区別する．また，図7.1では容器内の液体はほぼ飽和温度近くに保たれているので，これを**飽和沸騰**（saturation boiling）と呼ぶ．一方，容器内の液体の大部分は飽和温度より低い温度であっても，伝熱面の近くでは局所的に液温が飽和温度を越えて沸騰を生じることが可能である．この場合の沸騰を，飽和沸騰に対して**サブクール沸騰**（subcooled boiling）と呼ぶ．なおサブクール沸騰では，伝熱面で生成された蒸気は伝熱面を離脱した後に低温の液体と熱交換し，再び凝縮する．したがって，沸騰について考えるとき，伝熱面の温度 T_s や加熱面から離れた位置での液体の代表温度 T_l と飽和温度 T_{sat} との差が重要となる．

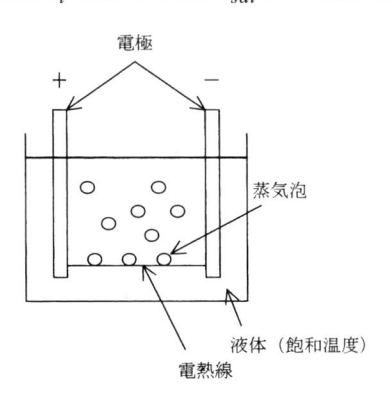

図7.1 プール沸騰の様子

第7章 相変化を伴う熱伝達（沸騰と凝縮）

そこで，伝熱面温度と飽和温度の差を過熱度（superheat, $\Delta T_{sat} = T_s - T_{sat}$），飽和温度と液体の代表温度の差をサブクール度（subcooling, $\Delta T_{sub} = T_{sat} - T_l$）と呼ぶ．以下では，主に液体が飽和している場合のプール沸騰について解説する．

(2) プール沸騰の様相（沸騰曲線）

図7.1における沸騰を考えるとき，伝熱面の温度を上げればそれだけ多くの熱が液体に伝わり，多くの蒸気が生成すると予想されるが，実はこれは正しくない．この理由は，図7.2より理解できる．図7.2は，図7.1で伝熱面の過熱度を徐々に上げていったときに，伝熱面から液体に伝わる熱流束がどのように推移するかを示したもので，**沸騰曲線**（boiling curve）という名で広く知られている[*]．図に示すように，プール沸騰は大まかに4つの領域に分割できる．以下，図7.2を左から順に解説する．

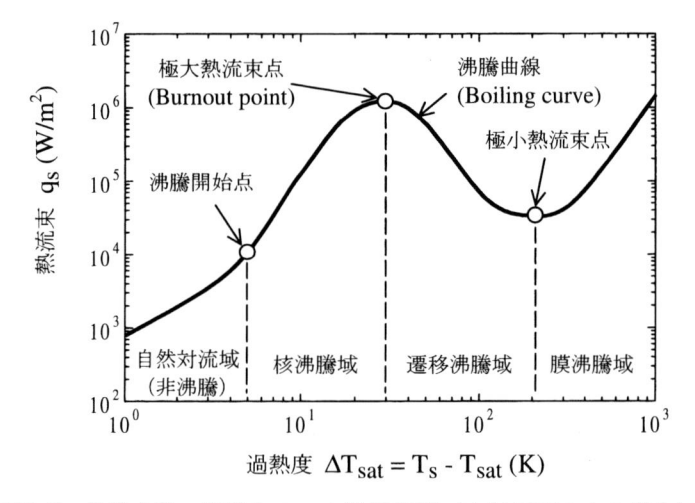

図7.2 沸騰曲線の様相と4つの沸騰領域（大気圧下の水の場合）

---

[*]図7.2の沸騰曲線は大気圧下における水に対するものであるが，他の流体でもこのN字型の曲線によりプール沸騰が特徴付けられることが知られている．なお，この曲線は我国の抜山により初めて提案された[1]．

自然対流域：伝熱面の過熱度が小さい場合，伝熱面に蒸気の生成は観測されない．このとき，容器内には自然対流が形成されるので，伝熱面からの熱除去は，自然対流熱伝達により行われる．したがって，熱伝達率は第6章に示す手法により評価できる．

核沸騰域：伝熱面温度が沸騰開始点を越えると，伝熱面上には蒸気泡が形成され始める．なお，沸騰が開始するためには，伝熱面上に形成された微小気泡が表面張力に打ち勝って成長しなければならない．表面張力は気泡半径の減少とともに大きくなるから，初期の気泡半径が小さければ沸騰が開始するためにはそれだけ大きい過熱度が必要となる．実際には沸騰が開始するためにはそれほど大きい過熱度は必要なく，大気圧の水で4～5℃程度である．このため，伝熱面上の小さなくぼみ（キャビティ）等に残存する空気などが気泡核となって気泡の成長が開始すると考えられている．したがって，蒸気泡は伝熱面上でキャビティの存在するある特定の場所で連続的に生成される．このため，気泡が形成される場所を**発泡点**（nucleation site）とよぶ．過熱度があまり高くない場合は，蒸気泡は伝熱面を離脱した後，浮力によってそのまま単独で上昇していく．一方，過熱度が高くなると，気泡の発生頻度と発泡点の数が増加するので，気泡は相互干渉するとともに合体して大気泡を形成するようになる．核沸騰域では蒸気泡により伝熱面近くの液体が激しくかく乱されるので，伝熱面から流体への熱の移動が速やかに行われる．このため，熱伝達率が高く，小さい過熱度で高い熱流束が得られる．

遷移沸騰域：さらに過熱度を上昇させて遷移沸騰域に達すると，過熱度の上昇とともに熱流束がかえって減少するという特異な現象が観測される．これは，伝熱面上に形成される蒸気泡は，液体をかく乱することにより伝熱を促進する効果をもつ反面，伝熱面と液体を隔離して伝熱を阻害する効果を併せもつことを示している．すなわち，過熱度が大きすぎると伝熱面は蒸気によって覆われていくため，伝熱を阻害する効果が優勢となって熱流束は徐々に減少していく．後で述べるように，熱流束が増加から減少に転じる点は熱機器の設計においてきわめて重要であり，

第7章 相変化を伴う熱伝達（沸騰と凝縮）

これを**極大熱流束点**または**バーンアウト点**（burnout point）と呼び，このときの熱流束を**限界熱流束**（critical heat flux）という．

膜沸騰域：過熱度をさらに**極小熱流束点**まで増加させると，ついに伝熱面は蒸気により完全に覆われるようになり，熱流束は再び上昇に転じる．このため，極小熱流束点を越えた膜沸騰域では，液体は伝熱面と触れることはなく，蒸気膜を隔てて伝熱が行われる．このとき，伝熱面温度はかなり高温となるので，伝熱量を正確に評価するためには熱放射による伝熱も考慮に入れる必要性が高まってくる．

(3) バーンアウト

なぜ沸騰曲線上の極大熱流束点をバーンアウト点（焼き切れ点）と呼ぶのであろうか．これは次の考察から明らかになる．今，図7.1に示す実験装置で電熱線に加える電圧をゆっくりと上げていくことを考えよう．電熱線の抵抗が一定だとすると，定常状態における電熱線からの熱流束は電圧のみによって決まる．したがって，このとき電熱線の温度も図7.3中の実線の矢印によって示されるように熱流束の増加に伴って極大熱流束点まで上昇していく．しかし，電圧をさらに増加させると何が起こるであろうか．電熱線からの熱流束は電圧によって規定されているので，熱流束が限界熱流束を越えると，電熱線の温度は突如として沸騰曲線上の膜沸騰域における値まで上昇してしまう．多くの場合，このときの温度は材料の融点を超過しており，電熱線は焼き切れてしまう（図7.3は両対数グラフであることに注意）．沸騰熱伝達を利用したプラントでバーンアウトを生じることは，機器に決定的なダメージを与え得る．このため，極大熱流束点を正確に予測することは，様々な伝熱機器を設計する上での最重要課題の一つである．

次に，膜沸騰に対応する十分に高い熱流束から電圧を徐々に下げていくことを考える．この場合，図7.3中の点線の矢印によって示されるように，熱流束および過熱度は極小熱流束点まで徐々に下降していく．そして，さらに電圧を下げれば，蒸気膜が消滅し，電熱線の温度は核沸騰域に対応する値まで下降する．

このように，熱流束を単調に増加あるいは減少させていくと，遷移沸騰が持続的に生じることはなく，各々極大，極小熱流束点を越えたところで伝熱面過熱度は突如として変化する．したがって，遷移沸騰を生じさせるためには，伝熱面過熱度を制御した実験を行う必要がある．

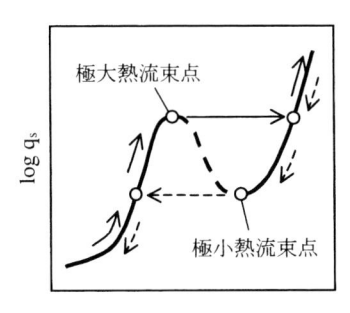

図7.3　熱流束を変化させたときの加熱度の変化の様子

(4) 代表的な相関式

沸騰熱伝達を正確に予測するためには，厳密には気体と液体が混在する複雑な熱・流動場の構造を知らなくてはならない．このため，現時点でも沸騰熱伝達における相関式は完全なものではなく，今後の改良・発展が求められている．以下では，これまでに開発された相関式で比較的使用頻度が高いものを紹介する．

自然対流域：この領域では伝熱面からの熱除去は主に自然対流が担っており，第6章に述べた相関式が使用可能である．
核沸騰域：熱伝達率がきわめて高く，様々な伝熱機器でよく利用される沸騰形態である．このため，熱流動現象の複雑さも手伝って数多くの相関式が提案されている．この中で利用頻度が高いものとして，Rosenowによる式が挙げられる．本相関式では，単相強制対流からの類推により熱伝達率を次の形に記述する[2]．

第7章 相変化を伴う熱伝達（沸騰と凝縮）

$$Nu = CRe^p Pr^q \tag{7.1}$$

ここで，無次元数 $Nu = hL/\lambda$ および $Re = UL/\nu$ が用いられているが，これらを算出する際の代表速度 U および代表長さ L として何を用いるべきかという疑問が生じる．Rosenow は，現象を支配するスケールとして，各々「蒸気の生成により形成される伝熱面に向かう液流の速度」および「重い流体（液体）が軽い流体（蒸気）の上に存在するときに気液界面に形成される不安定波の波長」を用いることにした．

$$U = \frac{q_s}{\Delta h_v \rho_l}, \quad L = \sqrt{\frac{\sigma}{g(\rho_l - \rho_v)}} \tag{7.2}$$

ここで，q_s は熱流束，Δh_v は蒸発熱，ρ_v, ρ_l は各々蒸気相および液相の密度，σ は表面張力である．式(7.2)を式(7.1)に代入して整理するとともに，数多くの実験データより定数の値を定めると，伝熱面過熱度が熱流束の関数として以下で与えられる．

$$\Delta T_{sat} = \frac{\Delta h_v}{c_{p,l}} Pr_l^n C_{sf} \left[\frac{q_s}{\mu_l \Delta h_v} \sqrt{\frac{\sigma}{g(\rho_l - \rho_v)}} \right]^{1/3} \tag{7.3}$$

ここで，下付添字の l, v は，各々飽和状態における液および蒸気を表す．上式より，熱流束 q_s が既知であれば過熱度 ΔT_{sat} を算出できるので，熱伝達率の定義式 $h = q_s/\Delta T_{sat}$ より熱伝達率 h が知れる．

式(7.3)には二つの経験定数 n および C_{sf} が含まれている．プラントル数 Pr の乗数 n は流体の種類により決定され，水の場合は1，ベンゼンやアルコールなどの流体では1.7となる．係数 C_{sf} は流体と伝熱面材料の組合せで決まるが，伝熱面の表面性状にも大きく依存する．たとえば，流体が水，伝熱面が銅の場合，伝熱面の表面状態によって C_{sf} はおよそ0.0068〜0.013の範囲で変化する．これは，核沸騰熱伝達を決定する蒸気泡の形成過程に対して，伝熱面上に存在する沸騰核（キャビティ）の大きさや

数が多大な影響を及ぼすためである．表面が滑らかな場合よりも粗い場合の方が伝熱面表面に多数の気泡核が存在するので，普通は粗面の方が滑面よりも熱伝達率が高く，したがって C_{sf} の値は小さい．伝熱面粗さ以外の因子としては，核沸騰熱伝達率は大抵の場合圧力とともに上昇する．これは，式(7.3)に使用されている潜熱や表面張力などの物性値の影響として理解できる．一方，液体のサブクール度 ΔT_{sub} は，核沸騰熱伝達に対してあまり大きな影響は及ぼさない．

極大熱流束点：次に，限界熱流束，すなわちバーンアウト点を予測する手法について述べる．もしも伝熱面上に形成された蒸気がその場所にとどまれば，伝熱面は液体から隔離されて熱伝達率は急激に低下してしまう．したがって，バーンアウトを生じないためには，伝熱面に形成された蒸気は浮力により周囲の液体を突き破って速やかに伝熱面から離脱できなければならない．図7.4に示すように，蒸気が伝熱面を離脱するときに液体中に形成される流路を考えると，蒸気の速度があまりに速ければ気液界面が不安定となり，流路は塞がれてしまうであろう．この考えに基づき，Kutateladze[3]およびZuber[4]は限界熱流束 $q_{\max}$ を次式で整理した．

$$q_{\max} = 0.131 \times C \Delta h_v \rho_v \left[\frac{\sigma g (\rho_l - \rho_v)}{\rho_v^2} \right]^{1/4} \tag{7.4}$$

上式では，蒸気密度 ρ_v は蒸気膜平均温度（飽和温度と伝熱面温度の平均

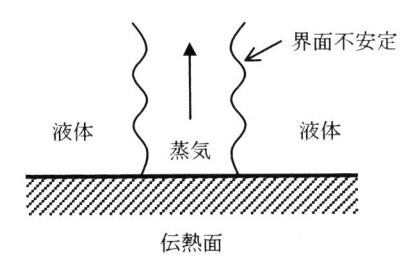

図7.4 伝熱面からの蒸気流路の概念図

値）で評価し，他の物性値は飽和温度で評価する．また，係数 C の値は研究者によりややばらつきがあるが，伝熱面が十分に広い水平平板である場合は $C = 1.14$ が推奨される[5]．他の伝熱面形状では C に対して異なる値が用いられるが，概ね1程度の値であり，伝熱面形状が限界熱流束に与える影響は比較的小さい．一方，水および蒸気の物性値は圧力により大きく変化する．このため，式(7.4)からわかるように，q_{max} も圧力の影響を強く受ける．$C = 1.14$ として式(7.4)から計算される q_{max} は，1気圧のとき約 $1.3\,\mathrm{MW/m^2}$ であるが，70気圧では $4.5\,\mathrm{MW/m^2}$ まで向上する．また，液体のサブクール度 ΔT_{sub} は核沸騰熱伝達率には大きな影響を及ぼさないものの，限界熱流束 q_{max} の向上には大きく寄与し，q_{max} は ΔT_{sub} に概ね比例して増加する．

極小熱流束点および膜沸騰域：極大熱流束点を越えると，伝熱面は蒸気膜により覆われ始める．しかしながら，遷移沸騰域で形成される蒸気膜は不安定で，現時点ではこの条件での熱伝達率を予測することはきわめて困難である．そこで，遷移沸騰域における熱伝達は割愛して，極小熱流束点を越えた膜沸騰域について述べる．膜沸騰では，伝熱面と液体を安定な蒸気膜が隔てており，核沸騰域で見られたような複雑な気液の混合はない．このため，解析は核沸騰の場合と比べて容易である．

まず，Zuberが気液界面の安定性を基に解析した結果によれば，伝熱面が十分に広い水平平板である場合，極小熱流束 q_{min} は次式で与えられる[4, 6]．

$$q_{min} = 0.09 \Delta h_v \rho_v \left[\frac{\sigma g (\rho_l - \rho_v)}{(\rho_l + \rho_v)^2} \right]^{1/4} \qquad (7.5)$$

上式中の物性値の評価温度は，q_{max} の場合と同様である．なお，水平円柱の場合には，式(7.5)の右辺に円柱の直径を考慮した補正項が乗じられる[7]．

7.1 沸騰熱伝達

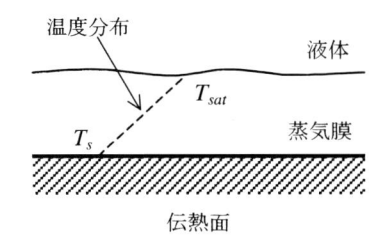

図7.5 膜沸騰における伝熱機構の概念図

　熱放射の影響を無視すると，加熱面から液体への伝熱は次のように考えることができる．図7.5に示すように，伝熱面と液体を蒸気膜が隔てており，伝熱面温度を T_s，気液界面温度を飽和温度 T_{sat} とする．蒸気膜は十分に薄く直線状の温度分布が仮定できるものとすると，伝熱面から気液界面への伝熱は熱伝導により行われることとなる．この考え方を用いると，たとえば直径 D の水平円柱の場合，膜沸騰における平均熱伝達率 h_f は次式で与えられる[**]．

$$\frac{h_f D}{\lambda_v} = C\left[\frac{D^3 \Delta h_v \rho_v (\rho_l - \rho_v) g}{\lambda_v \mu_v (T_s - T_{sat})}\right]^{1/4} \tag{7.6}$$

ここで，C は実験データとの比較より $C = 0.62$ が推奨される[8]．式(7.6)では熱放射の影響が無視されているが，膜沸騰では伝熱面温度は高い場合が多いので，熱放射の影響も考慮に入れる必要がある．蒸気膜は十分に薄く，内部の蒸気流は層流であるものとすると，蒸気膜の厚さは蒸気流量の1/3乗に比例する．したがって，蒸気膜内で直線状の温度分布が仮定できるとすれば，熱伝導による伝熱量は蒸気流量の1/3乗に反比例することとなる．これは，熱伝導に関係する熱伝達 h_f が熱放射の影響も考慮に入れた総合的な熱伝達率 h_D の1/3乗に反比例することを意味するので，

[**]これは，後で述べる膜状凝縮と類似の問題となり，相関式もよく似た形となる．なお，蒸気膜内の温度は伝熱面近くと気液界面近くでは大きく異なる．このため，物性値の評価にあたっては若干の注意が必要となる．

さらに h_D が h_f と熱放射に関係する熱伝達率 h_{rad} の和として表現できるものと仮定することにより次式が導かれる．

$$h_D = h_f \times \left(\frac{h_f}{h_D}\right)^{1/3} + h_{rad} \tag{7.7}$$

もしも熱放射の影響が無視できるのであれば $h_{rad} = 0$ となり，上式より $h_D = h_f$ となる．したがって，熱伝達率は式(7.6)で計算される値をそのまま用いればよい．式(7.7)中の h_{rad} は，熱放射による熱流束の算出法より以下で計算される（詳しくは第8章参照）．

$$h_{rad} = \frac{\varepsilon_s \sigma (T_s^4 - T_{sat}^4)}{T_s - T_{sat}} \tag{7.8}$$

ここで，ε_s は伝熱面の射出率，σはStephan-Boltzmann定数である***．なお，式(7.7)によって熱放射の影響を評価するためには，h_D の算出にあたってくり返し計算が必要となる．

7．1．2　管内強制対流沸騰

前節で扱ったプール沸騰では，流れは浮力により自然に生み出されるものであった．しかし，火力・原子力発電所を初めとする様々な工業プラントでは，ポンプ等により伝熱面に沿って強制的な流れを形成する．このような条件下での沸騰は強制対流沸騰と呼ばれ，そこでの熱流動構造はプール沸騰の場合よりも遥かに複雑である．本節では，実用上の重要性を考慮し，鉛直円管の下端から液体を流入させるとともに管壁に均一な熱流束を与えた場合の強制対流沸騰について解説する．

***式(7.8)の導出では，液体表面の射出率を1とした．また，本章では式(7.8)以外の式ではσは表面張力を表すので注意のこと．

(1) 流動の様相

図7.6 蒸発管内の流動様式（低熱流束の場合）

（下から上へ）液単相流、気泡流、スラグ流、環状流、←ドライアウト、噴霧流、蒸気単相流／均一熱流束

図7.7 蒸発管内の流動様式（高熱流束の場合）

（下から上へ）液単相流、←バーンアウト、逆環状流、逆スラグ流、噴霧流、蒸気単相流／均一熱流束

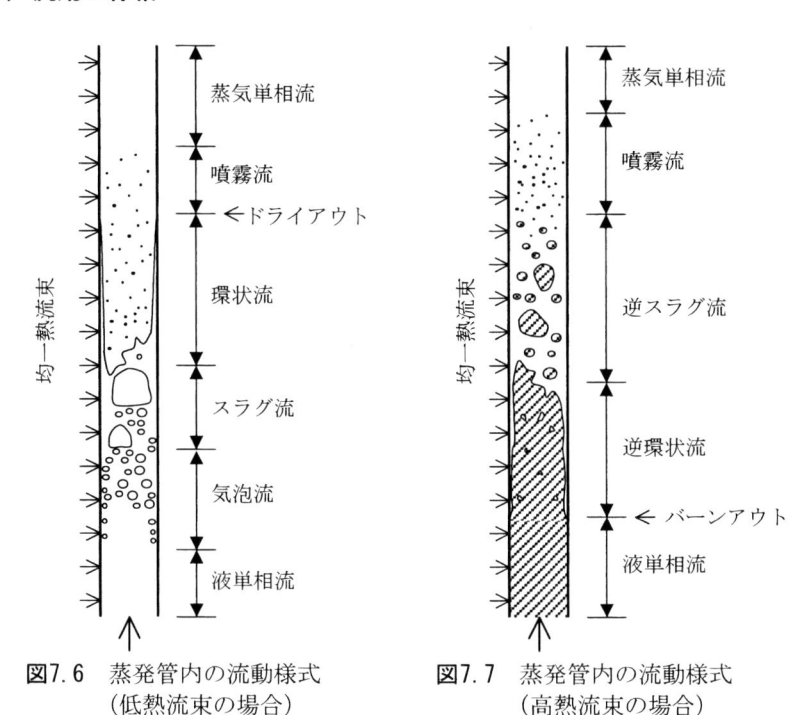

　管内強制対流沸騰について理解するためには，まず管内に形成される複雑な気液界面構造，すなわち**流動様式**（flow regime）について知らねばならない．図7.6は，比較的低い熱流束で均一に加熱された鉛直円管の下端から液体を流入させた場合に，管内に形成される流動様式を模式的に示したものである．管の下端からサブクールされた液体を流入させると，管壁から加えられた熱は液体の温度上昇に消費されるため，しばらくは液体のみの流れとなる（液単相流）．この領域での伝熱形態は単相の強制対流熱伝達であり，第5章に示した相関式が使用可能である．次に，液体の温度上昇に伴って壁温も次第に上昇していく．液温が飽和温度に近づくと，管壁で沸騰が開始し，管内は液中に多数の蒸気泡が存在する流れとなる（**気泡流**, bubbly flow）．気泡体積が増加していくと気泡は合

体を始め，やがて巨大なスラグ気泡を形成するようになる(**スラグ流**, slug flow)．気泡流およびスラグ流領域では，強制対流熱伝達と核沸騰熱伝達が共存する形となるので，高い熱伝達率が得られる．このため，壁温は流体の飽和温度よりもやや高い値に保持される．さらに下流に行くと，液の多くは管壁に沿って流れるようになる(**環状流**, annular flow)．管壁は液膜によって覆われる形となるので，蒸気は管中央を流れることとなる．なお，条件にもよるが，気流中には多数の液滴が含まれるのが普通である．環状流域では，気液界面での蒸発により液膜厚さが下流に行くにしたがって徐々に薄くなる．液膜と気流間の気液界面の温度はほぼ飽和温度であるので，液膜厚さの減少に伴って液膜内に形成される温度勾配は急峻となる．このため，環状流領域では熱伝達率が徐々に向上し，壁温は飽和温度に漸近する．しかしながら，液膜が消失すると状況は一変する．液膜が乾ききることから，この点を**ドライアウト点**と呼ぶが，ドライアウト点よりも下流では加熱壁面が蒸気相に露出されるため，熱伝達率が激減する．したがって，壁温は急上昇し，伝熱面が溶融する可能性も急増する．このため，機器の健全性を確保する上でドライアウト点を正確に予測することはきわめて重要である．なお，ドライアウト点においても気流中には多量の液滴が含まれている場合が多く，一般にはドライアウト点は液体がすべて蒸発する点とは一致しない．ドライアウト点を越えると，液体は気流中に液滴としてのみ存在する流れとなる(**噴霧流**, mist flow)．気流中の液滴もすべて気化すると，以降は蒸気のみの流れとなる(蒸気単相流)．

以上は熱流束が比較的低い場合の流動様式であるが，熱流束が高い場合の流動様式はこれとは異なる．図7.7は，熱流束がきわめて高い場合に蒸発管内に生じる流動様式の模式図である．熱流束がきわめて高い場合，安定な核沸騰を維持することができず，液相がまだサブクール状態にある場合であってもプール沸騰の場合と類似のバーンアウトを生ずることさえある．このとき，管中央に多量の液を残したまま管壁は蒸気膜によって覆われてしまう．これを**逆環状流**(inverted annular flow)という．バ

ーンアウト点より下流では液体はほとんど管壁には触れないため，壁温はバーンアウト点において急上昇し，低熱流束の場合のドライアウト点と同様に機器の健全性に重大な影響を及ぼす可能性が高まる．この後，管壁に加えられた熱は熱伝導および熱放射により液体へと伝えられて，液流量は次第に減少し，流動様式は逆スラグ流，噴霧流，蒸気単相流と遷移していく．

(2) 熱伝達相関式

大抵の工業プラントは，バーンアウトあるいはドライアウトを生じない範囲で運転される．そこで，これらの点よりも上流にある液単相流，気泡流，スラグ流および環状流域における熱伝達率の推算方法を示すことにしよう．まず，液単相流域では蒸気の生成はない．したがって，強制対流熱伝達の評価で使用される相関式，たとえば完全に発達した乱流であればDittusとBoelterによる式などが使用可能である．気泡流以降の領域では，主に二つの機構，すなわち，「加熱壁に沿って流れる液相による強制対流熱伝達」および「加熱壁で蒸気泡を形成することによる核沸騰熱伝達」により管壁から流体への熱輸送が行われる．この考えに基づき，Chenは管内強制対流沸騰における熱伝達率 h_{TP} を強制対流熱伝達の寄与を表す h_{FC} と核沸騰熱伝達の寄与を表す h_{NB} の和として以下の形に表現した[9]．

$$h_{TP} = h_{FC} + h_{NB} \tag{7.9}$$

なお，h_{FC} の評価式としてはDittusとBoelterによる熱伝達率 h_{DB} を，h_{NB} の評価式としてForsterとZuberによる熱伝達率 h_{FZ} を採用し，各々に対して修正係数 F, S ($F > 1, 0 < S < 1$) を乗ずることとしている．

$$h_{TP} = h_{FC} + h_{NB} = Fh_{DB} + Sh_{FZ} \tag{7.10}$$

ここで，h_{DB} および h_{FZ} は次式である．

第7章　相変化を伴う熱伝達（沸騰と凝縮）

$$\frac{h_{DB}D}{\lambda_l} = 0.023 Re_l^{0.8} Pr_l^{0.4} \tag{7.11}$$

$$h_{FZ} = 0.00122 \times \left(\frac{\Delta T_{sat}^{0.24} \Delta p_{sat}^{0.75} c_{p,l}^{0.45} \rho_l^{0.49} \lambda_l^{0.79}}{\sigma^{0.5} \mu_l^{0.29} \Delta h_v^{0.24} \rho_v^{0.24}} \right) \tag{7.12}$$

図7.6に示されるような流動様式変化を遂げる場合，気泡流・スラグ流域では多数の蒸気泡が形成されるから核沸騰熱伝達の寄与が大きく，環状流域では管壁は液膜により覆われているので強制対流熱伝達の寄与が大きいと予想されるであろう．修正係数 F, S の計算式は省略するが，実際，環状流では気泡流やスラグ流に比べて相対的に F が大きくかつ S が小さくなり，前記の予想と合致した結果となる．なお，h_{TP} が定まったとすると，熱流束は次式より計算される．

$$q_s = h_{TP}(T_s - T_{sat}) = h_{TP} \Delta T_{sat} \tag{7.13}$$

ここで，式(7.12)には ΔT_{sat} が含まれていることに注意されたい．これは，h_{TP} を算出するにあたって，繰り返し計算が必要となることを意味している．なお，Chenの相関式は元来飽和沸騰を対象に開発されたものだが，式(7.13)を次のように変形すれば，サブクール沸騰にも簡易的に適用できる．

$$q_s = h_{FC}(T_s - T_l) + h_{NB}(T_s - T_{sat}) \tag{7.14}$$

上式は，強制対流による熱伝達は壁温と液温の差に比例し，核沸騰による熱伝達は伝熱面の過熱度に比例する形となっており，合理的といえる．また，液相のサブクール度が減少するにつれて T_l は T_{sat} に漸近するので，式(7.13)に自然に移行できる．

(3) 限界熱流束相関式

管内強制対流沸騰における限界熱流束 q_{max} を正確に予測することは，現時点においても容易ではない．しかしながら，実用上重要な物理量で

あることから，特に水を作動流体とした場合についてこれまで膨大な実験が行われてきた．これらのデータによれば，$q_{\max}$ は入口サブクール度 $\Delta h_{sub}(=c_{pl}\Delta T_{sub})$，質量流量 G，管内径 D の増加に伴って上昇し，管の長さ L に伴って減少する．また，作動流体が水の場合には，$q_{\max}$ は圧力が70気圧程度で最大となることも知られている．これらの情報を基に，$q_{\max}$ を予測する実験式が数多く開発されてきている．これらの内，様々な流体を対象とした数多くのデータにより検証が行われている相関式としてKattoとOhnoによる次式が挙げられる[10]．

$$\frac{q_{\max}}{G\Delta h_v} = X\left(1 + K\frac{\Delta h_{sub}}{\Delta h_v}\right) \tag{7.15}$$

ここで，X, K は3つの無次元数(L/D)，(ρ_l/ρ_g)，$(\sigma\rho_l/G^2 L)$ の関数として与えられており，水およびフレオンを初めとする様々な流体を用いて取得された数多くの限界熱流束のデータを概ね20%以内の誤差で予測できる．

また，ドライアウトに起因する限界熱流束については，**液膜流モデル**（film flow model）と呼ばれるドライアウトの発生機構に基づいた手法が開発されている[11]．環状流中では液体は液膜あるいは液滴として管内を流れるが，気流によるせん断力を受けて液膜からは絶えず液滴が発生し，また液滴の一部は液膜と衝突して液膜に取り込まれる過程を繰り返している（図7.8参照）．したがって，単位時間あたりに単位面積の液膜から発生する液滴の質量（entrainment rate）を m_E，液膜に付着する液滴量（deposition rate）を m_D とすれば，液膜流量 G_f の軸方向変化は次の常微分方程式により記述できる．

$$\frac{dG_f}{dz} = \frac{4}{D}\left(m_D - m_E - \frac{q_s}{\Delta h_v}\right) \tag{7.16}$$

ここで，上式右辺括弧内の第3項は，蒸気への相変化による液膜流量の減少分を表している．したがって，スラグ流から環状流へと遷移した位置

を境界条件として式(7.16)を軸方向に積分すれば,任意の軸方向位置における液膜流量が計算される.そして,管出口で$G_f = 0$となるときのq_sをもって限界熱流束とすれば,ドライアウトの発生機構に則して限界熱流束を定めることができる.なお,実際に積分を実行するためには,液滴の発生量や付着量のほかに環状流への遷移条件や環状流遷移時の液滴流量などを与える必要がある.本手法は沸騰遷移に起因する限界熱流束の予測には使用できないが,ドライアウト型の限界熱流束についてはこれらの物理量について適当な相関式を使用することにより経験則に基づく手法よりも高精度の予測が期待できる.

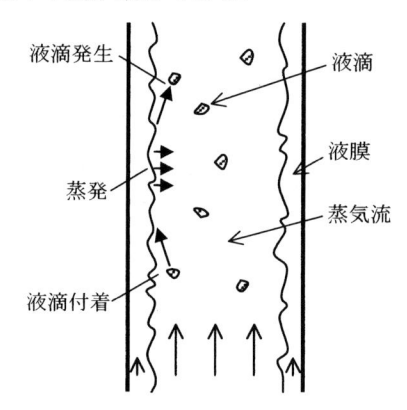

図7.8 環状流中における液滴の発生と付着

7.1.3 相変化を利用した冷却

鉄鋼の連続鋳造や金属材料の焼き入れなどの材料製造・加工プロセスでは,水や油の沸騰あるいは蒸発を利用した冷却が行われる.冷却方法としては,加圧水をノズルから高温面に吹き付ける方法(噴流の流動形態により**スプレー冷却**,**ラミナー冷却**,**ジェット冷却**に分類される),加圧水を高速の空気流とともにノズルから噴射する方法(**ミスト冷却**),大量の冷却水中に浸漬させる方法(**浸漬冷却**)などが実用されている[12].水の相変化を利用した高温面の冷却はプール沸騰と強い関連があり,高温面と冷却水の間に蒸気膜が形成されて膜沸騰となるか,蒸気膜が破れ

て固液が直接接触し，核沸騰あるいは遷移沸騰となるかが第一の問題となる．浸漬冷却はプール沸騰との類似点が多いが，冷却速度を正確に求めるためには，高温面や冷却水の温度の他，液位や冷却水の攪拌がある場合には攪拌の影響も考慮する必要がある．この他の衝突噴流を用いた方法では，さらに衝突位置における冷却水の流量や流速，液滴径，複数ノズルの場合にはノズルピッチ等の影響を適切に評価しなければならない．このため，様々な条件で実施された実験の結果を基として各冷却方法に対する熱伝達率相関式が作成されており，品質の向上や新製品の開発に役立てられている．

7.2 凝縮熱伝達

蒸気がその飽和温度よりも低温の固体面に触れると，蒸気は液体に相変化する．これを**凝縮**（condensation）と呼ぶ．凝縮により生成する液体は，液膜となって固体面全体を濡らす場合と液滴となって固体面を部分的に濡らす場合があり，これらの凝縮形態を各々**膜状凝縮**（film condensation），**滴状凝縮**（dropwise condensation）という．膜状凝縮で固体表面に生成する液膜は，蒸気相が固体面と熱交換する際の熱抵抗となる．一方，滴状凝縮では固体面の濡れは部分的であるので，蒸気と固体面が直接接触することができる．このため，熱伝達率は滴状凝縮の場合の方が膜状凝縮の場合よりも数倍以上大きい．

濡れにくい固体面[****]のほうが滴状凝縮となりやすいが，どちらの凝縮形態をとるかは一概には言えず，また滴状凝縮を長期間維持することは困難な場合が多い．このため，蒸気凝縮プラントの多くは熱伝達率の小さい膜状凝縮を想定して設計されている．そこで，本節では膜状凝縮を

[****] **濡れ性**（wettability）の問題は奥深いが，簡易的に評価するには固体面に液滴を静かに置いてみればよい．液滴が面上に広がれば濡れやすく，球形を保つようであれば濡れにくいといえる．

第7章　相変化を伴う熱伝達（沸騰と凝縮）

中心に話を進めることにする．

7．2．1　膜状凝縮の理論解析

図7.9に示すような蒸気相中に配置された鉛直の冷却面を考えよう．冷却面の表面温度T_sは一定で，かつ蒸気の飽和温度よりも低い．このため，蒸気は冷却面に触れて凝縮し，冷却面上に液膜を形成する．本節では，以上の条件下における蒸気相と冷却面の間の熱伝達について考察する．

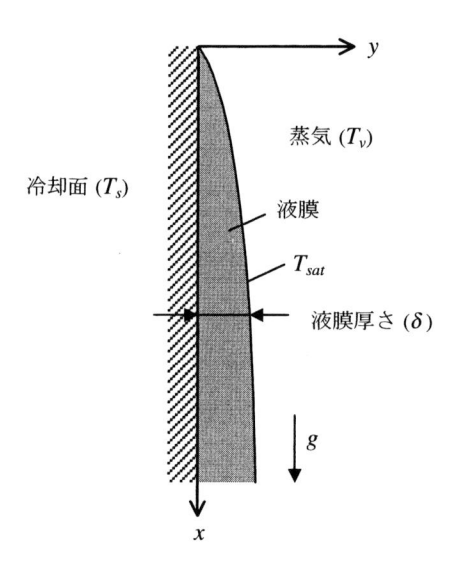

図7.9　鉛直平板における膜状凝縮

(1) 液膜内の速度分布

液膜は重力の影響により下方に流れていくが，まず液膜内の流れは十分に遅く層流であるものとして熱伝達率を理論的に求めよう．このため，まず液膜内の速度分布を計算する．図7.9中に示す液膜内の微小体積要素に働く力として，粘性力および重力を考える．液膜内の流れは十分に遅く加速度項は無視できるものとすれば，定常状態においてこれらはバランスすることから，次式が成立する．

$$\mu_l \frac{\partial^2 u}{\partial y^2} = -g(\rho_l - \rho_v) \tag{7.17}$$

液膜界面に働くせん断力を無視し，壁面における滑りなしの条件を考慮すれば，液膜厚さを $\delta = \delta(x)$ として，境界条件は以下で与えられる．

$$y = 0 \quad \text{で} \quad u = 0 \tag{7.18}$$

$$y = \delta \quad \text{で} \quad \mu_l \frac{\partial u}{\partial y} = 0 \tag{7.19}$$

式(7.17)を y について積分するとともに境界条件(7.18), (7.19)より積分定数を定めれば，速度分布が以下のように求まる．

$$u = \frac{g(\rho_l - \rho_v)}{\mu_l}\left(\delta - \frac{1}{2}y\right)y \tag{7.20}$$

上式には x は陽には現れないが，u は δ を通して x の関数にもなっていることに注意されたい．

(2) 液膜内の温度分布

液膜内の微小体積に対しては，以下のエネルギー保存式が成立する．

$$u\frac{\partial T}{\partial x} + v\frac{\partial T}{\partial y} = \alpha_l \frac{\partial^2 T}{\partial y^2} \tag{7.21}$$

x 方向の温度勾配および流速 v は小さいものとして無視すれば，上式は以下で近似できる．

$$\frac{\partial^2 T}{\partial y^2} = 0 \tag{7.22}$$

壁の表面温度は T_s，気液界面は飽和温度なので，境界条件は以下となる．

$$y = 0 \quad \text{で} \quad T = T_s \tag{7.23}$$

第7章 相変化を伴う熱伝達（沸騰と凝縮）

$$y = \delta \quad \text{で} \quad T = T_{sat} \tag{7.24}$$

これより，液膜内の温度分布が以下のように定まる．

$$T = T_s + \frac{T_{sat} - T_s}{\delta} y \tag{7.25}$$

上式より，液膜内の温度分布は直線状に変化することがわかる．

(3) 液膜厚さと熱伝達率

　式(7.25)より，液膜厚さ δ が知れれば液膜内の温度分布が定まる．x 方向に液膜の流量 m_f は増加するが，定常状態では m_f の増加分は気液界面における凝縮量とつり合うはずである（図7.9参照）．まず，式(7.20)より位置 x での液膜流量 m_f を求めれば，

$$m_f(x) = \int_0^\delta \rho_l u \, dy = \frac{g(\rho_l - \rho_v)\delta^3}{3\nu_l} \tag{7.26}$$

x 方向に沿う m_f の増加分が凝縮量とバランスするので，式(7.25)より，

$$\frac{d}{dx}\left[\frac{g(\rho_l - \rho_v)\delta^3}{3\nu_l}\right] = \frac{T_{sat} - T_s}{\delta} \frac{\lambda_l}{\Delta h_v} \tag{7.27}$$

これより，液膜厚さが以下のように求まる．

$$\delta = \left[\frac{4\nu_l \lambda_l (T_{sat} - T_s) x}{g(\rho_l - \rho_v)\Delta h_v}\right]^{1/4} \tag{7.28}$$

すなわち，液膜厚さは x の1/4乗に比例して増加する．上式より，局所熱伝達率は，以下で与えられる．

$$h_x = \frac{\lambda_l (T_{sat} - T_s)}{\delta} \frac{1}{T_{sat} - T_s} = \frac{\lambda_l}{\delta} = \left[\frac{g(\rho_l - \rho_v)\Delta h_v \lambda_l^3}{4\nu_l (T_{sat} - T_s) x}\right]^{1/4} \tag{7.29}$$

液膜は x とともに厚くなるので，h_x は逆に徐々に減少する．式(7.29)よ

り，冷却面の高さをLとすれば，区間0〜Lにおける平均熱伝達率および平均Nusselt数は以下のように計算される．

$$\bar{h}_L = \frac{1}{L}\int_0^L h_x dx = \frac{4}{3}\left[\frac{g(\rho_l - \rho_v)\Delta h_v \lambda_l^3}{4v_l(T_{sat} - T_s)L}\right]^{1/4} = \frac{4}{3}h_{x=L} \tag{7.30}$$

$$\overline{Nu}_L = \frac{\bar{h}_L L}{\lambda_l} = 0.943\left[\frac{g(\rho_l - \rho_v)\Delta h_v L^3}{\lambda_l v_l(T_{sat} - T_s)}\right]^{1/4} \tag{7.31}$$

これらの結果は，層流液膜の実験データと定性的な傾向は一致する．しかし，理想的な仮定に基づいているために熱伝達率を過小評価する場合が多い．

なお，水平円柱および球の場合（図7.10参照）についても同様の解析を行えば，以下の結果が得られる．

水平円柱： $$\overline{Nu}_D = \frac{\bar{h}_D D}{\lambda_l} = 0.729\left[\frac{g(\rho_l - \rho_v)\Delta h_v D^3}{\lambda_l v_l(T_{sat} - T_s)}\right]^{1/4} \tag{7.32}$$

球： $$\overline{Nu}_D = \frac{\bar{h}_D D}{\lambda_l} = 0.815\left[\frac{g(\rho_l - \rho_v)\Delta h_v D^3}{\lambda_l v_l(T_{sat} - T_s)}\right]^{1/4} \tag{7.33}$$

式(7.32), (7.33)を式(7.31)と比較すれば，水平円柱および球の凝縮熱伝達は，L を D に置き換えればあとは係数のみの相違であることがわかる．

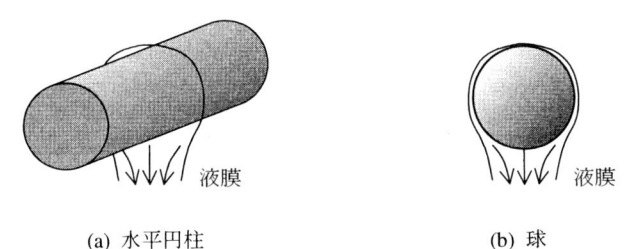

(a) 水平円柱 (b) 球

図7.10　水平円柱および球における膜状凝縮

7.2.2 膜状凝縮の実験相関式

液膜の流動状態は，以下に示す液膜Reynolds数により特徴付けられる．

$$Re_f = \frac{4\rho_l u_f \delta}{\mu_f} = \frac{4m_f}{\mu_f} \tag{7.34}$$

実験データによれば，概ね $Re_f = 1,800$ で液膜内の流れは層流から乱流に遷移する．まず，$Re_f < 1,800$ の層流液膜の平均熱伝達率は，McAdamsによれば，理論解析の結果である式(7.30)の2割増とすることで実験データと概ねよい一致を得る[13]．

$$\bar{h}_L = 1.13 \left[\frac{g(\rho_l - \rho_v)\Delta h_v \lambda_l^3}{\nu_l(T_{sat} - T_s)L} \right]^{1/4} \quad \text{ただし} \quad Re_f < 1,800 \tag{7.35}$$

これは，液膜表面に形成されるさざ波の影響等を考慮したものと解釈できる．なお，Re_f を用いれば，式(7.35)は以下のように書き換えられる．

$$\bar{h}_L \left(\frac{\nu_l^2}{\lambda_l^3 g} \right)^{1/3} = 1.76 Re_f^{-1/3} \quad \text{ただし} \quad Re_f < 1,800 \tag{7.36}$$

次に，$Re_f > 1,800$ の乱流液膜の平均熱伝達率は，Kirkbrideによる次式により評価できる．

$$\bar{h}_L \left(\frac{\nu_l^2}{\lambda_l^3 g} \right)^{1/3} = 0.0077 Re_f^{0.4} \quad \text{ただし} \quad Re_f > 1,800 \tag{7.37}$$

これらは基本的には鉛直平板上に形成される凝縮液膜に対するものである．しかし，たとえば鉛直円筒のように冷却面に曲率がある場合でも，液膜が十分に薄ければ曲率の影響は無視できる．この場合には，垂直平板に対する相関式がそのままの形で使用できる．また，凝縮液膜が傾いた平板上を流れ落ちる場合には，平板に沿う重力の成分は冷却面が鉛直面となす角度をϕとすれば$g\cos\phi$で与えられる．したがって，この場合には，相関式中のgを$g\cos\phi$に置き換えればよい．

7.2.3 滴状凝縮

　もう一つの凝縮形態は，滴状凝縮と呼ばれるもので，よく冷やされた飲料水の缶表面や住宅の結露などで日常よく見られる．滴状凝縮では，膜状凝縮よりも熱伝達率が数倍大きいので，膜状凝縮を用いるよりも凝縮器のサイズをコンパクトにできる．このため，滴状凝縮を促進するための手法が検討されてきている．しかしながら，滴状凝縮は伝熱面の表面性状に敏感で，本凝縮形態を長時間維持する手法が問題となりやすい．また，現象が複雑なため，熱伝達係数の測定は数多く行われているものの，統一的な整理式を提示するには至っていないようである．

7.2.4 非凝縮性ガスの影響

　凝縮を考える場合，もし蒸気中に窒素などの非凝縮性ガスがわずかでも存在すると，その影響を無視することはできない．今，蒸気と空気が混ざっているところに冷却面が置かれた状況を考えよう．蒸気が冷却面と熱交換して凝縮すると，そこには非凝縮性ガスである空気が取り残される．この結果，残りの蒸気が凝縮するためには，伝熱面近くに形成される空気層を通過して冷却面に到達しなければならない．このため，非凝縮性ガスは一般に熱伝達を悪化させる．なお，非凝縮性ガスの影響は甚大で，蒸気中にわずかな非凝縮性ガスが混入しただけでも，熱伝達率は容易に半分以下になる．また，非凝縮性ガスの影響評価は一般に困難で，実際の体系を模した装置による実験が要求される場合が多い．したがって，実際の凝縮器では，可能ならば非凝縮性ガスができるかぎり混入しない設計とすべきである．

【演習問題】

〔1〕次の現象について理由を考察してみよ．
(1) ガラス容器で水を沸騰させるとき，沸騰石を入れると突沸が防げる．
(2) 電子レンジで温めた飲み物をとり出そうとしたら突沸した．

第7章　相変化を伴う熱伝達（沸騰と凝縮）

(3) 熱いフライパンに水滴をたらすと，転がってなかなか蒸発しない．
(4) 液体窒素は沸点-196℃と低温だが，わずかな時間なら手を入れてもそれほど冷たく感じない（手が濡れていたり時間が長すぎると危険）．

[2] 直径100mmで円形の銅製の伝熱面が，大気圧，飽和温度の静止水中に上向きに設置されている．このとき，次の問いに答えよ．
(1) 伝熱面の過熱度が10℃であるとき，伝熱面が粗い場合とよく磨かれた場合について，伝熱面から水への伝熱量を求めよ．また，水が1000cc減るのに要する時間はどの程度か．
(2) 仮に沸騰が生じず，自然対流のみによって伝熱が行われるものとして伝熱量を計算し，(1)の結果と比較してみよ．
(3) 限界熱流束を概算せよ．また，70気圧，150気圧の条件でも限界熱流束を計算し，大気圧のときの値と比較してみよ．

[3] 管内強制対流沸騰について次の問いに答えよ．
(1) 気泡流域と環状流域で熱伝達の機構がどのように異なるか，定性的に考察せよ．
(2) バーンアウトを引き起こす二つのメカニズムを概略説明せよ．

[4] 外径10cmの円柱が大気圧下の飽和蒸気中に鉛直に設置されている．円管の表面温度は飽和温度よりもわずかに低い98℃で一定であり，円柱の表面では膜状凝縮が生じると仮定する．このとき，次の問いに答えよ．
(1) 円柱の長さを1mとして，円柱の下端から流れ落ちる液体の流量を求めよ．
(2) 円柱の下端で乱流液膜とするには，円柱の長さはどの程度必要か．

参考文献

[1] S. Nukiyama, "The maximum and minimum values of the heat Q transmitted from metal to boiling water under a atmospheric pressure," International Journal of Heat and Mass Transfer, Vol. 9, pp. 1419-1433 (1966).

[2] W. M. Rosenow, "A method for correlating heat transfer data for surface boiling of liquids," Transactions of ASME, Vol. 74, pp. 969-976 (1952).

[3] S. S. Kutateladze, "On the transition to film boiling under natural convection," Kotloturbostroenie, No. 3, p. 10 (1948).

[4] N. Zuber, "On the stability of boiling heat transfer," Transactions of ASME, Ser. C, Vol. 80, pp. 711-720 (1958).

[5] J. H. Lienhard, V. K. Dhir, "Extended hydrodynamic theory of the peak and minimum pool boiling heat fluxes," NASA CR-2270 (1973).

[6] P. J. Berenson, "Film boiling heat transfer for a horizontal surface," Transactions of ASME, Ser. C, Vol. 83, pp. 351-358 (1961).

[7] J. H. Lienhard, P. T. Y. Wong, "The dominant unstable wavelength and minimum heat flux during film boiling on a horizontal cylinder," Transactions of ASME, Ser. C, Vol. 86, pp. 220-226 (1964).

[8] A. L. Bromley, "Heat transfer in stable film boiling," Chemical Engineering Progress, Vol. 46, pp. 221-227 (1950).

[9] J. C. Chen, "A correlation for boiling heat transfer to saturated fluids in convective flow," ASME Paper, 63-HT-34 (1963).

[10] Y. Katto, H. Ohno, "An improved version of the generalized correlation of critical heat flux for convective boiling in uniformly heated vertical tubes," International Journal of Heat and Mass Transfer, Vol. 27, pp. 1641-1648 (1984).

[11] P. B. Whalley, "Boiling, condensation, and gas-liquid flow," Oxford Science, Oxford (1987).

[12] 日本鉄鋼協会熱経済技術部会鋼材強制冷却小委員会編,「鋼材の強制冷却」, 日本鉄鋼協会 (1978).

[13] W. H. McAdams, "Heat Transmission," McGrawHill, New York (1954).

[14] C. G. KirkBride, "Heat transfer by condensing vapors," Transactions of AIChE, Vol. 30, pp. 170-186 (1934).

第 8 章　放射伝熱

　物体が内部エネルギーを電磁波の形で射出し，それを吸収した物体で，電磁波のエネルギーが再び内部エネルギーに変わる．この形態で行われる熱移動を**放射伝熱**（radiative heat transfer）という．熱伝導や対流熱伝達が物質を介した熱移動であるのに対して，放射伝熱によれば真空中でも熱移動が可能である．宇宙空間を電磁波の形で移動してくる太陽エネルギーは，地球の熱的環境にとって重要な因子である．また，放射伝熱は大型燃焼炉における伝熱の大部分を担っているほか，急速かつ均一な加熱を得やすく，清浄な雰囲気あるいは特殊な雰囲気での加熱も容易であるため，半導体の熱処理プロセス，塗装の乾燥プロセスなど，さまざまな分野で利用されている．近年問題になっている地球温暖化は，物体から射出される電磁波の主要波長が温度によって変化することと，大気中の温暖化ガスがそれを吸収する際に波長選択性を示すことに起因する現象である．

8.1　熱放射

　物体はそれを構成する分子の熱運動の形で内部エネルギーを保有している．分子はエネルギー準位と呼ばれる飛び飛びのエネルギー量しか保持できず，上位の準位に在る分子には，光子を放出して下位の準位へ遷

移する現象がある確率で生じる．放出された光子が持つエネルギーの量は，遷移前後の二準位間のエネルギー差に等しく，その分子を構成要素とする物体はそれだけの内部エネルギーを失う．光子の持つエネルギー e [J] と，光子を電磁波と見たときの振動数 ν [Hz] あるいは波長 λ [m] との間には次の関係がある．

$$e = h\nu = \frac{hc}{\lambda} \tag{8.1}$$

ここで，h はプランク定数 [6.624×10^{-34} J·s]，c は光速 [m/s] である．遷移前後の二準位間のエネルギー差が大きいほど，射出される電磁波の波長は短くなる．このように物体の内部エネルギー（熱運動のエネルギー）が電磁波として射出される現象を**熱放射**[*](thermal radiation) という．

表8.1 電磁波の波長域と名称[**]

波長 λ	電磁波の名称
〜 10 pm	γ 線
1 pm 〜 20 nm	X 線
1 nm 〜 0.38 μm	紫外線
0.38 μm 〜 0.72 μm	可視光線
0.72 μm 〜 30 μm	近赤外線
20 μm 〜 1 mm	遠赤外線
1 mm 〜 30 cm	マイクロ波
30 cm 〜	電波

1 pm = 10^{-12} m, 1 nm = 10^{-9} m, 1 μm = 10^{-6} m

---

[*]「熱放射」は「放射伝熱」の意味で使われることもある．「放射」の代わりに「ふく射」が使われることも多い．（例：熱ふく射，ふく射伝熱）
[**] 通信への利用の観点から，波長 10 mm から 30 cm の電磁波をマイクロ波，波長 1 mm から 10 mm のものをミリ波とし，電波に含める場合もある．

第8章　放射伝熱

　電磁波は波長によっておおよそ表8.1のように分類されるが，おおまかには，電子の軌道が遷移するときには紫外線ないしは可視光線，分子の伸縮や屈曲の振動が遷移するときには近赤外線，結晶の格子振動が遷移するときには遠赤外線，分子の回転が遷移するときには遠赤外線ないしはマイクロ波が射出される．熱放射によるエネルギー（以後，「放射エネルギー」と呼ぶ）は大部分が赤外線の領域で射出され，紫外線領域の一部にまで及んでいる．後で述べるように，放射エネルギーが強く出る帯域は温度とともに変化するが，通常は波長がおおよそ0.1～100μmの帯域が重要である．

　一方，物体に電磁波が入射したとき，光子の持つエネルギーが熱運動の準位間の差に合致すれば，分子はある確率でその光子を吸収し，上位のエネルギー準位へ遷移する．すなわち，分子の熱運動が励起され，物体の内部エネルギーが増加する．励起される熱運動の種類と吸収される電磁波の波長との関係は射出の場合と同じである．同じく電磁波であっても，γ線や電波（マイクロ波より波長の長いもの）は，直接に熱運動を励起することはない．

8.1.1　熱放射の強さ

　物体表面からは，色々な波長であらゆる方向に放射エネルギーが射出されているが，物体表面上の単位面積から，単位時間当たりに射出されるすべての放射エネルギー E [W/m^2] を**全射出能**または**全放射能**（total emissive power）と呼ぶ．その内で，波長が $\lambda \sim \lambda + d\lambda$ [μm] の範囲から射出される放射エネルギーを $E_\lambda d\lambda$ と表すと

$$E = \int_0^\infty E_\lambda d\lambda \tag{8.2}$$

の関係があり，E_λ [W/(m$^2 \cdot \mu$m)] は**単色射出能**（monochromatic emissive power または spectral emissive power）と呼ばれる．

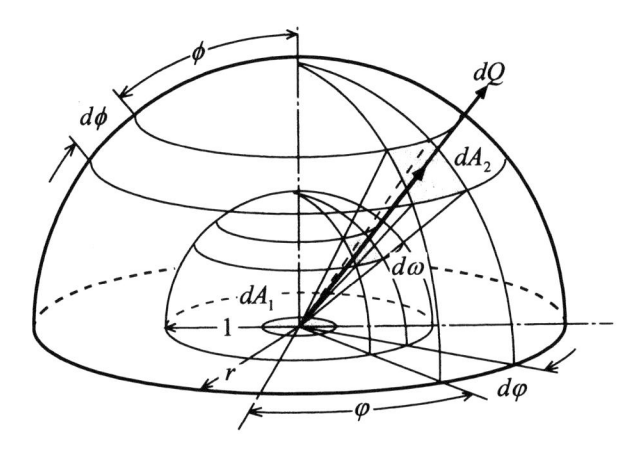

図 8.1 微小面要素 dA_1 から半球面上の面要素 dA_2 への熱放射

いま,図8.1のように物体表面上の微小面要素 dA_1 から射出され,半径 r の半球面上にある面要素 dA_2 を単位時間当たりに通過する放射エネルギーの量 dQ に着目する.放射エネルギーは微小面要素 dA_1 からあらゆる方向に向けて放射状に射出されるから,dA_1 の中心を頂点,dA_2 を底面とする錐体が単位半径の球面から切り取る面積を $d\omega$ とすると,着目している dQ は,微小面要素 dA_1 から射出され,面要素 $d\omega$ を単位時間当たりに通過する放射エネルギー量に等しい.したがって dQ は,面積 dA_1 をエネルギーの進行方向に射影した面積 $dA_1 \cos\phi$ と,面積 $d\omega$ に比例するから,I を比例定数として

$$dQ = I \cdot dA_1 \cos\phi \cdot d\omega \tag{8.3}$$

と書ける.ここで,dQ が熱放射面の面積 dA_1 をエネルギーの進行方向に射影した面積 $dA_1 \cos\phi$ に比例することを**ランバートの余弦法則**(Lambert's cosine law)と呼ぶ.dA_2 と面積 $d\omega$ との間には r を半径比(無次元数)として

$$d\omega = \frac{dA_2}{r^2} \tag{8.4}$$

の関係があるので，

$$dQ = I \cdot dA_1 \cos\phi \cdot d\omega = I \cdot dA_1 \cos\phi \cdot \frac{dA_2}{r^2} \tag{8.5}$$

となる．ここで，r を長さの次元を持つ半径と捉え直すと，$d\omega$ が無次元数となる．無次元数としての $d\omega$ を，dA_1 から dA_2 を望む**立体角**（solid angle）と呼び，単位には無次元単位であるステラジラン（steradian）が使われる．全立体角は 4π [steradian] である．

このように $d\omega$ を立体角とするとき，式(8.5)に比例定数の形で導入されている I [W/(m^2·steradian)] を**放射強度**（radiative intensity）と呼ぶ．これは単位時間，単位面積，単位立体角当たりのエネルギー量の次元を持つが，この場合の単位面積は，着目しているエネルギーの進行方向に対して直角にとる．

放射強度は一般に天頂角 ϕ と方位角 φ の関数 $I(\phi, \varphi)$ である．この放射強度 $I(\phi, \varphi)$ には種々の波長のエネルギーが含まれており，波長が $\lambda \sim \lambda + d\lambda$ [μm] の範囲に含まれるエネルギーを $I_\lambda d\lambda$ とすると，

$$I(\phi, \varphi) = \int_0^\infty I_\lambda(\phi, \varphi) d\lambda \tag{8.6}$$

の関係がある．I_λ [W/(m^2·steradian·μm)] を**単色放射強度**（monochromatic radiative intensity）と呼ぶ．

立体角 $d\omega$ は単位半径の球面上の面積に値が等しい無次元数であるから

$$d\omega = \sin\phi \, d\varphi \cdot d\phi \tag{8.7}$$

と書ける．これを式(8.5)に代入し，半球面に渡って積分した結果を面積 dA_1 で割ると，全射出能 E になる．

$$E = \frac{1}{dA_1}\int_\omega dQ = \int_{\varphi=0}^{2\pi}\int_{\phi=0}^{\pi/2} I(\phi,\varphi)\sin\phi\cos\phi\,d\phi\,d\varphi \tag{8.8}$$

もし，方向によらず放射強度 I が一定であれば，上式の積分は容易であり，

$$E = \pi I \tag{8.9}$$

の関係が得られる．単色放射強度 I_λ が方向によらず一定の場合も，同様に

$$E_\lambda = \pi I_\lambda \tag{8.10}$$

の関係が得られる．放射強度や単色放射強度が方向によらず一定である特性を**乱射性**，その特性を持つ伝熱面を**乱射面**（diffuse surface）と呼ぶ．

8.1.2 黒体放射

入射する放射エネルギーを，波長や入射方向に関係なくすべて完全に吸収する仮想の物体を**黒体**（black body）という．その表面（黒体面）から射出される**黒体放射**（black-body radiation）は，後で分かるように，熱放射の基準になる重要なものである．

黒体面の単色射出能は，**プランクの法則**（Planck's law）と呼ばれる次の式で与えられる[1]．

$$E_{\lambda,b} = \frac{C_1}{\lambda^5\left[\exp(C_2/\lambda T)-1\right]} \quad [\text{W}/(\text{m}^2\cdot\mu\text{m})] \tag{8.11}$$

但し，T は絶対温度 [K]，λ は波長 [μm] である．また，C_1，C_2 は下記の定数であり，定義式中の c_0 は真空中における光速 [2.998×10^8 m/s] である．

$$C_1 = 2\pi h c_0^2 = 3.742\times 10^8 \ [\text{W}(\mu\text{m})^4/\text{m}^2]$$

第8章 放射伝熱

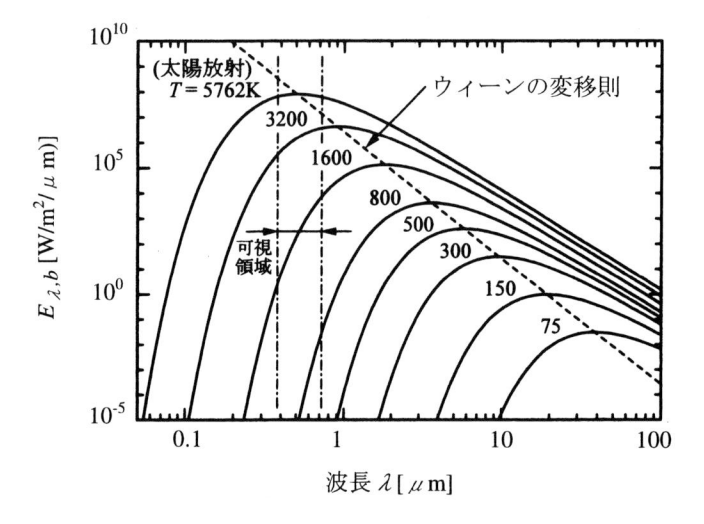

図8.2 黒体単色射出能

$$C_2 = \frac{hc_0}{k} = 1.439 \times 10^4 \ [\mu\text{m} \cdot \text{K}] \quad (k:\text{ボルツマン定数})$$

この式による波長 λ と単色射出能 $E_{\lambda,b}$ の関係を図8.2に示す.温度が高くなるにつれ,単色射出能が最大となる波長 λ_{max} は短波長側へ移って行き,全射出能のうちで短波長成分の占める割合が増していくことが分かる.また,図8.2から通常は波長がおおよそ0.1〜100μmの帯域が重要であることも分かる.λ_{max} と絶対温度 T の関係は

$$\lambda_{max} T = 2898 \ [\mu\text{m} \cdot \text{K}] \tag{8.12}$$

となり,**ウィーンの変移則**(Wien's displacement law)と呼ばれる.

黒体の全射出能 E_b は,式(8.2)に式(8.11)を代入し,積分することで得られ

$$E_b = \int_0^\infty E_{\lambda,b} d\lambda = \frac{\pi^4}{15} \frac{C_1}{C_2^4} T^4 = \sigma T^4 \tag{8.13}$$

となる．黒体の全射出能が温度のみの関数であり，絶対温度の4乗に比例するという式(8.13)の関係は**ステファン・ボルツマンの法則**（Stefan-Boltzmann's law）と呼ばれる．係数のσは定数であり

$$\sigma = \frac{\pi^4}{15}\frac{C_1}{C_2^4} = 5.67\times 10^{-8} \quad [\text{W}/(\text{m}^2\text{K}^4)] \tag{8.14}$$

また，入射した放射エネルギーをすべて吸収するという黒体の特性により，黒体面は自ずと乱射性を有する．（詳しくは，参考文献[2]を参照）

8.1.3 実在物体表面の熱放射

実在物体表面の全射出能ならびに単色射出能について，それぞれ黒体面の場合との比をとり，

$$\varepsilon = \frac{E}{E_b}, \qquad \varepsilon_\lambda = \frac{E_\lambda}{E_{\lambda,b}} \tag{8.15}$$

とおき，実在物体表面の射出能の大きさの指標とする．εを**放射率**（emissivity）または**全放射率**（total emissivity），ε_λを**単色放射率**（monochromatic emissivity）という．

実在物体表面の放射強度は一般に方向によって変化する．特定の方向の放射強度と，同じ温度の黒体の放射強度との比として**指向放射率**（directional emissivity）を次のように定義する．

$$\varepsilon(\phi,\varphi) = I(\phi,\varphi)/I_b \tag{8.16}$$

指向放射率は方位角φに関してはあまり変化せず，普通は天頂角ϕのみの関数$\varepsilon(\phi)$と見なすことができる．指向放射率に対して，式(8.15)で定義したεを**半球放射率**（hemispherical emissivity）と呼ぶことがある．

図8.3に示すように，電気の良導体と不良導体とでは，放射率の値も指向特性もかなり異なる．$\phi = 0°$における指向放射率を特に**垂直放射率**（normal emissivity）と呼ぶ．半球放射率εと垂直放射率ε_nの比$\varepsilon/\varepsilon_n$は，

第8章 放射伝熱

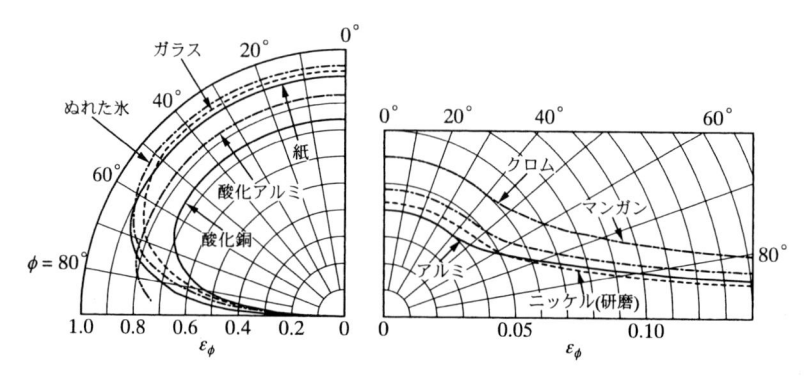

図8.3 良導体と不良導体の指向放射率の差異[3]

電気良導体の場合に 1.0：1.3，電気不良導体の場合に 0.95：1.0 というようにほぼ1に近い．このため，垂直放射率を単に「放射率」として紹介していることもある．各種材料の垂直放射率を表8.2に示す．また，図8.4に垂直放射率の温度依存性を示した．これらのデータなどから，放射率に関して次のことが言える．

1) 研磨直後のように，新鮮な金属面の放射率は一般に小さい．
2) 表面に酸化層が形成されると，金属面の放射率は大幅に増大する．
3) 電気不良導体の放射率は一般に大きい．
4) 電気良導体の放射率は温度が上がるともに大きくなる．

表8.2 種々の面の垂直放射率

物質	放射率	温度[℃]	物質	放射率	温度[℃]
金(高度研磨面)	0.018～0.035	90～600	木(平滑加工品)	0.8～0.9	38
銀(研磨面)	0.02～0.03	40～600	コンクリート	0.94	38
鋼(研磨面)	0.07～0.10	40～260	砂	0.6	常温
圧延鋼板	0.56～0.66	20～50	大理石	0.93	20～38
鋳鉄(黒皮)	0.61～0.85	20	石膏	0.8～0.9	20～38
アルミ(高度研磨面)	0.039～0.057	200～590	磁器(上薬)	0.93	38
アルミ(酸化面)	0.20～0.33	100～260	塗料(黒)	0.9	常温
銅(普通研磨面)	0.052	100	塗料(赤)	0.76	常温
銅(黒色酸化面)	0.76	38	塗料(黄)	0.72	常温
黄銅(高度研磨面)	0.033～0.057	260～380	塗料(青)	0.84	常温
黄銅(酸化面)	0.46～0.58	40～260	塗料(白)	0.7～0.9	常温
圧延ステンレス鋼	0.45	700	氷	0.97	0
亜鉛(研磨面)	0.02～0.03	38～260	雪	0.82	-10
亜鉛(酸化面)	0.11	399	水(厚さ0.1mm以上)	0.96	38

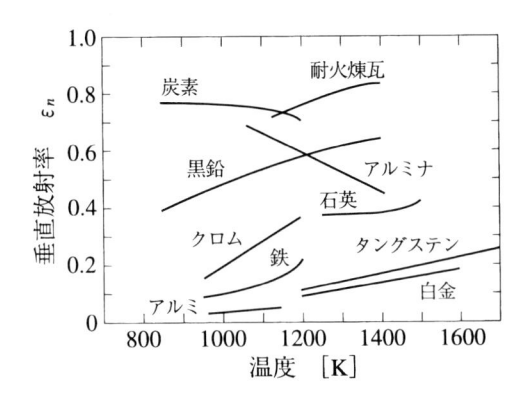

図 8.4　垂直放射率の温度依存性[4]

8.1.4　放射エネルギーの吸収，反射，透過

　物体表面に放射エネルギーが入射すると，一部は反射され，残りは物体内に入り，吸収されつつ裏面に向かう．ガラス，石英や多くの液体は，可視光や近赤外線の一部を良く通す．気体については，酸素や窒素は普通の条件下では放射エネルギーを吸収しないのに対して，水蒸気や二酸化炭素は特定の波長域のエネルギーを吸収する．但し，気体では分子間の間隔が大きいため，吸収が生じる波長域であっても，放射エネルギーはかなりの割合で気体塊を透過する．

　これに対して，多くの固体では，表面直下の非常に薄い層（電気良導体で$1\mu m$ 以下，不良導体でも$1 mm$ 以下程度）で吸収されてしまう．そのような物体では，透過は無視しても差し支えない．また，物体内部の分子から射出されたエネルギーもすぐに吸収されてしまい，物体外へ出てくるのは表面直下の非常に薄い層内の分子から射出されたエネルギーだけになる，このため，表面の特性が支配的になり，放射エネルギーの射出・吸収を表面現象として取り扱うことができる．

　物体表面に放射エネルギーが入射したとき，入射角と同じ角度で反射される場合を**規則反射**（regular reflection）または**鏡面反射**（specular reflection）といい，入射方向にかかわらずあらゆる方向に一様な強度で

反射される場合を**乱反射**（diffuse reflection）という．高度の研磨を施した直後の金属面は鏡面反射の性質を示し，表面が粗くなるにつれ，あるいは酸化層や不純物層が形成されるにつれて乱反射性を示すようになる．放射伝熱の計算では簡便さのために乱反射の仮定がよく用いられる．

いま，波長 $\lambda \sim \lambda + d\lambda$ の範囲に着目し，ある物体の表面に色々な方向から単位時間，単位面積当たりに入射するエネルギーを $H_\lambda d\lambda$ とする．この内の $H_{\lambda,\rho} d\lambda$ が表面で反射され，$H_{\lambda,\alpha} d\lambda$ が物体内で吸収され，$H_{\lambda,\tau} d\lambda$ が透過するならば，エネルギーの保存則から明らかに

$$H_\lambda = H_{\lambda,\rho} + H_{\lambda,\alpha} + H_{\lambda,\tau} \tag{8.17}$$

である．したがって，

$$\rho_\lambda = \frac{H_{\lambda,\rho}}{H_\lambda}, \quad \alpha_\lambda = \frac{H_{\lambda,\alpha}}{H_\lambda}, \quad \tau_\lambda = \frac{H_{\lambda,\tau}}{H_\lambda} \tag{8.18}$$

とおけば，

$$\rho_\lambda + \alpha_\lambda + \tau_\lambda = 1 \tag{8.19}$$

の関係が成立する．式中の ρ_λ，α_λ，τ_λ はそれぞれ**単色反射率**（monochromatic reflectivity），**単色吸収率**（monochromatic absorptivity），**単色透過率**（monochromatic transmissivity）と呼ぶ．さらに $H_{\lambda,\rho} d\lambda$ などを波長に関して全域に渡って積分し，全入射エネルギー H に対する比として

$$\textbf{反射率}（\text{reflectivity}）： \rho = \frac{H_\rho}{H} = \frac{\int_0^\infty \rho_\lambda H_\lambda d\lambda}{\int_0^\infty H_\lambda d\lambda} \tag{8.20}$$

$$\textbf{吸収率}（\text{absorptivity}）： \alpha = \frac{H_\alpha}{H} = \frac{\int_0^\infty \alpha_\lambda H_\lambda d\lambda}{\int_0^\infty H_\lambda d\lambda} \tag{8.21}$$

透過率(transmissivity) : $\tau = \dfrac{H_\tau}{H} = \dfrac{\int_0^\infty \tau_\lambda H_\lambda d\lambda}{\int_0^\infty H_\lambda d\lambda}$ (8.22)

を定義すると,これらの間には次の関係が成立する.

$$\rho + \alpha + \tau = 1 \tag{8.23}$$

黒体面では $\alpha = \alpha_\lambda = 1$ であるから $\rho = \rho_\lambda = 0$ かつ $\tau = \tau_\lambda = 0$ となり,反射,透過ともにまったく無いことになる.また,透過が無視できる多くの固体においては,

$$\rho + \alpha = 1 \tag{8.24}$$

となる.

ここで,単色吸収率 α_λ は,ε_λ や ε と同様に物体の特性のみで決まる物性値であるが,反射率 ρ,吸収率 α,透過率 τ は物体の特性のみでは決まらず,入射エネルギーのスペクトルパターンが異なれば違った値になる.可視光線領域だけを感知する肉眼で反射率の高低を判断するのは,可視光線領域の放射エネルギーだけが入射するときの反射率を見ているのと同じである.たとえば,雪は可視光線はよく反射するので反射率が高いように感じるが,長波長の赤外線はほとんどすべて吸収し,肉眼感覚に反して,放射伝熱の面からみた反射率は低い.

8.1.5 キルヒホッフの法則

ここでは,放射エネルギーの射出と吸収の関係を考える.図8.5のように無限に広い2枚の平板が平行に配置されており,上面は黒体面であるとする.一方,下面は波長が $\lambda_S \sim \lambda_S + d\lambda$ の微小帯域では,単色吸収率が $\alpha(\lambda_S, T)$,単色放射率が $\varepsilon(\lambda_S, T)$ で,透過はなく,それ以外の帯域では黒体面と同じ特性を有するものとする.いま,平板間の空間では放射エネルギーの射出と吸収はなく,この系が温度 T で熱的に平衡状態に達

第8章 放射伝熱

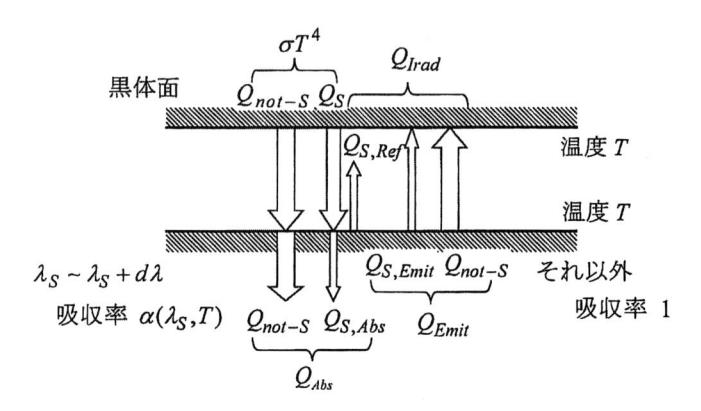

図 8.5 放射エネルギーの授受とキルヒホッフの法則

しているとする．

上面は黒体面であるから入射エネルギーの反射はなく，単位時間内に下面に入射するエネルギーの総量は上面が単位時間内に射出した放射エネルギーの総量に等しい．また，上面は黒体面の特性として乱射性であり，かつ，無限に広がっているから，下面のどこに単位面積を取っても，単位時間当たりの入射エネルギー量は同じである．この場合，下面の入射エネルギー流束は上面の射出エネルギー流束，すなわち，全射出能 σT^4 に等しい．その内で，$\lambda_S \sim \lambda_S + d\lambda$ の波長範囲で入射するエネルギー Q_S は，

$$Q_S = E_b(\lambda_S, T)d\lambda \tag{8.25}$$

であり，$\lambda_S \sim \lambda_S + d\lambda$ 以外の波長範囲で入射するエネルギー $Q_{not\text{-}S}$ は

$$Q_{not\text{-}S} = \sigma T^4 - E_b(\lambda_S, T)d\lambda \tag{8.26}$$

である．ところで，$Q_{not\text{-}S}$ は下面ですべて吸収されるが，Q_S はそれに単色吸収率 $\alpha(\lambda_S, T)$ を掛けた量 $Q_{S,Abs}$ のみが吸収される．したがって，下面で単位面積，単位時間当たりに吸収されるエネルギー Q_{Abs} は，次式で与えられる．

8.1 熱放射

$$Q_{Abs} = Q_{S,Abs} + Q_{not\text{-}S} = \alpha(\lambda_S, T) \cdot Q_S + Q_{not\text{-}S}$$
$$= \sigma T^4 - \{1 - \alpha(\lambda_S, T)\} \cdot E_b(\lambda_S, T) d\lambda \tag{8.27}$$

次に，下面が単位面積，単位時間当たりに射出するエネルギー Q_{Emit} を考える．$\lambda_S \sim \lambda_S + d\lambda$ 以外の波長範囲では，黒体面と同じ量のエネルギー $Q_{not\text{-}S}$ が射出され，$\lambda_S \sim \lambda_S + d\lambda$ の波長範囲では，黒体の射出量 Q_S に単色放射率 $\varepsilon(\lambda_S, T)$ を掛けた量 $Q_{S,Emit}$ が射出されるから，

$$Q_{Emit} = Q_{S,Emit} + Q_{not\text{-}S} = \varepsilon(\lambda_S, T) \cdot Q_S + Q_{not\text{-}S}$$
$$= \sigma T^4 - \{1 - \varepsilon(\lambda_S, T)\} \cdot E_b(\lambda_S, T) d\lambda \tag{8.28}$$

となる．この系は熱平衡状態にあるので Q_{Abs} と Q_{Emit} は等しくなければならない．また，λ_S は任意であるから，式(8.27)と式(8.28)より

$$\varepsilon(\lambda, T) = \alpha(\lambda, T) \tag{8.29}$$

となる．この式は同一温度，同一波長では物体表面の単色放射率と単色吸収率が等しいことを示しており，**キルヒホッフの法則**（Kirchhoff's law）と呼ばれる．

単色吸収率 $\alpha(\lambda, T)$ はその定義により，0以上，1以下の値をとる．したがって，キルヒホッフの法則により，単色放射率 $\varepsilon(\lambda, T)$ も，0以上，1以下の値をとる．黒体は入射した放射エネルギーをすべて吸収するから，あらゆる波長において単色吸収率が1であるとともに，単色放射率もあらゆる波長において1である．黒体の単色放射率（=1）は単色放射率が取りうる値の最大のものであるから，黒体面は与えられた温度の下で，あらゆる波長において最大の単色射出能を有し，かつ，最大の全射出能を有する面であることが分かる．

次に，上面に単位面積，単位時間当たりに入射するエネルギー Q_{Irad} に着目すると，Q_{Emit} に加えて，波長 $\lambda_S \sim \lambda_S + d\lambda$ の範囲で入射するエネルギー Q_S に反射率 $\rho(\lambda_S, T)$ を掛けた $Q_{S,Ref}$ が含まれる．透過が無い場合，

反射率と吸収率の間には式(8.24)の関係があり，さらにキルヒホッフの法則を考慮すると，

$$Q_{Irad} = Q_{Emit} + \rho(\lambda_S, T) \cdot Q_S = Q_{Emit} + \{1 - \alpha(\lambda_S, T)\} Q_S$$

$$= \sigma T^4 + \{\varepsilon(\lambda_S, T) - \alpha(\lambda_S, T)\} E_b(\lambda_S, T) d\lambda = \sigma T^4 \tag{8.30}$$

となり，上面においても放射エネルギーの収支はバランスしている．

なお，全放射率 ε と式(8.21)で定義される吸収率 α に関して言えば，α は入射エネルギーのスペクトルパターンによって変わるから，一般には $\varepsilon(T) \neq \alpha(T)$ である．

8.1.6 灰色面近似

実在物体表面の放射率は1より小さく，特に酸化していない良導体表面の放射率は著しく小さい．それを黒体面と仮定して伝熱計算を行えば大きな誤差が生じうる．そこで中間的な仮想面として，単色放射率 ε_λ が波長によらず一定で，乱射性および乱反射性を有する面を考え，それを**灰色面**（gray surface）と呼ぶ．この定義を完全に満足する現実の物体はないといってよいが，電気不良導体や半導体，金属酸化面などは灰色面の近似が比較的良く成り立つ．灰色面の仮定をおくと，射出能のスペクトル分布は，黒体のそれと相似で，値が一定比で小さいだけであるから，放射伝熱の計算が容易になる．

灰色面では α_λ が一定であるから，式(8.21)より常に $\alpha_\lambda(T) = \alpha(T)$ が成立する．これと灰色面の定義，キルヒホッフの法則を組み合わせると

$$\varepsilon(T) = \varepsilon_\lambda(T) = \alpha_\lambda(T) = \alpha(T) \tag{8.31}$$

となり，灰色面では，入射エネルギースペクトルにかかわりなく，同温度での放射率と吸収率が等しくなる．

8.2 固体面間の放射伝熱

本節では，前節で学んだ固体面の熱放射特性の知識に基づいて，伝熱問題として実用上重要な固体面間の放射伝熱を取り扱う．そこでは固体面の放射特性だけではなく，伝熱面の形状や配置，固体面間に介在する媒質の放射・吸収特性も関係してくる．ここでは基本的な場合として，表面はすべて黒体面あるいは灰色面であり，伝熱面間は真空であるか，放射エネルギーに関して透明な媒質である場合について考える．

8.2.1 黒体面間の放射伝熱と形態係数

図8.6のように，温度 T_1 の黒体面 A_1 と，温度 T_2 の黒体面 A_2 の上に，それぞれ微小面要素 dA_1，dA_2 を考える．両微小面要素間を結ぶ線分の長さが L，この線分と各微小面要素の法線がなす角を ϕ_1，ϕ_2 とする．dA_1 から出て dA_2 に到達する単位時間当たりの放射エネルギー $d^2Q_{1\to 2}$ は，

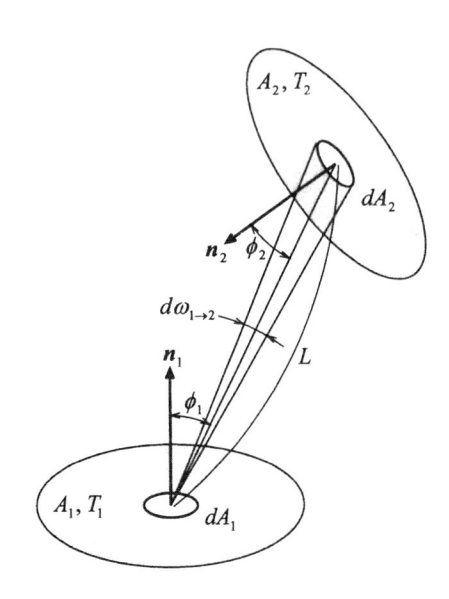

図 8.6 黒体面間の放射エネルギー交換と形態係数の概念

式(8.5)に従い，dA_1 をエネルギーの進行方向へ射影した面積 $dA_1\cos\phi_1$ と，dA_1 から dA_2 を望む立体角 $d\omega_{1\to 2}$ に比例する．微小面要素 dA_2 の法線がエネルギーの進行方向に対して角度 ϕ_2 だけ傾いているため，立体角 $d\omega_{1\to 2}$ は

$$d\omega_{1\to 2} = \frac{dA_2 \cos\phi_2}{L^2} \tag{8.32}$$

で与えられ，$d^2 Q_{1\to 2}$ は次のように書ける

$$d^2 Q_{1\to 2} = I_b(T_1) \cdot dA_1 \cos\phi_1 \cdot d\omega_{1\to 2} = I_b(T_1) \frac{\cos\phi_1 \cos\phi_2}{L^2} dA_1 dA_2 \tag{8.33}$$

黒体面 A_1 から出て黒体面 A_2 に到達する単位時間当たりの放射エネルギー $Q_{1\to 2}$ は，$d^2 Q_{1\to 2}$ を A_1 および A_2 の全域に渡って積分することによって得られ

$$Q_{1\to 2} = I_b(T_1) \int_{A_1} \int_{A_2} \frac{\cos\phi_1 \cos\phi_2}{L^2} dA_1 dA_2 \tag{8.34}$$

ところで，黒体面 A_1 からあらゆる方向に射出される放射エネルギーは単位時間当たりで

$$Q_1 = E_b(T_1) A_1 = \pi I_b(T_1) A_1 \tag{8.35}$$

その内で，黒体面 A_2 に到達するエネルギー $Q_{1\to 2}$ の割合を $F_{1,2}$ と表記すると

$$F_{1,2} = \frac{Q_{1\to 2}}{Q_1} = \frac{1}{A_1} \int_{A_1} \int_{A_2} \frac{\cos\phi_1 \cos\phi_2}{\pi L^2} dA_2 dA_1 \tag{8.36}$$

となる．この $F_{1,2}$ は伝熱面の幾何学的形状だけで定まるもので，面 A_1 から面 A_2 への**形態係数**（view factor）と呼ばれている．

今度は逆向きに，黒体面 A_2 から出るエネルギー Q_2 のうちで，黒体面

8.2 固体面間の放射伝熱

A_1 に到達するエネルギー $Q_{2\to 1}$ の割合を面 A_2 から面 A_1 への形態係数 $F_{2,1}$ と表記することにすると，式(8.32)から(8.36)の導式の過程で添え字の1と2を入れ替えればいいことが分かる．従って，

$$F_{2,1} = \frac{Q_{2\to 1}}{Q_2} = \frac{1}{A_2}\int_{A_2}\int_{A_1}\frac{\cos\phi_2 \cos\phi_1}{\pi L^2}dA_1 dA_2 \tag{8.37}$$

式(8.36)と(8.37)の右辺の積分部分は同じであるから，次の関係が成り立つ．

$$A_1 F_{1,2} = A_2 F_{2,1} \tag{8.38}$$

この関係式は形態係数に関する**相互関係**と呼ばれ，一方の形態係数が分かれば，他方の形態係数も求まる．なお，上述の相互関係は，黒体面 A_1 上および A_2 上のすべての位置から，相手面の全体が見えるものとして導出している．しかし，黒体面 A_2 が湾曲していて黒体面 A_1 上の特定の位置からは黒体面 A_2 の一部が見えない場合や，第3の面の存在によって，黒体面 A_1 および A_2 上の特定位置の組み合わせでは相互に相手側が見えないことがある．そのような場合についても式(8.38)は成立する．

次に，N 面（$j=1,2,3,\text{L }N$）の伝熱面で構成された系が密閉空間を構成する場合，伝熱面 A_j からすべての伝熱面（A_j 自身を含む）への形態係数の和は，形態係数の定義から1になる．

$$\sum_{k=1}^{N} F_{j,k} = 1 \tag{8.39}$$

これは**総和関係**と呼ばれる．また，A_j 自身への形態係数は**自己形態係数**と呼ばれ，伝熱面 A_j の形状によって次の特性を持つ．

A_j が平面または凸面の場合　　　$F_{j,j} = 0$ (8.40)

A_j が凹面の場合　　　$F_{j,j} \neq 0$ (8.41)

第8章　放射伝熱

平面または凸面の場合は，表面を出たエネルギーは他の伝熱面での反射を経ずに直接に自身の表面に到達することはないのに対し，凹面の場合には一部は直接に自身の表面に到達するからである．

さて，図8.6で考えた2面の伝熱面の温度が $T_1 > T_2$ の関係にあるとき，高温側の黒体面 A_1 から低温側の黒体面 A_2 への正味の単位時間当たり伝熱量 Q はどれだけになるであろうか．

$$Q = Q_{1\to 2} - Q_{2\to 1} \tag{8.42}$$

であり，式(8.36)と式(8.37)に示した形態係数の定義を使って書き換えると

$$Q = Q_1 F_{1,2} - Q_2 F_{2,1} = E_b(T_1) A_1 F_{1,2} - E_b(T_2) A_2 F_{2,1} \tag{8.43}$$

ここで，式(8.38)の相互関係と式(8.13)を用いると，Q は次のように書ける．

$$Q = \sigma T_1^4 A_1 F_{1,2} - \sigma T_2^4 A_1 F_{1,2} = \sigma(T_1^4 - T_2^4) A_1 F_{1,2} = \sigma(T_1^4 - T_2^4) A_2 F_{2,1} \tag{8.44}$$

黒体面ばかりで構成されている系では放射エネルギーの反射は無いから，3面以上の伝熱面で構成されている系であっても，その内の2面ずつを順次取上げて，式(8.44)で正味の伝熱量を計算していけばよい．

8．2．2　形態係数の計算例

形態係数は式(8.36)の二重積分を行って求める必要があり，解析解が求まる伝熱面の形状，配置は限られる．以下に，典型的な幾何学形状を有する黒体面が簡単な配置になっていて，形態係数が計算されている例を紹介する．

(1) 簡単に形態係数が求まる例

図8.7(a)のように，内面が黒体で，その表面積が A_1 である空洞の中に，

表面積 A_2 の小黒体（但し，小黒体の表面に凹面部分はないとする）を置いた場合，小黒体から射出された放射エネルギーはすべて直接に空洞の内壁に到達し，小黒体自身に直接に到達することはないから，明らかに

$$F_{2,1} = 1, \quad F_{2,2} = 0 \tag{8.45}$$

式(8.38)の相互関係と式(8.39)の総和関係から

$$F_{1,2} = \frac{A_2 F_{2,1}}{A_1} = \frac{A_2}{A_1}, \quad F_{1,1} = 1 - F_{1,2} = \frac{A_1 - A_2}{A_1} \tag{8.46}$$

同様に，無限に広い２枚の平板が平行に配置されている図8.7(b)の場合には，平板３，平板４のいずれから射出された放射エネルギーも，すべて他方の平板に直接に到達できるから

$$F_{3,4} = F_{4,3} = 1, \quad F_{3,3} = F_{4,4} = 0 \tag{8.47}$$

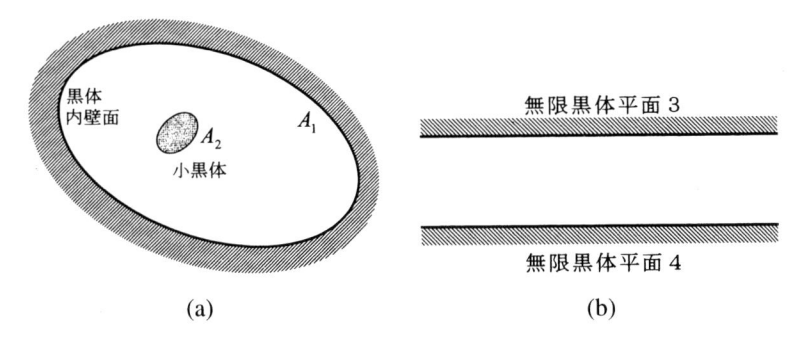

(a) (b)

図 8.7 形態係数が容易に求まる例

(2) ３個の凸面あるいは平面からなる２次元系

図8.8のように，３個の凸面あるいは平面で構成され，奥行きが無限大である２次元系を考える．この場合，手前と奥の壁はなくても閉空間と見なせる．形態係数は全部で9個あるが，式(8.40)で説明した特性により，3面の自己形態係数はすべてゼロ，つまり $F_{1,1} = F_{2,2} = F_{3,3} = 0$ であるか

ら，未知の形態係数は 6 個である．これに対して，相互関係を表す式(8.38)から

$$L_1 F_{1,2} = L_2 F_{2,1}, \quad L_1 F_{1,3} = L_3 F_{3,1}, \quad L_2 F_{2,3} = L_3 F_{3,2} \tag{8.48}$$

の 3 つの関係式が得られる．奥行きが無限大の 2 次元系では 3 面の面積はいずれも無限大であるが，面積比は軸直角断面に現れる辺の長さの比に等しいから上記のように書くことができる．さらに，総和関係を表す式(8.39)から

$$F_{1,1} + F_{1,2} + F_{1,3} = 1, \quad F_{2,1} + F_{2,2} + F_{2,3} = 1, \quad F_{3,1} + F_{3,2} + F_{3,3} = 1 \tag{8.49}$$

の 3 つの関係式が得られる．式(8.48)と(8.49)を合わせて，独立な条件式が 6 個あるので，形態係数は代数方程式を解くだけで次のように決定できる．

$$F_{1,2} = \frac{L_1 + L_2 - L_3}{2L_1}, \quad F_{2,3} = \frac{L_2 + L_3 - L_1}{2L_2}, \quad F_{3,1} = \frac{L_3 + L_1 - L_2}{2L_3}$$

$$F_{2,1} = \frac{L_1 + L_2 - L_3}{2L_2}, \quad F_{3,2} = \frac{L_2 + L_3 - L_1}{2L_3}, \quad F_{1,3} = \frac{L_3 + L_1 - L_2}{2L_1} \tag{8.50}$$

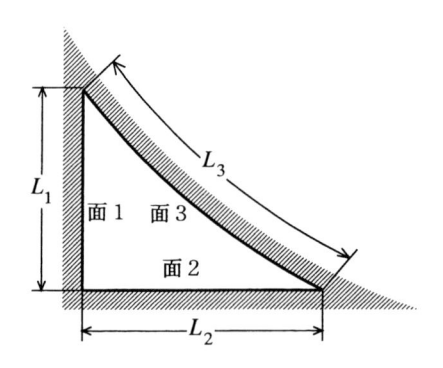

図 8.8　3 面の平面または凸面からなる二次元系

8.2 固体面間の放射伝熱

(3) 基本的な2面系の形態係数

2面の平面状伝熱面で構成される系でも，伝熱面の大きさが有限であると，形態係数は式(8.36)に基づいて算出する必要がある．ここでは，図8.9に示すような3種類の2面系について，既に求められている解析解を紹介する．

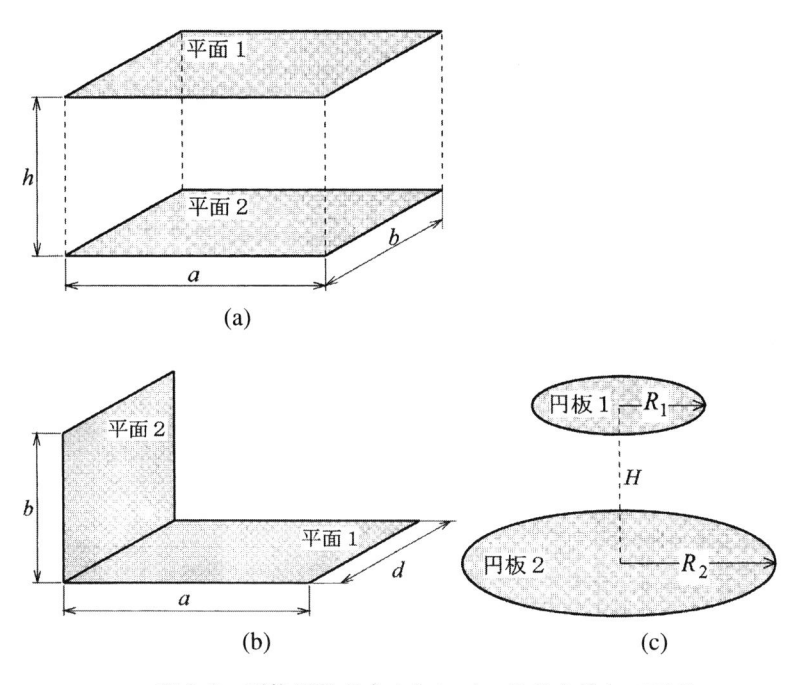

図 8.9 形態係数が求められている基本的な二面系

a) 同形の平行な長方形面

$$F_{1,2} = \frac{2}{\pi\alpha\beta}\left[\beta\sqrt{1+\alpha^2}\,\tan^{-1}\left(\frac{\beta}{\sqrt{1+\alpha^2}}\right) + \alpha\sqrt{1+\beta^2}\,\tan^{-1}\left(\frac{\alpha}{\sqrt{1+\beta^2}}\right)\right.$$

$$\left. + \ln\sqrt{\frac{(1+\alpha^2)(1+\beta^2)}{1+\alpha^2+\beta^2}} - \beta\tan^{-1}\beta - \alpha\tan^{-1}\alpha\right] \quad (8.51)$$

第8章　放射伝熱

但し，$\alpha = a/h$，$\beta = b/h$ である．

b) 垂直な長方形面

$$F_{1,2} = \frac{1}{\pi\beta}\left\{\alpha\tan^{-1}\frac{1}{\alpha} + \beta\tan^{-1}\frac{1}{\beta} - \sqrt{\alpha^2+\beta^2}\tan^{-1}\frac{1}{\sqrt{\alpha^2+\beta^2}}\right.$$

$$+\frac{1}{4}\left[\ln\frac{(1+\alpha^2)(1+\beta^2)}{(1+\alpha^2+\beta^2)} + \alpha^2\ln\frac{\alpha^2(1+\alpha^2+\beta^2)}{(1+\alpha^2)(\alpha^2+\beta^2)}\right.$$

$$\left.\left.+\beta^2\ln\frac{\beta^2(1+\alpha^2+\beta^2)}{(1+\beta^2)(\alpha^2+\beta^2)}\right]\right\} \tag{8.52}$$

但し，$\alpha = a/d$，$\beta = b/d$ である．

c) 同軸の平行な円盤

$$F_{1,2} = \frac{1}{2R_1^2}\left\{R_1^2 + R_2^2 + H^2 - \sqrt{\left(R_1^2+R_2^2+H^2\right)^2 - 4R_1^2R_2^2}\right\} \tag{8.53}$$

図8.10は垂直な長方形面の場合について，式(8.52)による寸法比 α，β と形態係数 $F_{1,2}$ の関係を図示したものである．

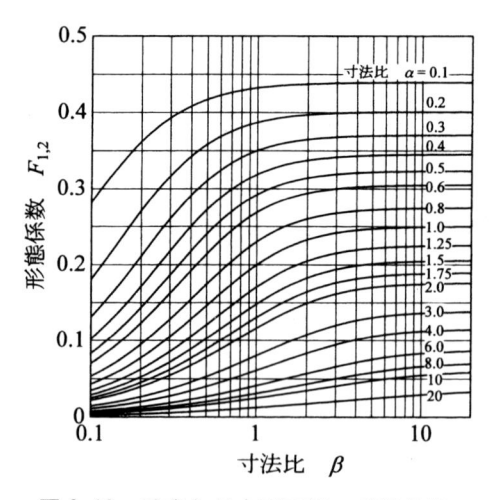

図 8.10　垂直な長方形面間の形態係数

8.2.3 灰色面系の放射伝熱と射度

　複数の灰色面で構成される閉空間系では，ある面に入射した放射エネルギーは，その一部は吸収されるが，残りは反射されて他の面に入射し，その一部はまた反射されるという過程が繰り返される．それを逐一充分に減衰するまで追跡するのではなく，反射を追跡しきった状況を想定し，そのときに各灰色面の放射エネルギーの授受に関して成り立つ関係式から放射伝熱量を求めることを考える．

　いま，面 i に系内のすべての面から入射してくるエネルギーの熱流束が H_i とすれば，その内の $\alpha_i H_i$ が吸収され，残りの $(1-\alpha_i)H_i$ は反射される．面 i からはそれ自身が射出する放射エネルギーも出て行くから，面 i から出て行く全熱流束 G_i は

$$G_i = \varepsilon_i \sigma T_i^4 + (1-\alpha_i)H_i \tag{8.54}$$

となる．この G_i を **射度**（radiosity），H_i を **外来照射量**（irradiation）と呼ぶ．

　ところで，灰色面は乱射性および乱反射性を有するので，黒体面間の形態係数は灰色面間の放射伝熱についてもそのまま利用できる．従って面 j から面 i に入射する放射エネルギーは $G_j A_j F_{j,i}$ となり，N 面の灰色面で構成される閉空間系内のすべての面から面 i に入射してくるエネルギーの熱流束 H_i は

$$H_i = \frac{1}{A_i}\sum_{j=1}^{N} G_j A_j F_{j,i} = \frac{1}{A_i}\sum_{j=1}^{N} G_j A_i F_{i,j} = \sum_{j=1}^{N} G_j F_{i,j} \tag{8.55}$$

となる．式(8.55)を式(8.54)に代入するとともに，灰色面に関するキルヒホッフの法則である式(8.31)を使えば，

$$G_i = \varepsilon_i \sigma T_i^4 + (1-\varepsilon_i)\sum_{j=1}^{N} G_j F_{i,j} \tag{8.56}$$

となる．式(8.56)は系を構成する N 面の灰色面の各々について書けるので，

N 個の条件式が得られる．したがって，式(8.56)を連立させて解くと未知数である N 面の射度 G_i が求まる．G_i が求まれば，面 i の正味の熱流束 q_i（灰色面から閉空間に向かう場合を正とする）は

$$q_i = G_i - H_i = \varepsilon_i \sigma T_i^4 + (1-\varepsilon_i)\sum_{j=1}^{N} G_j F_{i,j} - \sum_{j=1}^{N} G_j F_{i,j}$$

$$= \varepsilon_i\left(\sigma T_i^4 - \sum_{j=1}^{N} G_j F_{i,j}\right) \tag{8.57}$$

で計算できる．面 i の温度を T_i に保つには，q_i の正負に応じて，背後から熱流束 $|q_i|$ で加熱あるいは除熱する必要がある．但し，ここで求めた G_i, H_i および q_i はいずれも面 i での平均値であり，面の代表寸法が系の代表寸法に比べて十分に小さくない場合には，面内で不均一になる．そのような場合には，一つの面を伝熱計算上は複数の面に分けて考える必要がある．

ここで，無限平行平板の場合を例に取上げると，式(8.56)は次のようになる．

$$G_1 = \varepsilon_1 \sigma T_1^4 + (1-\varepsilon_1)(G_1 F_{1,1} + G_2 F_{1,2})$$
$$G_2 = \varepsilon_2 \sigma T_2^4 + (1-\varepsilon_2)(G_1 F_{2,1} + G_2 F_{2,2})$$

形態係数は8.2.2節で求めたように，$F_{1,1}=0, F_{1,2}=1, F_{2,1}=1, F_{2,2}=0$ であるから，上式は次のように書ける．

$$G_1 = \varepsilon_1 \sigma T_1^4 + (1-\varepsilon_1)G_2, \quad G_2 = \varepsilon_2 \sigma T_2^4 + (1-\varepsilon_2)G_1$$

この連立方程式を解くことにより，

$$G_1 = \frac{\varepsilon_1 \sigma T_1^4 + (1-\varepsilon_1)\varepsilon_2 \sigma T_2^4}{\varepsilon_1 + \varepsilon_2 - \varepsilon_1 \varepsilon_2}$$

$$G_2 = \frac{\varepsilon_2 \sigma T_2^4 + (1-\varepsilon_2)\varepsilon_1 \sigma T_1^4}{\varepsilon_1 + \varepsilon_2 - \varepsilon_1 \varepsilon_2}$$

したがって，正味の熱流束は式(8.57)から次のように求まる．

$$q_1 = \varepsilon_1\left(\sigma T_1^4 - G_2\right) = \frac{\sigma(T_1^4 - T_2^4)}{\dfrac{1}{\varepsilon_1} + \dfrac{1}{\varepsilon_2} - 1}, \quad q_2 = \varepsilon_2\left(\sigma T_2^4 - G_1\right) = \frac{\sigma(T_2^4 - T_1^4)}{\dfrac{1}{\varepsilon_1} + \dfrac{1}{\varepsilon_2} - 1}$$

(8.58)

8.3 気体の熱放射

気体による放射エネルギーの射出・吸収は，工業炉や地球温暖化などの環境問題に関連して重要であるが，気体層表面における放射エネルギーの反射はほとんどなく，また，放射エネルギーが気体層を通過するため表面現象として捉えることができない．さらに特定の波長で選択的に放射エネルギーを射出，吸収することもあり，気体の熱放射ならびに気体中での放射伝熱の取り扱いは固体の場合とはかなり異なる．本書では，気体の熱放射についての基本的な事項に重点を置く．

8.3.1 気体の熱放射の特徴

O_2，N_2やH_2のように同種の原子で構成される2原子分子気体や，He，Arなどの不活性気体は分子の対称性が良く，分子内の正電荷の重心と負電荷の重心が一致するから，分子は電荷を持たないのと同等である．そのため，分子が振動や回転を伴いながら空間を飛び回る熱運動を行っても，電磁波の射出・吸収を伴うエネルギー準位間の遷移は生じない（電子の軌道遷移が生じる非常な高温は除く）．これに対して，H_2O，CO_2，SO_2やCH_4をはじめとする炭化水素などの多原子分子気体，2原子分子気体でも異なる種類の原子で構成されるCOやNOなどでは，正電荷と負電荷が少し離れて対をなす形になり，その振動・回転が遷移することによって，電磁波すなわち放射エネルギーの射出・吸収が生じる．放射エネルギーの射出・吸収は主に赤外域で行われるので，この種の気体を**赤外活性気体**（infrared-active gas）と呼ぶこともある．

第8章 放射伝熱

気体は固体や液体に比べると分子間の相互作用が弱いので，分子内での原子の振動や分子の回転に関係する限られた波長範囲でのみ，放射エネルギーの射出・吸収を行い，著しい波長選択性を示す．図8.11はCO_2とH_2Oの圧力吸収係数が波数η*によって変化する様子（吸収係数スペクトル）を平滑化して示している．

圧力吸収係数あるいは吸収係数の定義は後ほど述べるが，吸収の強さ

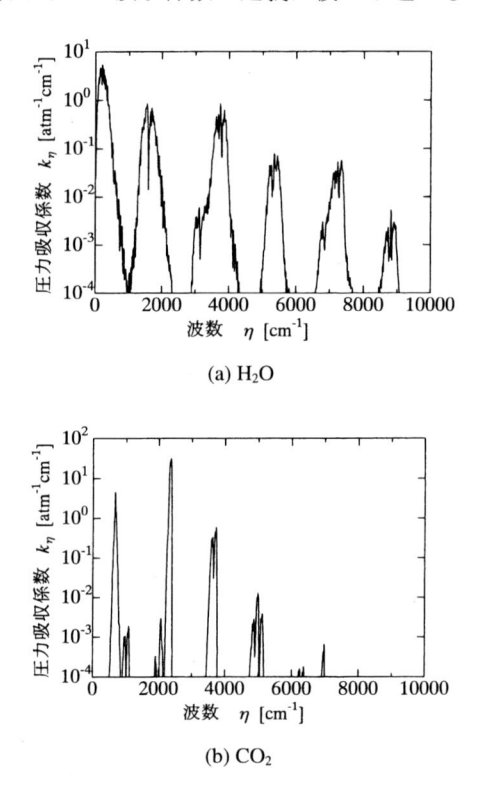

(a) H_2O

(b) CO_2

図 8.11 代表的赤外線活性気体の圧力吸収係数 400K[5]

---

*波数の単位 [cm^{-1}]（「カイザー」と読む）は1cm 中に波が何波長分入るかを表し，波長λとは反比例の関係にある．赤外活性気体中の放射伝熱計算を行う際には波長の代わりにこちらを使うことが多い．

の指標であり,吸収係数の大きい帯域では強い吸収が生じると同時に,放射エネルギーの射出も盛んである.両気体ともに5箇所程度,吸収係数の大きくなる帯域が存在する.このような帯域を**吸収帯**(absorption band)と呼ぶ.吸収帯の代表波数(波長)は振動準位が遷移する際のエネルギー差で決まる.

図8.12は吸収帯の一部を取り出し,横軸を拡大するとともに平滑化せずに示したものである.図中の針状突起は**吸収線**(absorption line)と呼ばれ,1本ごとに遷移前後の回転準位の組み合わせが異なるため,それぞれの間でわずかに波長が異なっている.この図のように狭い帯域の中でも吸収係数が著しく変化し,しかも,温度によってもスペクトルが大きく変化する.温度不均一な赤外活性気体中での放射伝熱を予測するには,このことを考慮しなければならない.以下では,気体の温度が一様である場合について述べる.

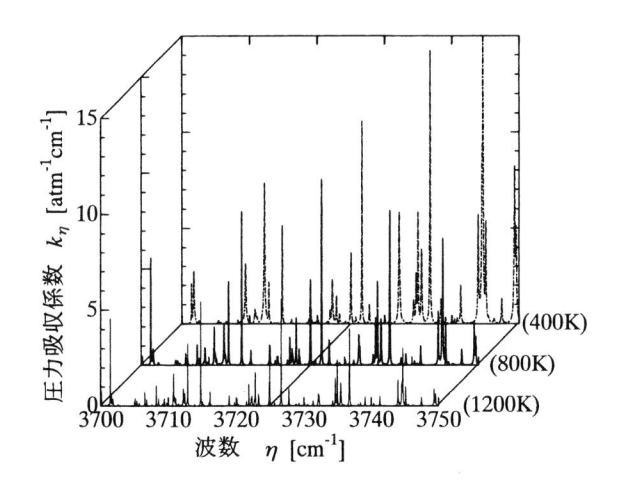

図 8.12 H_2O の詳細な圧力吸収係数スペクトル[5]

8.3.2 ビアの法則

赤外活性気体の分子は入射した放射エネルギーをある確率でしか吸収しないが,分子がその確率を考慮した(実際の断面積より小さい)**吸収**

第8章　放射伝熱

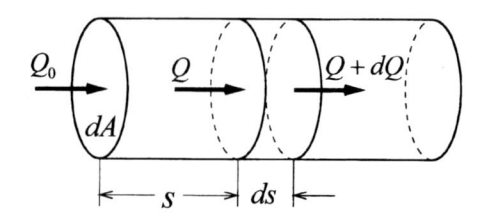

図 8.13　放射エネルギーの吸収過程とビアの法則

断面積（absorption cross section）κ_λ を有し，吸収断面積の範囲内に入射したエネルギーはすべて吸収されると置き換えて考えることができる．吸収の生じやすさは波長によって異なるから，吸収断面積は波長の関数である．

図8.13のように，等温，均質な気体層の左側表面に微小面要素 dA をとり，この面要素に微小立体角 $d\omega$ の範囲内で放射エネルギーが入射するものとする．ここで，$d\omega$ を極限まで小さく取れば，着目している放射エネルギーは近似的に平行エネルギー束となり，断面積一定の柱状体の中を進む．

ここでは，吸収断面積 κ_λ が一定とみなせる狭い波長範囲 $\lambda : \lambda + d\lambda$ を考え，赤外活性気体分子の数密度（単位体積中の個数）は N であるとする．柱状体から微小区間 ds の部分を取り出し，エネルギーの進行方向に眺めたとすると，奥行き ds は微小であるから，奥の分子が手前の分子の陰に隠れる可能性は無視でき，断面積 dA の中に全部で $\kappa_\lambda N dA ds$ の吸収断面積が見える．微小体積に入射したエネルギーの内で，微小体積内で吸収される割合は，吸収断面積の総和が微小体積の断面積 dA に占める割合に等しい．したがって，$s = s$ での放射強度を I_λ とすると，単位時間当たりの入射エネルギー量 Q は

$$Q = I_\lambda dA d\omega d\lambda \tag{8.59}$$

であり，その内，微小体積内で吸収される量を $-dQ$ とすると，

$$\frac{-dQ}{Q} = \frac{\kappa_\lambda N dA ds}{dA} = \kappa_\lambda N ds = K_\lambda ds \tag{8.60}$$

となる．ここで，吸収断面積 κ_λ と分子数密度 N の積である K_λ は [長さ]$^{-1}$ の次元を持ち，**吸収係数**（absorption coefficient）と呼ばれる．

$s=0$ において $Q=Q_0$ の条件のもとでは，式(8.60)の解は

$$Q(s) = Q_0 \exp(-K_\lambda s) \tag{8.61}$$

となり，放射エネルギーは気体層中を進むにつれて指数関数的に減衰する．これを**ビアの法則**（Beer's law）という．

8.3.3 赤外活性気体分子のエネルギー射出量

先に述べたように，赤外活性気体の吸収係数の大きい帯域では，強い吸収が生じると同時に，放射エネルギーの射出も盛んである．ここでは，吸収係数が一定とみなせる $\lambda : \lambda + d\lambda$ の狭い波長帯に着目し，赤外活性気体の分子が射出する放射エネルギーについて定量的に考えよう．

図8.13中の体積 $dAds$ の微小体積部分が温度 T の黒体面で覆われ，内部の気体は黒体面と熱平衡になっているとする．左側底面の黒体面から，法線方向（すなわち s 軸正方向）に微小立体角 $d\omega$ の範囲内で単位時間に射出されるエネルギーの内で，微小体積内の赤外活性分子に吸収されるエネルギー $|dQ|$ は，式(8.60)中の Q に式(8.59)を代入し，I_λ を $I_{\lambda,b}(T)$ に置き換えることで

$$|dQ| = Q \cdot \kappa_\lambda N dx = I_{\lambda,b}(T) \cdot \kappa_\lambda N dA ds \cdot d\omega d\lambda \tag{8.62}$$

となる．式中に現れる $\kappa_\lambda N dA ds$ は，前述のように，微小体積をエネルギーの進行方向から眺めたときに見える吸収断面積の合計である．奥行き ds が微小とみなせる範囲であれば，奥行き ds を深くし，代わりに断面積 dA を小さくしても，体積が不変であれば吸収断面積の合計は変わらず，$|dQ|$ も変わらない．さらに言えば，断面内で奥行きが一様でなくても，

第8章 放射伝熱

体積が不変であればやはり $|dQ|$ は変わらない．したがって，式(8.62)中の $dAds$ を微小体積 dV に書き換えれば，その式は任意形状の微小体積を任意の向きに横切るエネルギーに適用できる．なぜならば，黒体の放射強度 $I_{\lambda,b}(T)$ は方向に依存せず， κ_λ も気体の等方性によりエネルギーの進行方向に依存しないからである．

したがって，微小気体塊を包む黒体面からあらゆる方向に射出される放射エネルギーの内，微小気体塊に単位時間に吸収されるエネルギーの量 Q_{Abs} は

$$Q_{Abs} = \int_\omega dQ = 4\pi \cdot I_{\lambda,b}(T)\kappa_\lambda NdVd\lambda \tag{8.63}$$

となる．一方，微小体積内の赤外活性分子から単位時間に射出されるエネルギーの量 Q_{Emit} は，分子の個数 NdV と波長幅 $d\lambda$ に比例するから， j_λ を比例係数として次式のように書ける．

$$Q_{Emit} = j_\lambda \cdot NdV \cdot d\lambda \tag{8.64}$$

熱平衡であるためには，吸収量 Q_{Abs} と射出量 Q_{Emit} が等しくなければならないので，式(8.63)と式(8.64)から次の関係が得られる．

$$j_\lambda = 4\pi I_{\lambda,b}(T)\kappa_\lambda \tag{8.65}$$

この関係を式(8.64)に代入すると，温度 T ，吸収係数 K_λ ，体積 dV の微小気体塊に含まれる赤外活性気体分子から，波長 $\lambda \sim \lambda + d\lambda$ の範囲で単位時間に射出される放射エネルギーは次式で与えられる．

$$Q_{Emit} = 4\pi I_{\lambda,b}(T) \cdot \kappa_\lambda N \cdot dAdx \cdot d\lambda = 4E_{\lambda,b}(T)K_\lambda dVd\lambda \tag{8.66}$$

8．3．4　等温気体塊の放射率

赤外活性気体分子が射出する放射エネルギーの量が分かれば，等温気体塊の表面における放射率は次のようにして求めることができる．図8.14のように等温気体塊の表面に微小面要素 dA をとり，この微小面要素

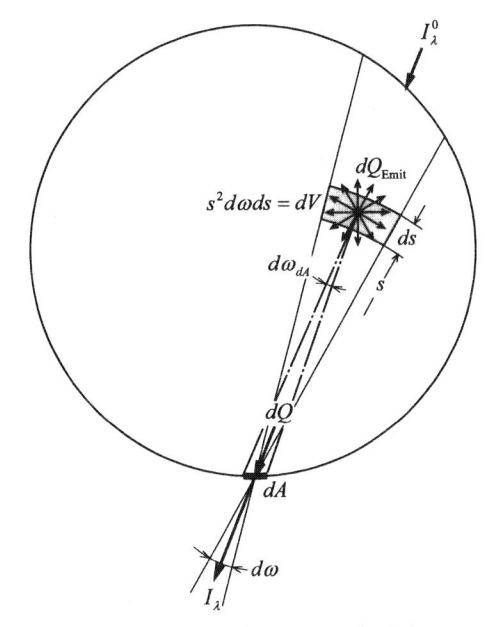

図 8.14 気体塊の指向放射強度

を通って，微小立体角 $d\omega$ の範囲内で単位時間に出てくる放射エネルギーの量 dQ を考える．これに寄与するのは，着目しているエネルギーの射出方向とは逆向きに微小立体角 $d\omega$ をとったときに，その微小立体角の中にある気体のみである．図のように，dA から距離 s の位置にある微小厚さ ds の気体層に着目する．この部分の体積は $s^2 d\omega ds$ であり，式(8.66)によれば，ここから波長 $\lambda \sim \lambda + d\lambda$ の範囲で単位時間に射出される放射エネルギー $d^2 Q_{Emit}$ は

$$d^2 Q_{Emit} = 4 E_{\lambda,b}(T) K_\lambda \cdot s^2 d\omega ds \cdot d\lambda \tag{8.67}$$

となる．気体はあらゆる方向に同じ強さで放射エネルギーを射出するので，全立体角に向かって射出される $d^2 Q_{Emit}$ の内で，微小面要素 dA に向かって射出されるエネルギー $d^2 Q_{dA}$ が占める割合は，射出点から dA を望む立体角 $d\omega_{dA}$ が全立体角 4π に占める割合に等しい．したがって

第8章　放射伝熱

$$d^2Q_{dA} = d^2Q_{Emit}\frac{d\omega_{dA}}{4\pi} = 4E_{\lambda,b}(T)K_\lambda \cdot s^2 d\omega ds \cdot \frac{dA\cos\phi}{4\pi s^2} \cdot d\lambda$$

$$= I_{\lambda,b}(T)K_\lambda d\omega ds \cdot dA\cos\phi \cdot d\lambda \tag{8.68}$$

となる．さらに，d^2Q_{dA} は面要素 dA に到達するまでに，式(8.61)に示したビアの法則に従って減衰するから，面要素 dA に到達する放射エネルギーの量 d^2Q は

$$d^2Q = d^2Q_{dA}\exp(-K_\lambda s) = I_{\lambda,b}(T)K_\lambda d\omega ds \cdot dA\cos\phi \cdot d\lambda \cdot \exp(-K_\lambda s)$$

$$\tag{8.69}$$

となる．面要素 dA から見て，着目している方向の気体塊の奥行きが L であると，dQ を求めるには微小区間 ds の寄与 d^2Q を $s=0:L$ の全区間に渡って積分する必要がある．したがって

$$dQ = I_{\lambda,b}(T)K_\lambda d\omega \cdot dA\cos\phi \cdot d\lambda \cdot \int_0^L \exp(-K_\lambda s)ds$$

$$= I_{\lambda,b}(T)d\omega \cdot dA\cos\phi \cdot d\lambda \cdot \{1-\exp(-K_\lambda L)\} \tag{8.70}$$

となる．dA のエネルギーの進行方向への射影面積 $dA\cos\phi$，立体角 $d\omega$，波長幅 $d\lambda$ の積で，この dQ を割れば単色指向放射強度となる．奥行き L の関数となるので，これを $I_\lambda(L)$ と表記すると次のようになる．

$$I_\lambda(L) = I_{\lambda,b}(T)\{1-\exp(-K_\lambda L)\} \tag{8.71}$$

さらに，$I_\lambda(L)$ を黒体の放射強度 $I_{\lambda,b}(T)$ で割ると，単色指向放射率が

$$\varepsilon_\lambda(L) = 1-\exp(-K_\lambda L) \tag{8.72}$$

で与えられる．奥行き L が大きくなるにつれて，気体塊表面での単色指向放射強度は単調に増加するが，同温度の黒体の放射強度を越えることはなく，単色指向放射率は1を越えないことがわかる．

なお，着目している方向に，気体塊の奥側から放射強度 I_λ^0 で外来放射

218

エネルギーが入射する場合には，その寄与を上式の導出過程と同様に考え，式(8.71)に加算すれば

$$I_\lambda(L) = I_\lambda^0 \exp(-K_\lambda L) + I_{\lambda,b}(T)\{1 - \exp(-K_\lambda L)\} \tag{8.73}$$

となる．

外来放射エネルギーの寄与を考えない式(8.70)で与えられる dQ を半球に渡って立体角で積分し，それを同温度の黒体の単色射出能 $E_{\lambda,b}(T)$ と $d\lambda dA$ の積で割れば，気体塊の単色半球放射率になるが，dA から見た気体塊の奥行き L は天頂角 ϕ と方位角 φ の関数であるから

$$\varepsilon_\lambda = \frac{I_{\lambda,b}(T)d\lambda dA}{E_{\lambda,b}(T)d\lambda dA} \int_{\varphi=0}^{2\pi}\int_{\phi=0}^{\frac{\pi}{2}} \{1-\exp[-K_\lambda L(\phi,\varphi)]\}\sin\phi\cos\phi\, d\phi\, d\varphi$$

$$= \frac{1}{\pi}\int_{\varphi=0}^{2\pi}\int_{\phi=0}^{\frac{\pi}{2}} \{1-\exp[-K_\lambda L(\phi,\varphi)]\}\sin\phi\cos\phi\, d\phi\, d\varphi \tag{8.74}$$

となる．典型的形状に対しては，式(8.74)の積分を行う代わりに，式(8.72)右辺の L に**気体塊の相当厚さ**（equivalent beam length または mean beam length）L_e を代入した形の式

$$\varepsilon_\lambda = 1 - \exp(-K_\lambda L_e) \tag{8.75}$$

で半球放射率の近似値を求められるように，L_e と気体塊の代表寸法の関係が求められている．その例を表8.3に示す．

次に等温気体塊の指向全放射率は次式で定義される．

$$\varepsilon(L) = \frac{\int_0^\infty I_\lambda(L)d\lambda}{\int_0^\infty I_{\lambda,b}d\lambda} = \frac{\pi\int_0^\infty I_{\lambda,b}\{1-\exp(-K_\lambda L)\}d\lambda}{\pi\int_0^\infty I_{\lambda,b}d\lambda}$$

$$= \frac{\int_0^\infty E_{\lambda,b}\{1-\exp(-K_\lambda L)\}d\lambda}{\sigma T^4} \tag{8.76}$$

ここで，吸収係数 K_λ は熱放射分子の数密度 N，すなわち，赤外活性気体の分圧 p に比例するから，$K_\lambda = k_\lambda p$ とおき

第8章 放射伝熱

表8.3 気体塊の相当厚さ

気体塊の形状		受熱位置	代表寸法	相当厚さ L_e
半球		底面の中心	半径 (R)	R
球		球面	直径 (D)	$0.65D$
円柱	高さ＝直径	底面の中心	直径 (D)	$0.715D$
		全面	直径 (D)	$0.60D$
	長さ半無限	底面の中心	直径 (D)	$0.90D$
		底面	直径 (D)	$0.65D$
	長さ無限	周壁	直径 (D)	$0.95D$
無限平行平板間の空間		平板	平板間距離 (L)	$1.8L$
立方体		1面または全面	辺長 (L)	$0.6L$
直方体	縦：横：高さ ($L:L:4L$)	$L\times 4L$ 面	最短辺 (L)	$0.82L$
		$L\times L$ 面	最短辺 (L)	$0.71L$
		全面	最短辺 (L)	$0.81L$
	縦：横：高さ ($L:2L:6L$)	$2L\times 6L$ 面	最短辺 (L)	L
		$L\times 6L$ 面	最短辺 (L)	$1.05L$
		$L\times 2L$ 面	最短辺 (L)	$1.02L$
		全面	最短辺 (L)	$0.81L$

$$\varepsilon(L) = \frac{\int_0^\infty E_{\lambda,b}\{1-\exp(-k_\lambda pL)\}d\lambda}{\sigma T^4} \tag{8.77}$$

と表現されることが多い．k_λ は**圧力吸収係数**（pressure absorption coefficient）と呼ばれ[atm^{-1}cm^{-1}]の単位で使われるのが普通である．

実在の赤外活性気体の吸収係数は複雑なスペクトル形状を示し，式(8.77)の積分結果は簡単な式にはならない．図8.15(a)および図8.16(a)は燃焼場の代表的赤外活性気体である水蒸気と二酸化炭素について，圧力経路長 pL をパラメータとして，指向放射率の温度依存性を示したものである．これらは全圧が 1 atm，水蒸気あるいは二酸化炭素の分圧が 0 atm に近い場合の値である．全圧が異なる場合には，図8.15(b)，図8.16(b)で求めた修正係数を掛ける．

指向全放射率ではなく，半球全放射率の概略値を求めたい場合には，次のようにする．例えば，全圧 $p_T = 0.5\,\mathrm{atm}$，二酸化炭素の分圧

$p_{CO_2} = 0.03\,\text{atm}$，直径 $D = 200\,\text{cm}$，温度 1000 K の球形等温気体塊の表面における半球全放射率を知りたいとする．まず表8.3により $L_e = 0.65D = 130\,[\text{cm}]$ であり，相当圧力経路長は $p_{CO_2} L_e = 3.9\,\text{atm}\cdot\text{cm}$

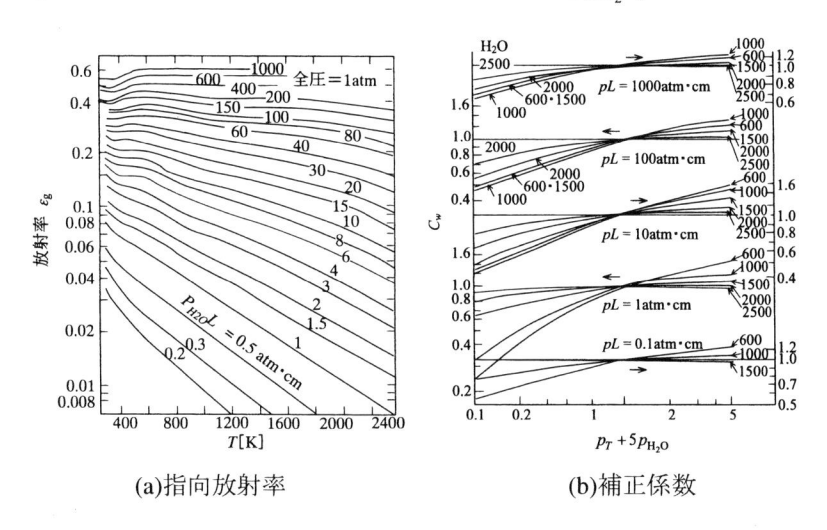

(a)指向放射率　　　　(b)補正係数

図8.15　H_2O の指向放射率と補正係数[6]

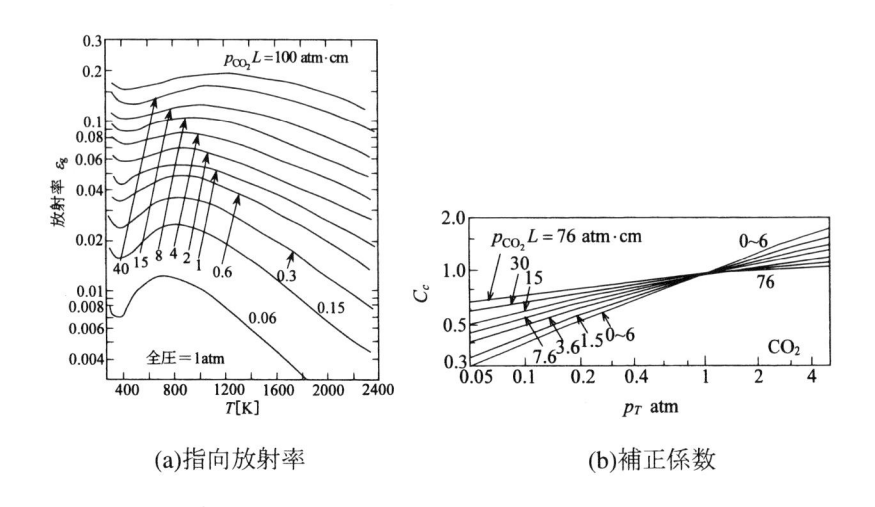

(a)指向放射率　　　　(b)補正係数

図8.16　CO_2 の指向放射率と補正係数[6]

となるから，図8.16(a)上の横軸1000Kの位置で，圧力経路長に関して補間を行って放射率の値を読み取る．さらに，図8.16(b)において，横軸$p_T = 0.5$ atmの位置で，圧力経路長に関して補間を行って補正係数を読み取る．先に読み取った放射率の値にこの補正係数をかければ，半球全放射率を大まかに評価できる．

気体が容器内に入っているのであれば，熱放射による容器内壁面での入射熱流束の概略値は，上記のようにして求めた気体塊表面での半球全放射率に$E_b = \sigma T^4$を掛けることで求めることができる．

8.4　熱放射・吸収の波長特性の重要性

固体面間の放射伝熱計算において灰色面近似が使われ，赤外活性気体中の放射伝熱計算においても，吸収係数が波長に依存しないと仮定する灰色近似がしばしば使われる．これらの仮定はいずれも計算を容易にするためであるが，電気不良導体や半導体，金属酸化面などのように，固体面では灰色面近似が比較的良く成り立つ例があるのに対して，赤外活性気体はすべて顕著な選択吸収の特性を示し，灰色近似では合理的で普遍的な計算は困難である．吸収係数の高い波長域では赤外活性気体から多量の放射エネルギーが射出されるが，吸収も盛んで遠くには届きにくい．一方，吸収係数の低い波長域では射出量は少ないが，相対的に遠くまで届く．このことをきっちりと考慮した計算を行うためには，吸収係数が各分割帯域内では一定と見なせるほどに帯域を細かく分割し，帯域別に計算する必要がある．

ガラスや水は太陽光の主要波長域である可視光（図8.2参照）は良く通すが，波長が3〜4μm以上の赤外線は良く吸収する．ガラス温室はこの特性を利用したもので，太陽光のエネルギーは良く通すが，それを一旦吸収した土壌や植物から出る赤外線（図8.2で温度300Kの時を参照）はほとんど通さない．この結果，温室に放射で流入する熱量が放射で出て行く熱量より多くなり，温室内部は外部よりも暖かく保たれる．二酸化炭

素やメタンは波長2μm 程度以上の赤外域に強い吸収帯があるが，可視域には吸収帯がなく，温室のガラスと似た作用を持つ．このため，大気中の含有量が増加すると地球温暖化を引き起こす．

　固体面の熱放射に関しても，熱放射の波長特性を考慮すべき場合がある．放熱器の一種である冷凍サイクルの凝縮器では，作動温度は350K 程度であり，長波長域に熱放射の主要範囲がある．このため，放射率の色による違いはわずかであり，黒ラッカーで塗装しても白エナメルで塗装しても，全放射率にほとんど違いはない．しかし，この放熱器が屋外に設置され直射日光に晒される場合には，黒色塗装は太陽熱を吸収して放熱の目的を阻害する．このような場合には，長波長域での放射率が黒色塗装に劣らず，太陽熱に対しては吸収率が小さい白色の塗装を施すほうが良い．真空の宇宙空間にある人工衛星や宇宙船では，船内の機器から出る廃熱の処理は船外に設けた放熱器からの熱放射によるしかないが，地上以上に強い太陽光にさらされるので，同様の配慮が必要である．

【演習問題】

〔1〕凸面と平面が交互に並んだ4面からなる奥行き無限大の2次元系において，凸面1（辺 AB）から凸面3（辺 CD）への形態係数を求めよ．但し，平面2（辺 BC）と平面4（辺 DA）の端を結ぶ2本の対角線 AC ならびに BD と凸面は交わらないものとする．

〔2〕空洞内壁の温度がTで一様である場合，内壁が黒体でなくとも，壁に開けたごく小さな穴から出て来る放射エネルギーは，温度Tにおける黒体のそれに等しいことが知られている．図8.8のように3面で構成される二次元系の3面すべてが灰色面であるとし，これに第4面としてごく狭い開口部を加えた系を考え，その系に8.2.3節と同様の考え方を適用して，上記の現象を説明せよ．

〔3〕式(8.71)の導出過程において，気体塊の温度が不均一であり，K_λ，$I_{\lambda,b}$ともに気体塊表面の着目点からの距離sの関数となる場合には，気

体塊表面で指向放射強度はどのような式で与えられることになるか．また，その結果から，指向放射強度 I_λ がそのような気体中を進むにつれてどのように変化するかを支配する微分方程式を導出せよ．

[**4**] 黒体からの熱ふく射の単色ふく射能を与える式(8.11)は温度と波長の関数となっているが，これを温度と波数の関数に書き直せ．また，単色ふく射能が最大になる波数 η_{max} と絶対温度の関係（ウィーンの変移則に相当する関係）を求めよ．

参考文献

[1] Planck, M., "Distribution of Energy in the Spectrum", Annalen der Physik, vol.4, no.3 (1901), 353

[2] Modest, M. F., "Radiative Heat Transfer", McGraw-Hill Series in Mechanical Engineering,, McGraw-Hill (1993), 16

[3] Schmidt, E. and Eckert, E., "Forsch. Geb. Ingenieurw"., vol.6 (1935), 175.

[4] Rohsenow, W.H. and Harnett, J. P. (ed.), "Handbook of Heat Transfer", McGraw-Hill (1973).

[5] Rothman, L. S. and McCann, A., "HITRAN 1996" CD-ROM, Ontar Corporation (1996) を基に算出．

[6] 日本機械学会編，「伝熱工学資料」改訂第4版，日本機会学会(1986).

第9章　熱交換器

　高温の流体から低温の流体に積極的に熱を伝えるための装置を**熱交換器**（heat exchanger）という．熱交換器の応用範囲は広く，身近なところでは家庭用冷蔵庫や自動車のラジエーター，大規模なものとしては発電所のボイラーや蒸気発生器など，実に様々な場面で利用されている．熱交換器の改良によって，これまでにたとえばルームエアコンや冷蔵庫の小型化などが実現されているのであるが，エネルギー・環境問題の要請や発熱密度の高い機器の登場により，近年ではさらにコンパクトで高性能な熱交換器が求められている．

　熱交換器はきわめて多種多様であり，セラミックスなどでできた蓄熱体を高温流体と低温流体に交互に触れさせることにより熱交換を行う方式（蓄熱式熱交換器）などもよく利用されている．しかし，熱交換器の多くは高温流体と低温流体が直接接触するかあるいは壁で仕切られているかによって，「**直接接触式熱交換器**（direct-contact heat exchanger）」と「**隔壁式熱交換器**（surface heat exchanger）」に大別できる．直接接触式熱交換器は，水温を下げるために温水を大気中にスプレーする冷却塔や，蒸気中に冷水をスプレーするタイプの蒸気凝縮器などに見られる．直接接触式熱交換器では，高温流体と低温流体の間に固体壁が存在しない．このため，流体間の熱抵抗が小さい，伝熱面の汚れよる性能の劣化がないなどの点で隔壁式よりも有利である．しかしながら，高温流体と

低温流体の混合が許容できない，伝熱面積の算定が困難などの理由により，実際の伝熱機器では隔壁式熱交換器の方がより広く利用されている．

本章では，広く実用されている熱交換器として隔壁式熱交換器をとりあげ，熱設計の観点で必要となる基礎的事項について解説する．

9.1 隔壁式熱交換器の分類

隔壁式熱交換器は，その構成要素あるいは流体の流れ方向の観点で分類できる[1]．以下では，これらの分類にしたがって，主な熱交換器を見ていくことにする．

9.1.1 構成要素による分類

(a) 二重管型熱交換器（double-pipe heat exchanger）

比較的小規模の熱交換器でよく使用される．図9.1 (a)に示すように構造が単純であり，設置スペースにあわせて様々な形状とできる利点がある．また，より複雑な熱交換器の性能を評価する上での基礎となるため，伝熱学的にも重要な形式である．

(b) シェル・アンド・チューブ型熱交換器（shell-and-tube heat exchanger）

多数の小口径管（チューブ）を円筒形のシェル内におさめた形式で，シェル内にはバッフル板を設ける場合が多い（図9.1 (b)）．蒸気タービンの復水器や冷凍機用の蒸発器・凝縮器など，工業上利用頻度の高い形式である．

(c) フィン・アンド・チューブ型熱交換器（tube-fin heat exchanger）

伝熱管を用いた熱交換器では，伝熱面積の拡大のために伝熱管の外表面にフィンを設ける場合が多い．フィン・アンド・チューブ型熱交換器は，狭い間隔で並べた板状の多数のフィンを伝熱管群が貫通しているタイプの熱交換器で（図9.1 (c)），クーラーなどの空調機器でよく利用される．

(d) プレート型熱交換器（plate heat exchanger）

多数の薄い板を積層し，板の間を交互に高温流体と低温流体を流す方式の熱交換器である（図9.1 (d)）．板は平板の場合もあるが，伝熱面積の増

第9章　熱交換器

加のために凹凸をつけることもある．特に，板の間にフィンを挟んだ形式をプレート・フィン型熱交換器（plate-fin heat exchanger）と呼ぶ（図9.1 (e)）．

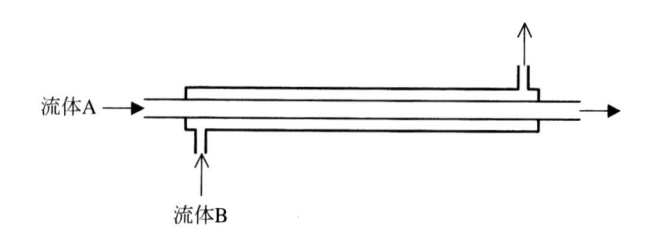

(a) 二重管型熱交換器（並流式）

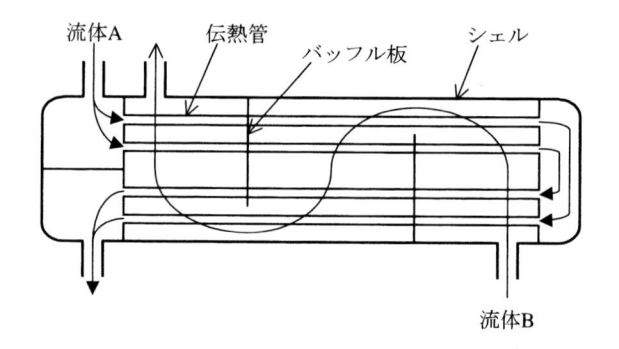

(b) シェル・アンド・チューブ型熱交換器（混流式）

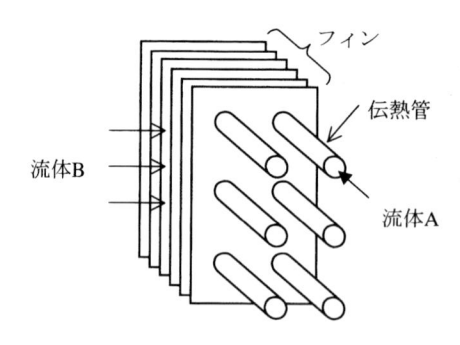

(c) フィン・アンド・チューブ型熱交換器（直交流式）

9.1 隔壁式熱交換器の分類

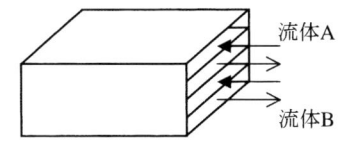

(d) プレート型熱交換器（向流式）

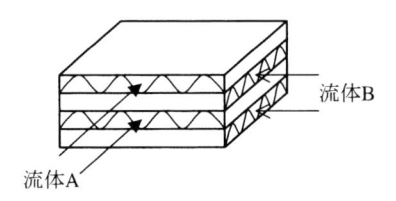

(e) プレート・フィン型熱交換器（直交流式）

図9.1　主な隔壁式熱交換器の模式図

9.1.2　流れ方向による分類

(a) 並流式および向流式熱交換器（parallel-flow and counter-flow heat exchangers）

高温流体と低温流体の流れが平行の場合，流れの向きが同じものを並流式熱交換器，反対のものを向流式熱交換器と呼ぶ．二重管型熱交換器では，並流式，向流式の何れの方式とすることもできる．

(b) 混流式熱交換器（multipass-flow heat exchanger）

たとえばU字型の伝熱管を用いたシェル・アンド・チューブ型熱交換器では，並流部分と向流部分が混在する．このようなタイプを混流式熱交換器と呼ぶ．

(c) 直交流式熱交換器（cross-flow heat exchanger）

高温流体と低温流体が互いに直交する方向に流れる方式を直交流式熱交換器と呼ぶ．プレート型熱交換器などでよく見られる．

第9章　熱交換器

9.2 熱交換性能の計算方法

9.2.1 熱通過率

熱交換器の設計では，要求される熱交換量 Q [J/s]を達成するために必要な伝熱面積 A_0 [m²]を正確に見積もることが重要である．高温流体の温度を T_1 (K)，低温流体の温度を T_2 [K]とすれば，単位時間あたりに固体壁を介して交換される全伝熱量 Q は次式で与えられる．

$$Q = K(T_1 - T_2)A_0 \tag{9.1}$$

上式中の比例係数 K は**熱通過率**（overall heat transfer coefficient, W/m²K）で，熱交換器の設計において重要な物理量である．平板伝熱面あるいは肉厚の薄い伝熱管の場合であれば，熱通過率 K は次式より算出される．

$$\frac{1}{K} = \frac{1}{h_1} + \frac{\delta}{\lambda} + \frac{1}{h_2} \tag{9.2}$$

ここで，h_1, h_2 は各々高温側，低温側における熱伝達率，δ, λ は各々隔壁の厚さおよび熱伝導率である．伝熱面形状が複雑な場合には熱通過率の算定は困難となり，実験を必要とする場合もある．また，熱交換器を長時間使用すると伝熱面に汚れが付着し，新たな熱抵抗の原因となる．このため，**汚れ係数** f（fouling factor）[m²K/W]を用いて汚れによる伝熱性能の劣化をあらかじめ見込んでおく．

$$\frac{1}{K} = \frac{1}{h_1} + \frac{\delta}{\lambda} + \frac{1}{h_2} + f \tag{9.3}$$

汚れ係数 f の値は流体の種類や温度，流路形状などにより変化するが，油分を含む水蒸気や常温の水道水の場合には 1.8×10^{-4} [m²K/W]，燃焼ガスでは 1.8×10^{-3} [m²K/W] 程度が標準値として推奨される．

9.2.2 並流式熱交換器

熱通過率 K が既知であれば，伝熱量 Q は式(9.1)から直ちに計算できるように思われる．しかし，高温流体の温度 T_1 および低温流体の温度 T_2 は，熱交換器内部で一定ではない．このため，温度差の評価法が必要となる．まず，並流式熱交換器について考える．図9.2 (a)に示すように，並流式熱交換器では高温流体と低温流体の流れ方向が一致しており，熱交換の結果，流れの方向に沿って高温流体の温度は下がり，低温流体の温度は上昇する．ここで，熱交換器の入口から x の位置における微小長さ dx の区間で交換される熱量を dQ とすると，dQ は高温流体および低温流体の温度変化に比例するので，次のように表すことができる．

$$dQ = -W_1 \left(\frac{dT_1}{dx} \right) dx \tag{9.4}$$

$$dQ = W_2 \left(\frac{dT_2}{dx} \right) dx \tag{9.5}$$

ここで，W は水当量で，流体の比熱[J/kg・K]と質量流量[kg/s]の積で定義される．また，熱通過率の定義より，dQ は次のように書くこともできる．

$$dQ = K(T_1 - T_2) P dx = K \Delta T dA \tag{9.6}$$

ここで，P は伝熱面の濡れぶち長さ（伝熱管の直径を d とすれば $P = \pi d$）であり，dA は区間 dx 中に含まれる伝熱面の面積となる．また，$\Delta T = T_1 - T_2$ である．まず，式(9.4), (9.5)より，

$$d\Delta T = -D dQ \quad \text{ただし} \quad D = \frac{1}{W_1} + \frac{1}{W_2} \tag{9.7}$$

式(9.6)を用いて上式より dQ を消去すれば，ΔT に関する以下の微分方程式が得られる．

第9章 熱交換器

$$\frac{d\Delta T}{\Delta T} = -DKPdx \tag{9.8}$$

上式の両辺を$0 \sim x$の区間で積分すれば，入口（$x=0$）における温度差をΔT_{in}として

$$\Delta T_x = \Delta T_{in} e^{-DKA} \tag{9.9}$$

を得る．並流式熱交換器の場合，常に$D>0$であるから，上式より高温流体と低温流体間の温度差は熱交換器の入口から出口に向かって指数関数的に減少することがわかる．一方，全熱交換量Qは次式より算出される．

$$Q = \int_0^{A_0} K\Delta T dA = KA_0 \Delta T_m$$

ただし　$\Delta T_m = \frac{1}{A_0}\int_0^{A_0} \Delta T dA \tag{9.10}$

上式を式(9.1)と比較すれば，熱交換器における伝熱量の評価にあたっては，上式で定義される平均的な温度差ΔT_mを使用するべきであることがわかる．式(9.9)を用いれば，ΔT_mは出入口における温度差と次の関係にあることがわかる．

$$\Delta T_m = \frac{1}{A_0}\int_0^{A_0} \Delta T dA = \frac{\Delta T_{in} - \Delta T_{out}}{\ln(\Delta T_{in}/\Delta T_{out})} \tag{9.11}$$

これを**対数平均温度差**（logarithmic mean temperature difference）という．流体の出入口温度と全熱交換量が与えられれば，式(9.10), (9.11)より必要となる伝熱面積が計算できる．

なお，式(9.4), (9.5)より，全交換熱量Qは高温側および低温側流体の出入口温度および水当量を用いて次式でも表せる．

232

$$Q = -W_1(T_{1in} - T_{1out}) \tag{9.12}$$

$$Q = W_2(T_{2in} - T_{2out}) \tag{9.13}$$

また，式(9.4)-(9.6)から dQ を消去し，T_1，T_2 について解くと，高温流体および低温流体の流れ方向に沿った温度変化が以下のように計算される．

$$T_1 = T_{1in} - \frac{1-\varepsilon}{1+\beta}(T_{1in} - T_{2in}) \tag{9.14}$$

$$T_2 = T_{2in} + \frac{1-\varepsilon}{1+\beta}\beta(T_{1in} - T_{2in}) \tag{9.15}$$

ここで，$\beta = W_1/W_2$，$\varepsilon = \exp[-KA(1/W_1 + 1/W_2)]$ である．

並流式熱交換器設計の例題として，必要な熱交換量 Q，高温流体および低温流体の水当量 W_1，W_2，および入口温度 T_{1in}，T_{2in} が与えられていて，所要伝熱面積 A_0 を算出することを考える．まず，各流体の出口温度は式(9.12), (9.13)より計算できる．これより出入口における温度差 ΔT_{in}，ΔT_{out} がわかるから，式(9.11)より対数平均温度差 ΔT_m を計算する．熱通過率 K を既知とすると，Q と ΔT_m を式(9.10)に代入すれば，所定の性能を確保するために必要となる伝熱面積 A_0 が算出できる．

9．2．3　向流式熱交換器

向流式熱交換器内部での流体の温度変化の様子を図9.2 (b)に模式的に示す．向流式熱交換器で得られる伝熱量は，前節の並流式の場合とまったく同様の手続きによって算出できる．ただし，低温流体の流れ方向が逆向きなので，式(9.5)の符号を変更しておく．

$$dQ = -W_2\left(\frac{dT_2}{dx}\right)dx \tag{9.16}$$

第9章 熱交換器

式(9.4), (9.6)は向流式熱交換器でもそのまま利用できる．したがって，図9.2 (b)に示すように高温流体の入口側と出口側での温度差を各々 ΔT_{in},

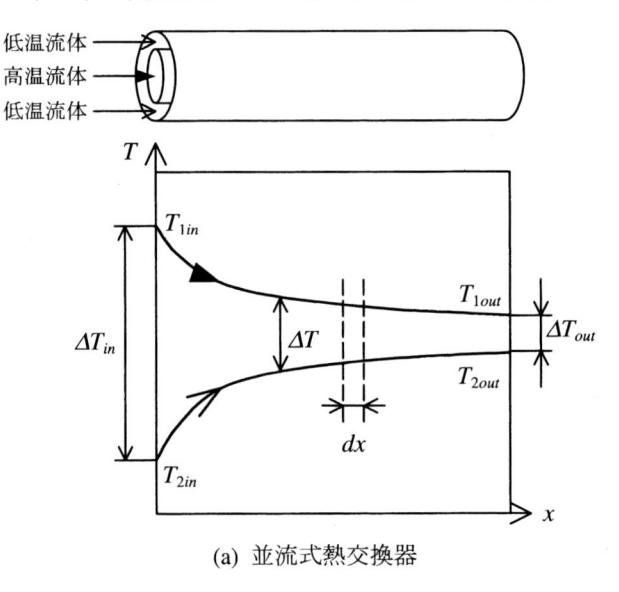

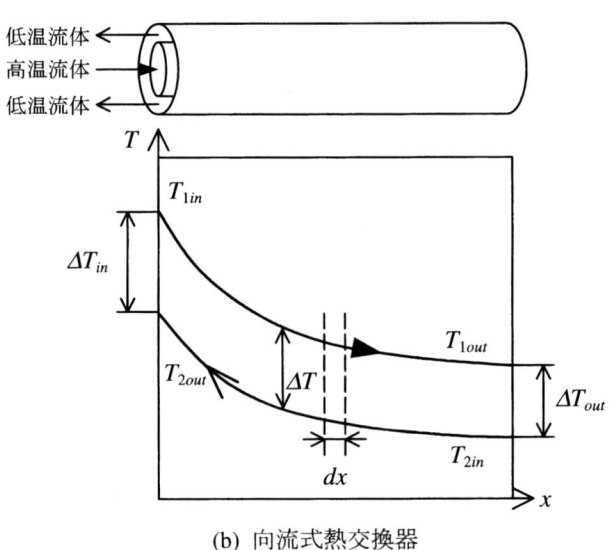

(a) 並流式熱交換器

(b) 向流式熱交換器

図9.2 熱交換器内部における流体の温度変化

9.2 熱交換性能の計算方法

ΔT_{out} であらわすことにすれば，熱交換器内部における流体の温度差は次式で計算される．

$$\Delta T = \Delta T_{in} e^{-DKA} \tag{9.17}$$

ただし，$D = 1/W_1 - 1/W_2$ であり，水当量により D は正負どちらの値もとり得る．なお，並流式の場合に導いた伝熱面積と熱交換量の関係式(9.9)および対数平均温度差の計算式(9.11)は向流式の場合にも適用可能である．図9.2 (b)からわかるように，向流式では高温流体の温度を低温流体の入口温度付近まで下げる（低温流体の温度を高温流体の入口温度付近まで上げる）ことができる．したがって，伝熱の観点から見れば，向流式は並流式よりも有利な方式といえる．

9.2.4 直交流式熱交換器

直交流式および混流式熱交換器の対数平均温度差を求めることは，並流式や向流式の場合よりも困難である．このため，修正係数 F を用いて，式(9.10)のかわりに以下の計算式により熱交換量を評価する場合が多い．[1]

$$Q = KA_0 F \Delta T_m^c \tag{9.18}$$

ここで，ΔT_m^c は向流式熱交換器として算出した対数平均温度差であり，修正係数 F は熱交換器の型式ごとに与えられている線図から推定する．

しかしながら，これらのより複雑な形式の熱交換器において，熱交換量の解析的評価がまったく不可能というわけではない．図9.3(a)に示す直交流式熱交換器を考えよう．まず，高温流体は伝熱管の外を流れているので，流れと垂直方向となる y 方向の温度変化は無視できるものとする．すなわち，高温流体は y 方向に混合していると考える．また，微小区間 dx で高温流体が失う熱量は，同じ区間で低温流体が受けとる熱量に等しいはずだから，

第9章　熱交換器

$$dQ = -W_1\left(\frac{dT_1}{dx}dx\right) = \left(W_2\frac{dx}{X_0}\right)(T_{2out} - T_{2in}) \tag{9.19}$$

ここで，X_0は高温流体の出口のx座標である．一方，低温流体は伝熱管の中を流れているから，管ごとに熱交換する高温側流体の温度が異なる．したがって，管軸方向の温度分布の管ごとに異なるので，流れと垂直方向の温度分布も考慮しなければならない．すなわち，低温流体はx方向に非混合と考える．微小領域$dxdy$で低温流体が受けとる熱量を熱通過率を用いて表せば，

$$d^2Q = \left(W_2\frac{dx}{X_0}\right)\left(\frac{\partial T_2}{\partial y}dy\right) = K(T_1 - T_2)dxdy \tag{9.20}$$

高温側は混合しているからT_1はxのみの関数，低温側は非混合であるからT_2はx, yの関数であることに注意して上式を解けば，次の解を得る．

$$\frac{T_1 - T_{2in}}{T_{1in} - T_{2in}} = \exp\left[-\frac{W_2}{W_1}\left\{1 - \exp\left(-\frac{KA_0}{W_2}\right)\right\}\frac{x}{X_0}\right] \tag{9.21}$$

$$\frac{T_2 - T_{2in}}{T_{1in} - T_{2in}} = \left[1 - \exp\left(-\frac{KA_0}{W_2}\frac{y}{Y_0}\right)\right] \times \exp\left[-\frac{W_2}{W_1}\left\{1 - \exp\left(-\frac{KA_0}{W_2}\right)\right\}\frac{x}{X_0}\right] \tag{9.22}$$

ここで，Y_0は低温流体の出口のy座標である．これより，全熱交換量Qは以下となる．

$$Q = W_1(T_{1in} - T_{1out}) = W_1\left(1 - \frac{T_{1out} - T_{2in}}{T_{1in} - T_{2in}}\right)(T_{1in} - T_{2in}) \tag{9.23}$$

したがって，式(9.21)で$x = X_0$としてT_{1out}を計算し，結果を式(9.23)に代入すれば全熱交換量Qを計算できる．

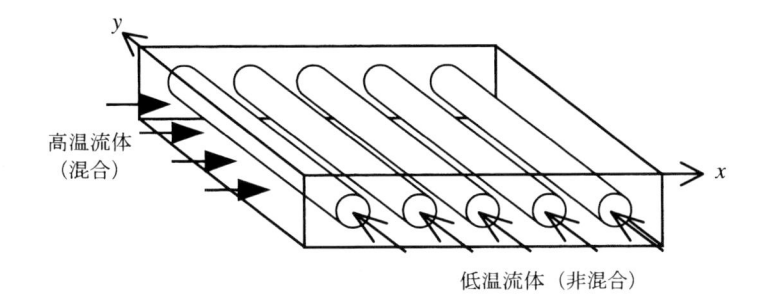

(a) 模式図

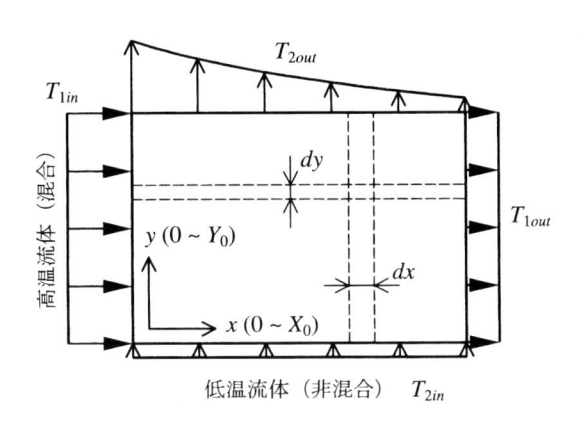

(b) 温度分布

図9.3 直交流式熱交換器（高温側：混合，低温側：非混合）

9．2．5　温度効率とNTU（number of heat transfer unit）

　高温流体と低温流体の流量と入口温度を既知として，ある熱交換器で熱交換した後の出口温度すなわち全熱交換量を算出することを考える．この場合，出口での温度差は未知なので，対数平均温度差を直接計算することはできない．このため，並流式および向流式熱交換器の場合であれば，式(9.10), (9.11), (9.12), (9.13)を同時に満足するような出口温度と全熱交換量を繰り返し計算によって求めなければならない．以下では，繰

り返し計算を必要としないより簡便な手法を紹介する．このため，まず高温側および低温側の温度効率 $\varepsilon_1, \varepsilon_2$ を次式で定義する．

$$\varepsilon_1 = \frac{T_{1in} - T_{1out}}{T_{1in} - T_{2in}} \tag{9.24}$$

$$\varepsilon_2 = \frac{T_{2out} - T_{2in}}{T_{1in} - T_{2in}} \tag{9.25}$$

$\varepsilon_1, \varepsilon_2$ を用いれば，全熱交換量 Q は次のようにあらわせる．

$$Q = W_1(T_{1in} - T_{1out}) = W_1\varepsilon_1(T_{1in} - T_{2in}) \tag{9.26}$$

$$Q = W_2(T_{2out} - T_{2in}) = W_2\varepsilon_2(T_{1in} - T_{2in}) \tag{9.27}$$

上式より，もしも温度効率が既知であるならば，Q は入口温度より直ちに計算できることがわかる．導出過程は省略するが，これまでの結果を用いれば，高温側の温度効率は以下で与えられることがわかる．

$$並流式 : \varepsilon_1 = \frac{1}{1 + W_1/W_2}\left[1 - \exp\left\{-\frac{KA_0}{W_1}\left(1 + \frac{W_1}{W_2}\right)\right\}\right] \tag{9.28}$$

$$向流式 : \varepsilon_1 = \frac{1 - \exp\left\{-\frac{KA_0}{W_1}\left(1 - \frac{W_1}{W_2}\right)\right\}}{1 - \frac{W_1}{W_2}\exp\left\{-\frac{KA_0}{W_1}\left(1 - \frac{W_1}{W_2}\right)\right\}} \tag{9.29}$$

$$直交流式 : \varepsilon_1 = 1 - \exp\left[-\frac{W_2}{W_1}\left\{1 - \exp\left(-\frac{KA_0}{W_2}\right)\right\}\right] \tag{9.30}$$

上式はやや複雑な印象であるが，いずれも W_2/W_1 および KA_0/W_1 または KA_0/W_2 の関数となっている．そこで，W_2/W_1 を**水当量比**，KA_0/W_1 また

は KA_0/W_2 を **NTU**（number of heat transfer unit）と呼ぶ．水当量比およびNTUは出入口温度と無関係なので，流体の流量および熱交換器の構成から直ちに計算され，上式より得られる温度効率も算出できる．なお，低温側の温度効率 ε_2 は，式(9.26), (9.27)より次の関係式から計算できる．

$$W_1\varepsilon_1 = W_2\varepsilon_2 \tag{9.31}$$

流体の入口温度が既知の場合，温度効率がわかっていると式(9.26), (9.27)より出口温度は直ちに計算でき，繰り返し計算を行うことなく全熱交換量を算出できる．シェル・アンド・チューブ型のようなより複雑な構造の熱交換器の場合には，対数平均温度差の場合と同じように，型式ごとに与えられている線図を用いて温度効率を評価すればよい[1]．

【演習問題】

〔1〕熱通過率が式(9.2)で与えられることを示せ．また，より大きい熱通過率を得るためにはどのような方策が考えられるか．

〔2〕あるシステムから60℃の油が0.5 kg/sで排出されている．今，流量1.5 kg/s，温度20℃の水と熱交換することにより，油の温度を30℃まで冷却したい．向流式の二重管型熱交換器の使用を前提として，必要となる伝熱面積を算定せよ．ただし，油および水の比熱は各々2 kJ/kg·K，4 kJ/kg·Kで，熱交換器の熱通過率は600 W/m²Kとする．

〔3〕問2の二重管型熱交換器で，水の入口温度を10℃まで下げてみた．このとき，どの程度の交換熱量の増加が見込めるか．また，油の出口温度はどの程度になると予想されるか．

参考文献

[1] 日本機械学会編，「伝熱工学資料」，日本機械学会 (1986).

第10章 物質移動

　異なる物質が混在し，濃度に不均質があるとその不均質を均一にするように物質の移動が生じる．これを**拡散**（diffusion）という．温度に不均質があると温度が均一になるように熱伝導が生じることと類似的に考えることができる．いま，空気中にガス燃料を噴出させて燃焼させる場合を考えると，燃料と空気が相互に拡散することによって混合し，その後に燃焼反応が生じる．混合が起こらないと燃焼も生じないので，混合速度が燃焼の速度を律する場合が多い．拡散は気体の中だけでなく，液体または固体の中でも生じる．液表面で吸収された成分が液の中に拡散していく場合や，固体表面から内部へ向かってある特定の成分が拡散していく場合などがある．本章では拡散（混合，物質移動）に関する基本法則およびその応用について述べる．

10.1　物質移動に関する諸量の定義

多成分（成分 i, $i=1, 2, \cdots, n$）の混合物を考えるとき，濃度，速度および流束の定義を行う．いずれも質量基準で考える場合とモル基準で考える場合がある．添え字 i は i 成分に関する量を表す．
(1) 濃度
　多成分中の i 成分の**濃度**（concentration）の表わし方に次の4種類があ

る.

ρ_i：混合物単位体積中のi成分の質量で**質量濃度**（mass concentration）という.

c_i：混合物単位体積中のi成分のモル数で**モル濃度**（molar concentration）という. $c_i = \rho_i/M_i$ で，M_i は分子量である.

w_i：混合物の全質量中のi成分の質量割合で**質量分率**（mass fraction）という. $w_i = \rho_i/\rho$ で，ρ は全成分の質量濃度の合計 $\sum \rho_i$ である.

x_i：混合物の全モル数の中のi成分のモル数の割合で**モル分率**（mole fraction）という. $x_i = c_i/c$ で，c は全成分のモル濃度の合計 $\sum c_i$ である.

(2) 速度

混合物が流れているとき，その中の各々の物質は一般には異なった速度で流れている．いま静止座標からみたi成分の速度をv_iとするとき**質量平均速度**（mass average velocity）v は次式で定義される．ただし，太字の記号はベクトルを表す．

$$v = \sum \rho_i v_i / \sum \rho_i \tag{10.1}$$

$\rho v = \sum \rho_i v_i$ はvに垂直な単位面積を単位時間に通過する質量流量である.

一方，**モル平均速度**（molar average velocity）v^*は次式で定義される.

$$v^* = \sum c_i v_i / \sum c_i \tag{10.2}$$

$cv^* = \sum c_i v_i$ はv^*に垂直な単位面積を単位時間に通過するモル数である.

平均速度vまたはv^*に対して相対的な各成分の速度を**拡散速度**（diffusion velocity）という.

$$v_i - v = 質量平均速度 \ v に相対的な拡散速度 \tag{10.3}$$

第10章　物質移動

$$v_i - v^* = モル平均速度 v^* に相対的な拡散速度 \tag{10.4}$$

(3) 流束

単位時間当たりに単位面積を通過する流量を**流束**（mass flux, molar flux）という．流束には次のものがある．

$$n_i = \rho_i v_i = 静止座標に相対的な i 成分の\mathbf{質量流束} \tag{10.5}$$

$$N_i = c_i v_i = 静止座標に相対的な i 成分の\mathbf{モル流束} \tag{10,6}$$

$$j_i = \rho_i (v_i - v) = 質量平均速度に相対的な質量流束 \tag{10.7}$$

$$J_i^* = c_i (v_i - v^*) = モル平均速度に相対的なモル流束 \tag{10.8}$$

式(10.7)，(10.8)の流束 j_i または J_i^* を**拡散流束**という．

10．2　フィックの拡散の法則

式(10.7)または式(10.8)の拡散流束 j_i または J_i^* は濃度の勾配に比例し，濃度の減少する方向に生じることが経験的に知られている．これを**フィックの拡散の法則**（Fick's law of diffusion）といい，質量基準の量で表すと次式となる．

$$j_A = -\rho D_{AB} \nabla w_A \tag{10.9}$$

これは2成分（成分A, B）系における成分Aの拡散の質量流束 j_A [kg/m^{2}s]が成分Aの質量分率の勾配に比例し，質量分率の減少する方向に生じることを表している．D_{AB} は成分AのBに対する2成分系の拡散係数[m^2/s]である．

モル基準の量でフィックの拡散の法則を表すとき，質量分率の代わりにモル分率を用い，質量流束の代わりにモル流束 J_A^* [mol/m^{2}s]を用いて次式となる．

10.2 フィックの拡散の法則

$$J_A^* = -cD_{AB}\nabla x_A \tag{10.10}$$

一方,成分 B についても式(10.9), (10.10)と同様な式が書ける.式(10.9)に対応した成分 B についての式は次式となる.

$$j_B = -\rho D_{BA}\nabla w_B \tag{10.11}$$

2成分系では $j_A = -j_B$ であり,かつ $w_A + w_B = 1$ であるから, $D_{AB} = D_{BA}$ となる.また,式(10.9)および(10.10)の中の D_{AB} は同一のものである.

一方,式(10.5)~(10.10)の関係から,静止座標に相対的なA成分の流束 n_A または N_A は次式のように書ける.

$$n_A = w_A(n_A + n_B) - \rho D_{AB}\nabla w_A \tag{10.12}$$

$$N_A = x_A(N_A + N_B) - cD_{AB}\nabla x_A \tag{10.13}$$

これらの式は成分 A の静止座標から見た流量(n_A または N_A)は全体的な流れによって運ばれる量(右辺第1項)と拡散によって運ばれる量(右辺第2項)の和となることを示している.

フィックの拡散の法則で表される物質の移動は,ニュートンの粘性の法則で表される運動量の移動およびフーリエの熱伝導の法則で表される熱の移動と表示式が類似している.いま,密度と比熱が一定の場合には運動量,熱,物質の y 方向の流束は運動量,熱および物質質量の y 方向勾配に比例する形で表される.

$$\tau_{xy} = -\nu\, d(\rho v_x)/dy \qquad :ニュートンの粘性の法則$$

$$q_y = -\alpha\, d(\rho c_p T)/dy \qquad :フーリエの熱伝導の法則$$

$$j_{Ay} = -D_{AB}\, d(\rho_A)/dy \qquad :フィックの拡散の法則$$

それらの係数である動粘性係数 ν,温度伝導率 α,拡散係数 D_{AB} はいず

れも同じ単位[m²/s]を持つ物性値で，それらの比はそれぞれの移動のし易さの比を表す無次元数となる．

プラントル数（Prandtl 数）　　　$Pr = \nu/\alpha$
シュミット数（Schmidt 数）　　　$Sc = \nu/D_{AB}$
ルイス数（Lewis 数）　　　　　　$Le = \alpha/D_{AB}$

10.3　簡単な2成分系拡散問題

簡単な問題の場合は，質量の保存式とフィックの拡散の法則に基づき，次の手順で問題を解くことができる．

(a) 物質の移動する方向に垂直な微小な検査体積を考え，その中の成分の質量保存式を作る．これは質量（またはモル数）の流束に対する1階の微分方程式となる．

(b) これに質量（またはモル数）の流束と濃度勾配を関係付けるフィックの拡散の法則を代入すれば濃度に対する2階の微分方程式を得る．

(c) 濃度に関する方程式を積分し，積分定数を境界条件から決め，濃度分布を得る．得られた濃度分布をフィックの拡散の法則に代入すると，質量（またはモル数）の流束を得る．

2成分系拡散問題として，図10.1のように液Aが蒸発して成分Bの中を拡散してゆく場合について，成分Aの蒸発量ならびに成分A，Bの濃度分布などを求めようとする．成分Aは蒸発面から外方へ流れるが，定常状態では成分Bは静止している．任意のz面に微小な幅Δzの検査体積を考え，成分Aの保存を式で書けば次式となる．

$$N_{Az}]_z - N_{Az}]_{z+\Delta z} = 0 \quad \text{すなわち} \quad dN_{Az}/dz = 0 \tag{10.14}$$

上式にフィックの拡散の法則から得られた式(10.13)を代入し，$N_{Bz} = 0$ で

あるから次式を得る．

$$N_{Az} = -\frac{cD_{AB}}{1-x_A}\frac{dx_A}{dz} \tag{10.15}$$

式(10.15)を式(10.14)へ代入するとA成分の濃度 x_A を求めるための次式を得る．

$$\frac{d}{dz}\left(\frac{cD_{AB}}{1-x_A}\frac{dx_A}{dz}\right) = 0 \tag{10.16}$$

理想気体とし，圧力，温度が一定とすると，c は一定となり，D_{AB} は濃度に大きく依存しないので，cD_{AB} を一定として積分すると，次式となる．

$$-ln(1-x_A) = C_1 z + C_2 \tag{10.17}$$

積分定数 C_1，C_2 は次の境界条件から決める．

$$z = z_1 \text{ で } x_A = x_{A1} \quad \text{および} \quad z = z_2 \text{ で } x_A = x_{A2} \tag{10.18}$$

境界条件の前者は液面（$z = z_1$）で濃度 x_A が液Aの飽和蒸気に相当する濃度 x_{A1} とし，後者はダクト上端でAの濃度が x_{A2} であるとしている．

これらの結果からA成分の濃度分布は次式となる．

$$\left(\frac{1-x_A}{1-x_{A1}}\right) = \left(\frac{1-x_{A2}}{1-x_{A1}}\right)^{\frac{z-z_1}{z_2-z_1}} \tag{10.19}$$

B成分の濃度 x_B は $x_B = 1 - x_A$ から求められる．これからわかるように，N_{Az} が一定でも dx_A/dz は一定ではない．これは平均流れによるA成分の輸送があることによる．

A成分の蒸発量は N_{Az} であり，式(10.19)を式(10.15)へ代入することによって得られ，次式となる．

第10章 物質移動

$$N_{Az} = -\frac{cD_{AB}}{z_2 - z_1} \ln\left(\frac{1-x_{A2}}{1-x_{A1}}\right) \tag{10.20}$$

蒸発量 N_{Az} は成分Aが拡散する速度により律せられるので，このような場合を**拡散律速**という．

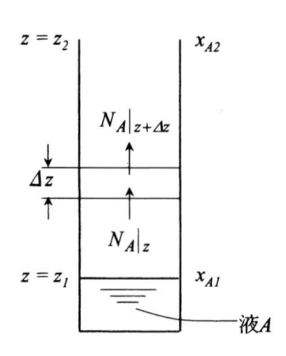

図10.1 液 A の蒸発と拡散

10. 4 成分の保存式

多次元の場で拡散を含む問題を考える場合は，各成分の一般的な保存式に基づく．まず，2成分系でのA成分またはB成分の成分の保存式を導く．図10.2のように，空間に固定された長方形断面（奥行き1）の微小検査体積内の質量保存を考える．簡単のため2次元の場合を考えるが，3次元の場合も同様に考えることができる．
図10.2の検査体積内のA成分の質量の時間的変化は： $(\partial \rho_A/\partial t)\Delta x \Delta y$
x 軸に垂直な2つの面からのA成分の流入と流出の差：

$$[n_{Ax}]_x \Delta y - [n_{Ax}]_{x+\Delta x} \Delta y = \frac{\partial n_{Ax}}{\partial x}\Delta x \Delta y$$

10.4 成分の保存式

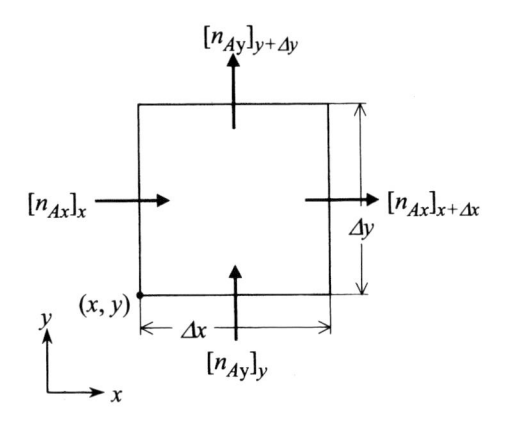

図10.2 検査体積への A 成分の質量の出入り

y 軸に垂直な2つの面からのA成分の流入と流出の差:

$$\left[n_{Ay}\right]_y \Delta x - \left[n_{Ay}\right]_{y+\Delta y} \Delta x = \frac{\partial n_{Ay}}{\partial y} \Delta x \Delta y$$

反応による検査体積内のA成分の生成質量: $r_A \Delta x \Delta y$

A成分の質量の保存から上式をまとめて次式を得る.

$$\frac{\partial \rho_A}{\partial t} + \left(\frac{\partial n_{Ax}}{\partial x} + \frac{\partial n_{Ay}}{\partial y}\right) = r_A \tag{10.21}$$

r_A は単位時間,単位体積当たりのA成分の生成速度である.

同様にB成分の質量の保存から次式を得る.

$$\frac{\partial \rho_B}{\partial t} + \left(\frac{\partial n_{Bx}}{\partial x} + \frac{\partial n_{By}}{\partial y}\right) = r_B \tag{10.22}$$

式(10.21), (10.22)の和をとり,$\rho u = n_{Ax} + n_{Bx}$, $\rho v = n_{Ay} + n_{By}$, $r_A + r_B = 0$ の関係を用いると次式を得る.これは全質量の保存式である.

247

$$\frac{\partial \rho}{\partial t} + \left(\frac{\partial \rho u}{\partial x} + \frac{\partial \rho v}{\partial y} \right) = 0 \tag{10.23}$$

2成分系では式(10.21)～(10.23)の内の2つの式が独立である. いま,式(10.21)を流束の代わりに濃度勾配を使って書き直す. 式(10.12)から

$$n_{Ax} = w_A(\rho u) - \rho D_{AB} \frac{\partial w_A}{\partial x} \quad \text{および} \quad n_{Ay} = w_A(\rho v) - \rho D_{AB} \frac{\partial w_A}{\partial y}$$

が成り立ち,それらを式(10.21)に代入して書き直すと次式を得る.

$$\frac{\partial \rho w_A}{\partial t} + \frac{\partial \rho u w_A}{\partial x} + \frac{\partial \rho v w_A}{\partial y} = \frac{\partial}{\partial x}\left(\rho D_{AB}\frac{\partial w_A}{\partial x}\right) + \frac{\partial}{\partial y}\left(\rho D_{AB}\frac{\partial w_A}{\partial y}\right) + r_A \tag{10.24}$$

質量保存式(10.23)を用いて左辺を書き直すと次式となる.

$$\rho\frac{\partial w_A}{\partial t} + \rho u\frac{\partial w_A}{\partial x} + \rho v\frac{\partial w_A}{\partial y} = \frac{\partial}{\partial x}\left(\rho D_{AB}\frac{\partial w_A}{\partial x}\right) + \frac{\partial}{\partial y}\left(\rho D_{AB}\frac{\partial w_A}{\partial y}\right) + r_A \tag{10.25}$$

式(10.24)または(10.25)がA成分の濃度w_Aを求めるための方程式である. ρD_{AB} が一定で $r_A = 0$ の場合は次式となる.

$$\frac{\partial w_A}{\partial t} + u\frac{\partial w_A}{\partial x} + v\frac{\partial w_A}{\partial y} = D_{AB}\left(\frac{\partial^2 w_A}{\partial x^2} + \frac{\partial^2 w_A}{\partial y^2}\right) \tag{10.26}$$

これは,エネルギー保存式(4.11)で物性値が一定として導かれる次式と比較すると, T を w_A, α を D_{AB} と置き換えた形である.

$$\frac{\partial T}{\partial t} + u\frac{\partial T}{\partial x} + v\frac{\partial T}{\partial y} = \alpha\left(\frac{\partial^2 T}{\partial x^2} + \frac{\partial^2 T}{\partial y^2}\right) \tag{10.27}$$

10.4 成分の保存式

式(10.26)と(10.27)の類似性から熱と物質の移動の相似性が推定される．また，流速が0の場合は式(10.26)，(10.27)での左辺第2,3項がなくなり，それぞれ次式となる．

$$\frac{\partial w_A}{\partial t} = D_{AB}\left(\frac{\partial^2 w_A}{\partial x^2} + \frac{\partial^2 w_A}{\partial y^2}\right) \tag{10.28}$$

$$\frac{\partial T}{\partial t} = \alpha\left(\frac{\partial^2 T}{\partial x^2} + \frac{\partial^2 T}{\partial y^2}\right) \tag{10.29}$$

式(10.29)は非定常熱伝導の温度分布を求める式，式(10.28)は対流の無い場での拡散による成分の濃度分布を求める式であり，固体や流れの無い液体内の成分の拡散問題に適用できる．式(10.28)と(10.29)も類似しているので，熱伝導の方程式の解法が拡散の方程式にも適用できる．

3成分以上の成分が共存する場合の成分の保存式は2成分系の場合の保存式(10.25)のw_Aをw_i ($i=1, 2, \cdots, n$)に置き換え，拡散係数D_{AB}をD_{im}に置き換え，次式を得る．

$$\rho\frac{\partial w_i}{\partial t} + \rho u\frac{\partial w_i}{\partial x} + \rho v\frac{\partial w_i}{\partial y} = \frac{\partial}{\partial x}\left(\rho D_{im}\frac{\partial w_i}{\partial x}\right) + \frac{\partial}{\partial y}\left(\rho D_{im}\frac{\partial w_i}{\partial y}\right) + r_i \tag{10.30}$$

ここで，D_{im}は成分iの多成分系における有効拡散係数で，成分iとjの2成分系拡散係数D_{ij}を用いて次式で近似できる[1]．

$$D_{im} = \frac{1 - x_i}{\sum_{j \neq i}(x_j / D_{ij})} \tag{10.31}$$

式(10.31)の有効拡散係数による多成分拡散の近似は多くの場合実用的に十分の精度を持ち，また，2成分系の保存の式と同様な方程式(10.30)で記述できるので便利である．ただし，D_{im}を求めるには混合物中のすべての2成分の組み合わせに対する2成分系拡散係数D_{ij}のデータが必要

である．

10.5 運動量，熱および物質の同時移動

平板上を流れる層流境界層における速度，温度および濃度の分布を求める問題を考える．ただし，物性値を一定とし，2成分系で反応がないとする．そのときの流速，温度，A成分の濃度を規定する方程式は以下のとおりである．

全質量保存式
$$\frac{\partial u}{\partial x} + \frac{\partial v}{\partial y} = 0 \tag{10.32}$$

運動量保存式
$$u\frac{\partial u}{\partial x} + v\frac{\partial u}{\partial y} = \nu\frac{\partial^2 u}{\partial y^2} \tag{10.33}$$

エネルギー保存式
$$u\frac{\partial T}{\partial x} + v\frac{\partial T}{\partial y} = \alpha\frac{\partial^2 T}{\partial y^2} \tag{10.34}$$

A成分の質量保存式
$$u\frac{\partial w_A}{\partial x} + v\frac{\partial w_A}{\partial y} = D_{AB}\frac{\partial^2 w_A}{\partial y^2} \tag{10.35}$$

式(10.32)～(10.35)により，u, v, T および w_A の分布を求めることができる．式(10.32)～(10.34)は第5章の式(5.1)～(5.3)と同じものである．式(10.35)は式(10.26)において，境界層近似の考えから，主流方向（x 軸方向）の2階微分の項を省略したものである．温度 T を求める式(10.34)は成分濃度 w_A を求める式(10.35)と同じ形であることから，正規化した後の分布の相似性が予想され，方程式の解法も同様である．具体的な問題として，平板表面から主流と異なるA成分の流体をしみ出し，壁面のフィルム冷却の効果を予測するような場合に上式が使える．壁面からどの程度の速度でしみ出すかなどは境界条件で設定することである．

10.6 拡散に関する補足

(1) 多成分系における物質拡散および熱移動を駆動する原因

物質拡散 j_i は一般には4つの効果によって駆動される．

$$j_i = j_i^{(x)} + j_i^{(T)} + j_i^{(p)} + j_i^{(g)} \tag{10.36}$$

右辺第1項はフィックの拡散の法則に基づく濃度勾配により駆動される**濃度拡散**（concentration diffusion）である．通常それが物質拡散を支配すると考えてよい．しかし，一般には第2項以下の効果もある．第2項は温度の勾配による物質拡散を表す．これを**熱拡散**（Thermal diffusion, Soret effect）という．温度の勾配が急な火炎の中での水素の拡散が影響をもつことがある．軽い分子は高温側へ，重い分子は低温側へ駆動される．分子よりも大きい粒子も重い分子と同様に低温側へ駆動される現象があり，**熱泳動**（thermophoresis）と呼ばれる．第3項は圧力勾配によって駆動される拡散で**圧力拡散**（pressure diffusion）という．これは強い遠心力場で生じる圧力勾配によって，成分を分離するために使われることがある．第4項はイオン化した成分が電場で駆動されるなどの成分に働く外力が異なる場合に生じる拡散であり，**強制拡散**（forced diffusion）という．

材料分野で，固溶体の中で濃度の増加する方向に拡散する逆勾配拡散が生じることがある．このような現象は化学ポテンシャル（部分モル自由エネルギー）の勾配によって拡散が駆動されるとすることによって説明づけられている[3]．

多成分系における熱移動 q は一般には次の3つの効果によって駆動される．

$$q = q^{(c)} + q^{(d)} + q^{(x)} \tag{10.37}$$

右辺第1項は熱伝導であり，通常この項が支配的である．熱伝導率は混合物の熱伝導率を用いる．第2項は次式で表されるもので，拡散によって成分とともに輸送されるエンタルピ h_i の合計をあらわす．

$$q^{(d)} = \sum_i h_i j_i \tag{10.38}$$

第3項は圧力勾配，濃度勾配等による熱の移動(Dufour or diffusion-thermo effect)で，通常は省略される．これらの詳細は参考文献[1]を参照されたい．

(2) 拡散係数

2成分系における拡散係数 D_{AB} は物性値であり，一般には温度，圧力および濃度の関数である．気体の場合には気体運動論から導かれる関係式により D_{AB} を精度よく予測することができる[1]．気体の場合は絶対温度の約0.6～0.7乗に比例し，圧力に反比例する．軽い分子ほどまた小さい分子ほど拡散係数が大きい傾向がある．液体や固体における拡散係数は半理論式や実験等に基づく[1]．

(3) 乱流拡散

乱流場では速度乱れにより拡散が促進される．これは速度乱れにより熱移動が促進されることと同様である．y方向の速度変動と濃度の変動によって生じる y 方向の成分 i の物質拡散流束 $j_{iy}^{(t)}$ は成分保存式(10.24)を時間平均することにより導出でき，次のようになる．その導出の方法は速度と温度の変動によって生じる乱流熱流束を導出したものと同様である．

$$j_{iy}^{(t)} = \rho \overline{v' w_i'} \tag{10.39}$$

これを物質の**レイノルズ流束**といい，**渦拡散係数**（eddy diffusivity）D_t を用いて次式のように表す．

$$j_{iy}^{(t)} = -\rho D_t \frac{dw_i}{dy} \tag{10.40}$$

渦拡散係数は半実験式または乱流モデルで推定する．渦拡散係数は物性値ではなく，乱れの強さやスケールなどに依存する．発達した乱流では

10.6 拡散に関する補足

渦拡散係数は層流場での拡散係数に比べて十分大きい．また，渦拡散係数は渦温度伝導率 $(=\lambda_t/\rho c_p)$ と同程度の値となる．

(4) 物質伝達率

壁面に液膜があり，壁面から離れた主流に含まれるA成分が壁面の液膜に吸着される場合を考えると，吸収されるA成分が主流から液膜へと移動する．この移動は分子拡散や乱流拡散および対流による．壁面と主流との間の熱伝達を考える時に，式(5.24)で熱伝達率 h を定義したと同様に，主流と液膜表面の間の物質拡散の流束 $\left[j_{Ay}\right]_S$ が主流と液膜界面の濃度の差に比例するとし，その比例係数としてA成分の**物質伝達率**（mass transfer coefficient）h_{mA} [m/s]を次式により定義する．

$$\left[j_{Ay}\right]_S = h_{mA}\rho(w_{AS} - w_{A\infty}) = -\rho D_{AB}\left[\partial w_A/\partial y\right]_S$$

すなわち，

$$h_{mA} = -D_{AB}\frac{\left[\partial w_A/\partial y\right]}{w_{AS} - w_{A\infty}} \tag{10.41}$$

ここで，s の添え字は界面での値を表す．

A成分の物質伝達率 h_{mA} が前もって知られていれば，液膜表面でのA成分の吸着量である物質流束 n_A は式(10.12)と(10.41)に基づき次式で求められる．

$$n_A = \left[w_A(n_A + n_B) - \rho D_{AB}\frac{\partial w_A}{\partial y}\right]_S = w_{AS}(n_A + n_B) + h_{mA}\rho(w_{AS} - w_{A\infty})$$

$$\tag{10.42}$$

B成分は吸着しないとすれば $n_B = 0$ とおくことができ，上式から n_A は次式となる．

$$n_A = h_{mA}\rho(w_{AS} - w_{A\infty})/(1 - w_{AS}) \tag{10.43}$$

熱伝達率 h を定義した式（5.24）を無次元化することによって，熱伝達

率を無次元化したヌッセルト数 $Nu(=hL/\lambda)$ が得られたと同様に，式(10.41)を無次元化することによって，物質伝達率 h_{mA} を無次元化したシャーウッド(Sherwood) 数 $Sh(=h_{mA}L/D_{AB})$ は次式となる．

$$Sh = h_{mA}L/D_{AB} = -\frac{\left[\partial w_A/\partial(y/L)\right]_S}{w_{AS}-w_{A\infty}} \tag{10.44}$$

ここで，L は代表寸法である．シャーウッド数が求まれば式(10.44)の第1式から物質伝達率 h_{mA} が求まり，それを式(10.42)または(10.43)に用いれば表面における物質移動量 n_A が求められる．上記の例では吸着量が求められることになる．

温度と濃度を規定する方程式の類似性から，無次元化（正規化）した濃度と温度の分布は相似となることが予測されるため，熱伝達率を予測する関係式 $Nu=Nu(Re,Pr)$ において Nu の代わりに Sh を用い，Pr の代わりに Sc を用いることによって $Sh=Sh(Re,Sc)$ の関係式を得，Sh を予測することができる．気体の場合では Sc と Pr が近似的に等しい，すなわち，$Le(=Sc/Pr)$ が 1 に近いことが多く，そのような場合は $Sh=Nu$ とおくことができる[2]．

【演習問題】

〔1〕静止座標から見た2成分(A, B)系での成分 A の質量流束 n_A は式(10.12)となることを導け．3成分以上の多成分系における成分 i の流束 n_i は有効拡散係数 D_{im} を用いてどのように表されるかを示せ．

〔2〕温度と濃度の分布を規定する方程式がどのように類似しているかを説明せよ．それらの式が完全に一致するためにはどのような条件が必要か．方程式が完全に一致しても分布が同じであるとは限らない．その理由はなにか．

〔3〕10.3 節の結果から2成分系の拡散係数が測定できることを説明せよ．また，蒸発速度が蒸発潜熱に影響されない結果となっているが，

その理由はなにか.

〔4〕触媒物質の表面で $2A \to A_2$ の反応がおこる．主流から触媒表面方向に成分Aが拡散し，表面で生じたA_2が主流へ拡散する．いま，触媒表面と主流の間に厚さδのガス層があり，成分AとA_2がそのガス層の厚み方向に1次元的に拡散するとする．主流でのAおよびA_2の濃度が既知であり，触媒表面での反応が十分早いとしたときの$2A \to A_2$の変換速度を求めよ．ただし，成分AとA_2の2成分系とし，その拡散係数が D_{AA2} とする．（ヒント：10.3節の解法と同様である．ただし，$N_{A2z} = -N_{Az}/2$ で，触媒表面ではx_Aは0である．）

〔5〕不凝縮ガスBが存在する中を蒸気Aが拡散し，壁面で凝縮する場合の定常状態での温度分布，濃度分布，熱移動量を求めよ．ただし，壁面($z=0$)および壁面からδだけ離れた位置($z=\delta$)での温度と濃度は与えられているものとし，1次元的に拡散と熱伝導が生じるものとする．zは壁面に垂直方向座標である．（ヒント：蒸気Aの濃度分布および流束N_{Az}は10.3節と同様にして求める．zに垂直な検査体積内の熱量保存式から $de_z/dz = 0$ が得られる．ここで，e_zとは熱伝導と拡散，対流で運ばれるエネルギーを合計したエネルギー流束である．すなわち，$e_z = \lambda(dT/dz) + (H_A N_{Az} + H_B N_{Bz})$ である．H_A, H_B はそれぞれの成分のモル当たりのエンタルピーである．$N_{Bz} = 0$ であり，蒸気Aのエンタルピーは顕熱と蒸発潜熱r_vの和として次式で与える．$H_A = c_{pA}(T - T_0) + r_v$ ここで，T_0は基準温度である．これらの関係式を熱量保存式 $de_z/dz = 0$ へ代入すれば温度Tについての2階の微分方程式が得られる．それを解けば温度分布が得られる．温度分布が得られるとe_zすなわち熱移動量が求められる．）

〔6〕裏面が断熱された十分広い平板の表面にA成分の薄い液膜が形成されているとする．液AがB成分の雰囲気中に蒸発すると壁面温度が雰囲気温度より下がり，定常状態では湿球温度となる．この湿球温度T_Sを求める式を導け．だだし，液表面から距離δだけ離れた位置での雰囲気温度T_∞，A成分の蒸気濃度は既知とする．T_SとT_∞を測定すれ

ば A 成分の濃度が求められることからこの原理が湿度計に用いられることを説明せよ．（ヒント：雰囲気から壁面（液面）へ伝わる熱伝達量が液が蒸発する時に要する蒸発潜熱と等しいとおく．簡単のためにヌッセルト数 Nu とシャーウッド数 Sh 等しいとする．蒸発量は式(10.43)で求める．）

〔**7**〕乱流による物質拡散が式(10.39)の次式となることを導け．

$$j_{i_y}^{(t)} = \rho \overline{v'w_i'}$$

〔**8**〕低温の壁に塵が付着し易いという．その理由はなにか．

参考文献

[1] R.B. Bird, W.E. Stewart and E. N. Lightfoot, "Transport Phenomena", John Wiley & Sons, Inc. (1960) または, 同 2nd ed. (2002).

[2] E.R.G. Eckert and R.M. Drake, "Analysis of Heat and Mass Transfer", MacGraw-Hill (1972).

[3] D.V.Ragone, "Thermodynamics of Materials", vol.2, John Wiley & Sons (1995), 寺尾光身 監訳,「材料の物理化学 II」, 丸善 (1996).

付　録

付表 A-1　各種気体の熱物性値（大気圧）

物質名	温度 K	密度 kg/m³	定圧比熱 kJ/kg·K	熱伝導率 mW/mK	温度伝導率 mm²/s	粘性係数 μPa·s	動粘性係数 mm²/s	プラントル数 Pr
空気	173	1.984	1.009	15.7	7.83	11.9	5.98	0.763
	273	1.251	1.005	24.1	19.1	17.3	13.8	0.721
	313	1.091	1.009	27.2	24.7	19.1	17.5	0.708
	373	0.916	1.013	31.6	34.2	21.9	23.9	0.700
	473	0.722	1.026	38.6	52.2	25.9	35.9	0.687
	673	0.508	1.072	50.8	93.3	32.8	64.5	0.691
	1273	0.265	1.193	80.2	253.9	48.4	183	0.721
ヘリウム	300	0.1625	5.193	152.7	180.9	19.93	122.6	0.678
アルゴン	300	1.6237	0.522	17.67	20.9	22.71	13.99	0.670
水素	300	0.0818	14.31	181	155	8.96	109.5	0.71
窒素	300	1.1382	1.041	25.98	21.93	17.87	15.7	0.716
酸素	300	1.3007	0.920	26.29	22	20.72	15.93	0.725
一酸化炭素	300	1.1381	1.042	24.87	20.97	17.80	15.64	0.746
二酸化炭素	300	1.7965	0.852	16.55	10.82	14.91	8.30	0.767
アンモニア	300	0.6988	2.169	24.6	16.2	10.3	14.7	0.9
メタン	300	0.6527	2.24	33.50	22.9	11.17	17.11	0.747
エタン	300	1.2480	1.764	21.67	9.84	9.336	7.481	0.760
プロパン	300	1.8196	1.684	18.4	6.0	8.21	4.51	0.75
アセチレン	300	1.0642	1.715	21.4	11.7	10.35	9.73	0.83

付表 A－2　各種液体、液体金属、溶融金属の熱物性値（大気圧）

物質名	温度 K	密度 kg/m³	定圧比熱 kJ/kg·K	熱伝導率 W/mK	温度伝導率 mm²/s	粘性係数 mPa·s	動粘性係数 mm²/s	プラントル数 Pr	蒸発熱 kJ/kg	表面張力 mN/m
水	273	999.9	4.219	0.56	0.131	1.79	1.79	13.7	2502	75.7
	293	998.2	4.182	0.59	0.142	1.01	1.01	7.10		72.5
	323	988.1	4.182	0.64	0.155	0.558	0.565	3.64		67.7
	373	958.3	4.215	0.68	0.169	0.284	0.297	1.76		58.8
アセトン	300	782.6	2.216	0.159	0.0919	0.305	0.390	4.24	551.9	
アンモニア	300	600.28	4.814	0.479	0.166	0.137	0.228	1.37	199.1	18.1
エタノール	300	783.5	2.451	0.166	0.0864	1.045	1.334	15.43	854.8	22.3
ガソリン	300	746	2.06	0.115	0.0738	0.488	0.654	8.86		
グリセリン	300	1257	2.385	0.288	0.0961	782	622	6480		63.4
潤滑油	280	895	1.821	0.147	0.0902	2080	2330	25800		
メタノール	300	784.9	2.537	0.202	0.1015	0.533	0.679	6.69	1190	22.5
アルミニウム	934	2370	1.1	92	35	4.5	1.9	0.053		915
水銀	300	13528	0.139	8.5	4.53	1.52	0.112	0.025		470
カリウム	400	813	0.801	50.8	78.0	0.42	0.518	0.0066		108
リチウム	500	509	4.33	41.4	18.8	0.558	1.10	0.059		390
ナトリウム	400	921	1.39	85.5	66.8	0.608	0.660	0.0099		194
鉛	607	10600	0.16	16.3	9.6	2.63	0.248	0.026		480
すず	506	6957	0.24	33	19.8	1.97	0.283	0.014		566
亜鉛	693	6660	0.505	58.8	17.5	3.26	0.489	0.028		824
銅	1373	7900	0.5	170	43	4	0.506	0.012		1300
低合金鋼	1873	6900	0.61	40	9.5	6	0.87	0.092		1700

付表A-3 飽和水蒸気と飽和水の物性値

物質名	温度 K	圧力 kPa	密度 kg/m³	定圧比熱 kJ/kg·K	熱伝導率 mW/mK	温度伝導率 mm²/s	粘性係数 μPa·s	動粘性係数 mm²/s	プラントル数 Pr	蒸発熱 kJ/kg	表面張力 mN/m
飽和水	273.16	0.6112	999.78	4.217	562	0.1333	1791	1.792	13.44	2501.6	75.65
	380	128.73	953.08	4.224	680	0.1689	263	0.2759	1.634	2238.5	57.59
	500	2637.0	831.57	4.661	642	0.1657	117	0.1409	0.850	1826.2	31.48
	580	9443.3	697.79	5.983	533	0.1276	83.3	0.1193	0.936	1353.7	12.81
	647	22120	315.46	⋯	⋯	⋯	⋯	⋯	⋯	0.0	0.0
飽和水蒸気	273.16	0.6112	0.004851	1.854	16.49	1833	9.22	1900	1.037		
	380	128.73	0.7478	2.056	25.51	16.59	12.51	16.73	1.008		
	500	2637.0	13.195	3.271	44.96	1.041	16.74	1.268	1.218		
	580	9443.3	51.687	6.372	76.02	0.2308	20.10	0.389	1.685		
	647	22120	315.46	⋯	⋯	⋯	⋯	⋯	⋯		

付表 A-4　各種固体の熱物性値（大気圧）

物質名	温度 K	密度 kg/m³	比熱 kJ/kg·K	熱伝導率 W/mK	温度伝導率 mm²/s	融点 K	融解潜熱 kJ/kg	線膨張係数 ×10⁻⁶·1/K
Ag	300	10490	0.237	427	174	1235.1	105	19.0
Al	300	2688	0.905	237	96.8	933.5	395	23.2
Au	300	19300	0.129	315	128	1338	64.4	14.2
Cr	300	7190	0.446	90.3	29	2118	316	4.5
Cu	300	8880	0.386	398	117	1357.6	205	16.6
Fe	300	7870	0.442	80.3	22.7	1810	267	11.9
Mg	300	1737	1.02	156	87.4	923	372	24.8
Na	300	967	1.23	132	118	371	115	71.4
Ni	300	8899	0.447	90.5	22.9	1728	299	13.7
Pb	300	11330	0.130	35.2	24.3	600.7	24.7	29.0
Pt	300	21460	0.133	71.4	25.2	2045	101	8.8
Si	300	2330	0.713	148	88	1685	1411	2.6
Ti	300	4506	0.522	21.9	9.25	1953	440	8.7
U	300	19050	0.117	27.6	12.5	1406	38.7	14.0
W	300	10250	0.133	178	66.2	3660	220	4.5
Zn	300	7131	0.389	121	41.6	692.7	102	30.3
機械構造用炭素鋼 (S 35 C)	300	7850	0.465	43.0	11.8			11.8
	500	7790	0.528	38.6	9.38			12.3
	800	7700	0.622	27.7	5.78			14.2
ギルド鋼 (0.08% C)	300	7860	0.473	59.0	15.9			11.6
軟鋼 (0.23% C)	300	7860	0.473	51.6	13.9			11.8
中炭素鋼 (0.4% C)	300	7850	0.473	51.5	13.9			11.8
工具鋼 (1.2% C)	300	7830	0.461	45.1	12.5			10.1

付録

材料						
ステンレス鋼 (SUS304)	300	7920	0.499	16.0	4.07	13.6
共晶ねずみ鋳鉄 (3.35C)	300	7320	0.503	42.8	11.6	10.0
球状黒鉛鋳鉄 (3.46C)	300	7000	0.483	20.1	5.95	11.9
アルミニウム青銅 (Cu-5Al)	300	8170	0.38	79.5	25.6	18.1
7/3 黄銅 (Cu-30Zn)	300	8530	0.396	121	35.8	19.9
超ジュラルミン (Al-4.5Cu-1.5Mg)	300	2770	0.879	120	49.2	23.2
アルミニウムダイカスト合金 ADC 12 (Al-11Si-2.5Cu)	300	2700	0.96	96.3	37.2	21.0
マグネシウム展伸材 AZ 80 A (Mg-8.5Al-0.5Zn-0.12Mn)	300	1800	1.05	78	41.3	26.0
Inconel X-750 (73Ni, 15Cr, 7Fe, 2.5Ti, 1Nb)	300	8250	0.425	12.0	3.4	12.6
Hastelloy C	300	8940	0.385	11.1	3.22	11.3
アルミナ焼結体 (気孔率2%)	300	3890	0.78	36.0	11.9	5
石英ガラス	300	2190	0.74	1.38	0.85	
アクリル樹脂	300	1190	1.4	0.21	0.12	70
シリコン樹脂	300	2200	1.3	0.16	0.055	24
砂	300	1510	1.1	1.1	0.68	
高アルミナレンガ	300	3470	0.84	25	8.5	
コンクリート	300	2400	0.90	1.2	0.57	7〜10
杉の木	300	300	1.3	0.069	0.18	
木綿	300	81	1.3	0.059	0.56	
水	300	917	2.0	2.2	1.2	
グラスウール	300	32	0.81	0.034	1.29	
ロックウール	300	80	…	0.03	…	
発泡ポリスチレン	300	15.9	0.96	0.018	1.2	

付録

付表 B 輸送現象で用いる主要な無次元数

無次元数	記号	定義	意味
ビオ数 (Biot number)	Bi	hL/λ_s	熱伝達と固体熱伝導の比
フーリエ数 (Fourier number)	Fo	at/L^2	無次元時間
グラスホフ数 (Grashof number)	Gr	$\beta g L^3 \Delta T/\nu^2$	浮力と粘性力の比に比例
グレッツ数 (Graetz number)	Gz	$RePr(d/x)$	管軸方向無次元距離
ルイス数 (Lewis number)	Le	$Sc/Pr = a/D$	温度伝導率と物質拡散係数の比
ヌッセルト数 (Nusselt number)	Nu	hL/λ	熱伝達と流体側熱伝導の比
ペクレ数 (Peclet number)	Pe	$RePr = uL/a$	
プラントル数 (Prandtl number)	Pr	ν/a	運動量輸送と温度伝導率の比
レイリー数 (Rayleigh number)	Ra	$GrPr$	自然対流の強さに比例
レイノルズ数 (Reynolds number)	Re	uL/ν	慣性力と粘性力の比
シュミット数 (Schmidt number)	Sc	ν/D	運動量輸送と物質拡散係数の比
シャーウッド数 (Sherwood number)	Sh	$h_m L/D$	物質伝達と拡散係数の比
スタントン数 (Stanton number)	St	$Nu/RePr = h/\rho c_p u$	熱伝達と対流伝熱の比

記号はそれぞれ, c_p: 定圧比熱, d: 管内径, D: 拡散係数, g: 重力加速度, h: 熱伝達率, h_m: 物質伝達率,
L: 代表長さ, t: 時間, T: 温度, ΔT: 温度差, u: 流速, x: 位置座標, a: 温度伝導率, β: 体膨張係数,
λ: 熱伝導率, ν: 動粘度, ρ: 密度

付録

付表C-1 単位系の比較

単位系	長さ	時間	質量	力，重量	エネルギー，仕事
国際単位系 (SI)	m	s	kg	$N = \frac{mkg}{s^2}$	$J = N \cdot m = \frac{m^2 kg}{s^2}$
物理単位系	cm	s	g, kg	$(dyn = \frac{cmg}{s^2})$	$erg = dyn \cdot cm = \frac{cm^2 g}{s^2}$
工学単位系	m	s	$\frac{kgfs^2}{m}$	kgf (=9.80665 N)	kgfm

付表C-2 SI単位系での組立単位の例

量	名称	単位
力	ニュートン	$N = m \cdot kg \cdot s^{-2}$
エネルギー，仕事，熱	ジュール	$J = N \cdot m$
比熱		$J/(kg \cdot K)$
動力，仕事率，熱流量	ワット	$W = J/s$
熱流束（熱流密度）		$W/m^2 = J/(m^2 \cdot s)$
圧力	パスカル	$Pa = N/m^2$
粘性係数		$Pa \cdot s = N \cdot s \cdot m^{-2}$
熱伝導率		$W/(m \cdot K) = J/(m \cdot s \cdot K)$

付表 C-3　SI単位への換算表

長さ	1 in	=0.0254	m		
	1 ft	=0.3048	m		
	1 mile	=1852	m		
質量	1 lbm	=0.4536	kg		
	$1\dfrac{\text{kgfs}^2}{\text{m}}$	=9.807	kg		
熱量	1 kW・h	$=3.6\times10^6$	J		
	1 erg	$=10^{-7}$	J		
	1 kcal	=4186.8	J		
	1 Btu	=1055.06	J		
圧力	1 bar	$=10^5$	Pa		
応力	1 kgf/m²	=9.807	Pa		
	1 torr	=133.322	Pa		
	1 atm	=101325	Pa		
	1 mm-Hg	=133.322	Pa		
	1 mm-H₂O	=9.807	Pa		
	1 lbf/in²(psia)	=6894.76	Pa		
粘度	1 g/s・m(poise)	=0.1	Pa・s		
	1 lbm/ft・s	=1.488	Pa・s		
	1 kgf・s/m²	=9.807	Pa・s		
動粘度	1 cm²/s (st)	$=10^{-4}$	m²/s		
	1 ft²/s	=0.09290	m²/s		
温度	1℃	TK= t℃+273.15			
	1°F	t℃= (5/9)×(t°F-32)			
力	1 dyne	$=10^{-5}$	N		
	1 lbf	=4.448	N		
	1 kgf	=9.807	N		
熱流量	1 kcal/h	=1.163	W		
仕事率	1 Btu/h	=0.293071	W		
動力	1 hp	=745.7	W		
熱流束	1 kcal/m²h	=1.163	W/m²		
	1 Btu/h・ft²	=3.154	W/m²		
熱伝導率	1 kcal/mh℃	=1.163	W/m・K		
	1 Btu/hft°F	=1.731	W/m・K		
熱伝達率	1 kcal/m²h℃	=1.163	W/m²K		
熱通過率	1 Btu/hft²°F	=5.678	W/m²K		
比熱	1 Kcal/kg℃	=4.1868	kJ/kgK		
	1 Btu/lbm°F	=4.1868	kJ/kgK		

【輸送現象論に関連した教科書】

[1] R.B. Bird, W.E. Steward and E.N. Lightfoot, "Transport Phenomena 2nd ed.", John Wiley&Sons, Inc.(2002).

[2] 甲藤好郎, 「伝熱概論」, 養賢堂 (1983).

[3] J.P. Holman, "Heart Transfer", 7 th ed., McGraw-Hill (1990).
「伝熱工学」, 平田賢監訳, ブレイン図書出版株式会社

[4] 西川兼康, 「伝熱学」, 理工学社 (1981).

[5] 庄司正弘, 「伝熱工学」, 東京大学出版会 (1995).

[6] 小林清志, 飯田嘉宏, 「新版移動論」, 朝倉書店 (1989).

[7] 相原利雄, 「伝熱工学」, 裳華房 (1987).

[8] E.P. Incropera and D.P. DeWitte, "Introduction to Heat Transfer", John Willey & Sons (1985).

[9] D.R. Poirier and G.H. Geiger, "Transport Phenomena in Materials Processing", TMS, Warrendale (1994)

[10] A. Bejan, "Heat transfer", John Wiley&Sons, New York (1993).

[11] M.N. Ozisik, "Heat transfer", McGraw-Hill, New York (1985).

【輸送現象論に関連した参考書】

〔基礎事項〕

[1] D.V. Ragone, "Thermodynamics of Materials", Vol.1, 2, John Wiley & Sons,(1995), 寺尾光身監訳「材料の物理化学Ⅰ, Ⅱ」丸善 (1996).

[2] K.S. Førland, T. Førland and S.K. Ratkje 著, 伊藤靖彦監訳, 「わかりやすい非平衡熱力学」, オーム社 (1992).

[3] 小竹 進「分子熱流体」, 丸善 (1990).

[4] C. Kittel, H. Kroemer, "Thermal Physics" 2 nd. Ed., W.H. Freeman and

付録

Company（1980）.

[5] G.M. Barrow（藤代訳）「物理化学（上）（下）」，東京化学同人（1981）.

〔熱伝導〕

[1] H.S. Carslaw and J.C. Jaeger, "Conduction of Heat in Solids", Oxford University Press, London（1959）.

[2] 大中逸雄，「コンピュータ伝熱・凝固解析入門」，丸善（1985）

〔対流〕

[1] L.C. Burmeister, "Convective Heat Transfer", John Wiley&Sons（1982）.

[2] A.Bejan, "Convection Heat Transfer", 2 nd ed., John Wiley & Sons, Inc.（1995）.

[3] H. Schlichting, "Boundary layer theory", McGraw-Hill, New York（1960）.

〔放射伝熱〕

[1] M.F. Modest, "Radiative Heat Transfer", McGraw-Hill, Inc.（1993）.

[2] R. Siegel and J.R. Howell, "Thermal Radiation Heat Transfer", 2 nd ed., MacGraw-Hill（1974）.

[3] T.F. Irvine and J.P. Hartnett,（edited）"Advances in Heat Transfer", Academic Press（1976）.

〔相対化〕

[1] J.G. Collier, "Convective boiling and condensation", McGraw-Hill, New York（1972）.

[2] P.B. Whalley, Boiling, "condensation and gas-liquid flow", Oxford Science, Oxford（1987）.

[3] K.Stephan（translated by C.V. Green）, "Heat transfer in condensation and boiling", Springer-Verlag, Berlin（1992）.

［4］　G.B. Wallis, "One-dimensional two-phase flow", McGraw-Hill, New York（1969）.

［5］　植田辰洋,「気液二相流」, 養賢堂（1981）.

〔熱交換器〕

［1］　化学工学協会編,「熱交換器」, 丸善（1969）.

［2］　中山恒,「エネルギー工学のための熱交換技術入門」, オーム社（1981）.

〔物質移動〕

［1］　R.B. Bird, W.E. Steward and E.N. Lightfoot, "Transport Phenomena", 2nd ed., John Wiley&Sons, Inc.（2002）.

［2］　E.R.G. Eckert and R.M. Drake, Jr., "Analysis of Heat and Mass Transfer", McGraw-Hill Book Company（1972）.

［3］　Richard Ghez, "Diffusion Phenomena: Cases and Studies", Plenum Pub Corp.（2001）

〔資料〕

［1］　日本機械学会編,「伝熱工学資料」第4版, 日本機械学会（1986）.

［2］　日本熱物性学会編,「熱物性ハンドブック」, ㈱養賢堂（1990）.

［3］　日本機械学会編,「流体の熱物性値集」, 日本機械学会（1982）.

索　引

あ行

圧力拡散　251
圧力吸収係数　220
移動現象論　1
ウィーンの変移則　192
渦温度伝導率　253
渦拡散係数　252
渦熱伝導率　120
渦粘性係数　120
宇宙機器　17
運動の式　104
運動量保存式　104
液膜流モデル　175
エネルギー準位　186
エネルギー保存式　107
円管内層流熱伝達　134
円管内乱流熱伝達　138
温度境界層　113
　　——の厚さ　131
温度効率　241
温度助走区間　134, 137
温度浸透深さ　70
温度伝導率　28, 107

か行

外来照射量　209
拡散　240
　　——係数　242
　　——速度　241
　　——律速　246
　　——流束　242
核沸騰域　163, 165
隔壁式熱交換器　226
過熱度　162
カルマンうず　142
管外面における熱伝達　141
環境問題　18

管群　144
環状流　172
管摩擦係数　139
規則反射　195
気体塊の相当厚さ　219
気体の熱放射　211
気泡流　171
逆環状流　172
逆スラグ流　173
キャビティ　163, 166
吸収　195
　　——係数　215
　　——線　213
　　——帯　213
　　——率　196
　　——断面積　213
境界条件　108
境界層　113
　　——の厚さ　116
凝縮　14, 177
　　——熱伝達　177
強制拡散　251
強制対流　4, 100
　　——沸騰　161, 170
鏡面反射　195
極小熱流束点　164, 168
局所熱伝達率　131
極大熱流束点　164, 167
キルヒホッフの法則　197, 199
グラスホフ数　112
グレーツ数　137
形態係数　8, 202
限界熱流束　164
向流式熱交換器　229, 233
黒体　7, 191
　　——放射　191
誤差関数　68
コルバーンの式　139

混合　240
　　——平均温度　134
混流式熱交換器　229

さ行

材料生産　17
サブクール度　162
サブクール沸騰　161
産業機器　17
ジェット冷却　176
シェル・アンド・チューブ型熱交換器　227
指向放射率　193
自己形態係数　203
自然対流　4, 100, 147
　　——域　163, 165
　　——熱伝達　147
実質微分　108
ジッタスとベルターの式　139
質量濃度　241
質量分率　241
質量平均速度　241
質量保存式　101
質量流束　242
シャーウッド数　254
射出率　170
射度　209
修正係数　235
シュミット数　244
消散項　108
初期条件　109
浸漬冷却　176
垂直応力　104
垂直放射率　193
水当量　231
水力直径　141
スタントン数　113
ステファン・ボルツマン

269

定数　170
ステファン・ボルツマン
　の式　7
ステファン・ボルツマン
　の法則　193
スプレー冷却　176
スラグ流　172
静水圧　110
赤外活性気体　211
節点　92
　——領域　92
遷移沸騰域　163
全射出能　8, 188, 190
せん断応力　104
潜熱　9
全放射能　188
全放射率　193
相互関係　203
相似則　110
相似変数　127
相変化　8
層流　100
　——境界層　126
総和関係　203
速度境界層　113
　——厚さ　127, 133

た 行

対数平均温度差　232
体積力　104
代表圧力　111
代表温度　111
代表時間　111
代表寸法　111
代表速度　111
体膨張係数　110, 149
対流　4
　——伝熱　100
　——熱伝達　6, 100
単色吸収率　196
単色射出能　188
単色透過率　196

単色反射率　196
単色放射強度　190
単色放射率　193
地球温暖化　223
地球環境　12
蓄熱式熱交換器　226
直交流式熱交換器
　229, 235
直接差分法　89
直接接触式熱交換器　226
定圧比熱　106
定常状態　42
定常熱伝導　42
滴状凝縮　177
電子機器　13
天頂角　190
伝熱工学　2
透過　195
　——率　197
等価回路　45
動粘性係数　112
ドライアウト点　172
二重管型熱交換器　227
ヌッセルト数　112
濡れ性　177
濡れぶち長さ　231

な 行

熱移動　1
熱泳動　251
熱拡散　251
　——距離　70
熱交換器　10, 226
熱通過率　46, 230
熱抵抗　45
熱伝達率　6, 121
熱伝導　2
　——方程式　24
　——率　3, 23, 107, 109
熱放射　7, 169, 187
熱流束　2, 109
粘性係数　104

濃度　240
　——拡散　251

は 行

バーンアウト　164
　——点　164, 167
灰色面　8, 200
　——近似　200
　——系　209
灰色体　8
ハイスラー線図　64
はく離　141, 145
波長選択性　212
発泡点　163
半球放射率　193
反射　195
　——率　196
ビアの法則　215
ビオ数　34, 75
非凝縮性ガス　183
非定常熱伝導　42
比熱　4, 107
表面力　103
フィックの拡散の法則
　242
フィックの法則　3
フィン・アンド・チューブ
　型熱交換器　227
フィン効率　63
フーリエ数　75
フーリエの熱伝導の法則
　107
フーリエの法則　3, 24
プール沸騰　161, 162
ブシネ近似　110
物質移動　240
物質拡散　2
　——係数　4
物質伝達率　7, 253
物質流束　2
沸騰　9
　——核　166

沸騰曲線　162
沸騰熱伝達　160
プランク定数　187
プランクの法則　191
プラントル数　112
浮力　110
プレート型熱交換器　227
噴霧流　172
平均熱伝達率　132, 137
平板に沿う層流熱伝達
　　126
平板に沿う乱流熱伝達
　　132
並流式熱交換器　229, 231
ペクレー数　113
変数分離法　55
方位角　190
放射強度　190
放射伝熱　186
放射率　8, 193
飽和沸騰　161
補誤差関数　69

ま行

膜状凝縮　177, 178
膜沸騰域　164, 168
摩擦係数　121, 127, 129,
　　134
ミスト冷却　176
密度　4, 107
無次元化　110
無次元数　110
無次元量　111
モル濃度　241
モル分率　241
モル平均速度　241
モル流束　242

や行

有効拡散係数　249
要素　83
汚れ係数　230

よどみ点　141

ら行

ラミナー冷却　176
乱射性　191
乱射面　191
ランツーマーシャルの式
　　145
ランバートの余弦法則
　　189
乱反射　196
乱流　100, 117
　——境界層　120, 133
　——熱流束　119
　——のモデリング　119
　——プラントル数　120
立体角　190
流束　2, 240
流動様式　171
ルイス数　244
レイノルズ応力　119
レイノルズ数　112
レイノルズのアナロジー
　　121
レイノルズ流束　119, 252
レーリー数　113
連続の式　102

Laplace 変換　67
NTU　237, 239

著者一覧

(担当章)

大中逸雄　　1 章
おおなかいつお

　大阪大学大学院工学研究科知能機能創成工学専攻　教授
　大阪産業大学工学部アントレプレナー専攻　客員教授
　大阪大学　名誉教授

大川富雄　　6, 7, 9 章
おおかわとみお

　大阪大学大学院工学研究科機械物理工学専攻　助教授
　大阪大学大学院工学研究科機械工学専攻　助教授
　電気通信大学大学院情報理工学研究科知能機械工学専攻　教授

岡本達幸　　8 章
おかもとたつゆき

　大阪大学大学院工学研究科機械物理工学専攻　助教授
　京都工芸繊維大学大学院工芸科学研究科機械システム工学科　教授

高城敏美　　4, 5, 10 章
たかぎとしみ

　大阪大学大学院工学研究科機械物理工学専攻　教授
　大阪産業大学工学部機械工学科　客員教授
　大阪大学　名誉教授

平田好則　　2 章
ひらたよしのり

　大阪大学大学院工学研究科知能機能創成工学専攻　助教授
　大阪大学大学院工学研究科マテリアル生産科学専攻　教授

山内　勇　　3 章
やまうちいさむ

　大阪大学大学院工学研究科マテリアル科学専攻　助教授
　大阪大学大学院工学研究科マテリアル生産科学専攻　助教授

(50 音順、所属は初版第一刷発行当時のもの)

| 大阪大学新世紀レクチャー　　[ISBN 978-4-87259-141-5]

輸送現象論

| 2005年2月8日　初版第1刷発行 | ［検印廃止］ |
| 2023年3月1日　初版第8刷発行 | |

著　者　　大中逸雄　高城敏美
発行者　　大阪大学出版会
　　　　　代表者　三成　賢次

〒565-0871　大阪府吹田市山田丘2-7
　　　　　　大阪大学ウエストフロント
　　　　　　電話：06-6877-1614
　　　　　　FAX：06-6877-1617
　　　　　　https://www.osaka-up.or.jp

印刷・製本所　　大村紙業株式会社

ⓒ ONAKA Itsuo, TAKAGI Toshimi et al. 2003　　Printed in Japan
ISBN 978-4-87259-141-5

|JCOPY|　＜(社)出版者著作権管理機構　委託出版物＞

本書の無断複製は著作権法上での例外を除き禁じられています。複製される場合は、その都度事前に、出版者著作権管理機構（電話 03-5244-5088、FAX 03-5244-5089、e-mail: info@jcopy.or.jp）の許諾を得てください。